解体工事施工技士

—試験問題集—

令和四年版

解体工事施工技士試験問題研究会 編

株式会社セメント新聞社

ま　え　が　き

高度経済成長期に大量に建設された建築物が，建設から50年以上を迎え，老朽化が進んでいる。首都圏をはじめとした各地で再開発事業が進められているが，再開発を行うためには，既存建物の安全で適正な解体工事が重要となる。

解体工事は，建築・土木の両分野にまたがり，木造，鉄骨造，鉄筋コンクリート造をはじめ，これらの構造を複合した建築物など多くの構造物を対象としているため，幅広い知識が求められる。安全第一で，騒音・振動を少なくして公害対策や環境保全に留意する一方で，工期や経済性も重視する必要があり，高度な専門知識と技量が必要とされる。

公益社団法人全国解体工事業団体連合会は1994年から「解体工事施工技士」試験制度を運営しており，これまでの合格者は累計で2万5000人以上に上っている。同資格は，2000年に成立した「建設工事に係る資材の再資源化等に関する法律」(建設リサイクル法)において，登録業者の技術管理者資格として認められており，2014年の建設業法改正で「とび・土木工事業」から「解体工事業」が独立した際には，解体工事の主任技術者資格として認定されている。

本書は，過去3年間の解体工事施工技士試験で出題された四肢択一式問題・記述式の全問題および解答例を掲載するとともに，詳しい解説を付したものである。四肢択一式問題については，さらに2年分の問題と解答例を掲載している。解体工事施工技士試験を受験される方々にとって大いに参考になるものと考えている。

解体工事施工技士を目指している方々が本書を活用して試験に合格し，優秀な解体工事技術者となることで，今後も解体工事が安全かつ適正に施工されることを期待している。

最後に，出題問題の転載を許可いただいた公益社団法人全国解体工事業団体連合会に厚くお礼申し上げる。

2022年9月　編者

令和４年版
解体工事施工技士試験問題集

もくじ

■ 解体工事施工技士試験　学習対策と受験案内

試験問題の傾向と学習対策 …… 6
令和４年度　解体工事施工技士試験について …… 11
解体工事に関する主な法令等一覧 …… 15

■ 過去３年間の試験問題

令和３年度問題とその解説・解答例 …… 19
令和２年度問題とその解説・解答例 …… 125
令和元年度問題とその解説・解答例 …… 231

■ 付・過去の四肢択一問題と解答例

平成30年度問題 …… 350
平成29年度問題 …… 370

解体工事施工技士試験
学習対策と受験案内

試験問題の傾向と学習対策

解体工事施工技士試験は，公益社団法人全国解体工事業団体連合会（全解工連）が主催・運営する資格試験制度であり，解体工事に従事する者に対して解体工事の施工技術および施工管理ならびに建設副産物の適正処理等に関し，一定の水準以上の知識・能力を有するか否かを客観的に審査する試験である。

全解工連の試験案内に示されている必要な知識・能力等の対象は以下のとおりである。

① 土木，建築技術及び関係法令に関する基礎知識
② 解体工法および解体機器に関する専門知識
③ 分別解体および再資源化に関する専門知識
④ 発注者等の作成した設計図書の解読
⑤ 解体工事に必要な設計図書の作成
⑥ 解体工事施工計画書の作成
⑦ 解体工事費の積算及び見積書の作成
⑧ 解体工事の施工管理
⑨ 発注した廃棄物の適正処理及び再資源化のための管理
⑩ 解体工事現場作業員に対する教育・指導・監督

受験資格として最低でも1年6カ月以上（12ページ参照）の解体工事に関する実務経験を必要としている。実務に加えて，上記のような必要な知識・能力等が問われるために試験問題のレベルとしては高い。

試験では四肢択一式問題（解答時間90分）と記述式問題（同120分）が課せられる。

1．四肢択一式試験について

四肢択一式試験の出題は，過去5年間の実績によると毎年50問である。出題内容は多岐にわたる。過去5年間の問題を出題内容によって分類し，各年度のそれぞれの出題数を示すと**表—1**のようになる。これによれば，以下のような出題内容と出題数となっている。

(1) 土木・建築の基礎知識に関する問題（建築物の種類や特徴，簡単な構造力学，建設材料など）：7～8問程度
(2) 解体機器・工法に関する問題（解体機器・工法の種類や特徴について）：3～4問程度
(3) 仮設に関する問題（山留めや足場，朝顔，防護ネットなど仮設一般について）：1～2問程度
(4) 施工業務に関する問題（事前調査，積算，契約，施工計画と届出，安全管理，環境保全など）：12～15問程度
(5) 解体作業に関する問題（木造，鉄骨造，鉄筋コンクリート造，鉄骨鉄筋コンクリート造，地下構造物など）：8～10問程度
(6) 廃棄物処理に関する問題（廃石綿を含む廃棄物処理）：3～5問程度
(7) 関連法規に関する問題（建設業法，労働安全衛生法，廃棄物処理法，建設リサイクル法，大気汚染防止法など）：7～9問程度

試験対策に王道はないが，本問題集を利用して過去の問題を数多く解くことが効果的である。廃棄物処理に関するものや関連法規は毎年のように改正になるので，最新の情報を入手することが肝要である。なお，試験対策の講習会ではないが，「解体工事施工技術講習」が開催されており，学習の参考になる。

2．記述式試験について

記述式試験の過去出題数は，毎年5問だったが，平成25年度と26年度は7問，平成27年度は6問の出題となっている。平成28年度から再び5問が出題されている。過去5年間の記述式問題の概要をまとめると**表—2**のようになる。

表－1　四肢択一式問題の出題内容と年度別出題

分　野	出題範囲	年度別出題数				
		令和3	令和2	令和元	平成30	平成29
土木・建築の基礎知識	構造物の種類	1	1	1	1	1
	構造力学	1	1	1	1	1
	建設（建築）材料	1	1	1	1	1
	建設（建築）用語	0	1	1	1	1
	構造物の劣化（平成30年より）	0	1	1	1	0
解体用機器・工法	解体用機器の種類・特徴・取扱	1	1	2	2	1
	解体工法の種類・特徴	2	2	2	1	2
仮　設	山留め・構台	1	0	0	1	1
	仮設一般	1	2	3	1	1
施工業務	事前調査	3	2	2	2	2
	歩掛・積算・見積り	2	2	2	2	2
	契約	1	1	1	1	1
	施工計画・届出	2	2	3	3	3
	施工（工程）管理	3	3	2	2	2
	安全衛生管理	3	3	3	3	3
	環境保全	3	2	2	2	2
解体作業	木造解体作業	2	3	2	3	3
	鉄骨造解体作業	2	2	2	2	2
	RC・SRC造解体作業	4	3	4	4	4
	地下構造物解体作業	1	0	1	1	1
	特殊構造物解体作業	1	1	0	0	0
	解体作業一般（石綿含めず）	1	2	1	2	2
廃棄物処理	廃棄物処理一般	2	2	1	2	2
	再資源化実務	1	2	1	1	2
	石綿処理実務（平成30年より）	1	1	1	1	0
関連法規	建設業法	1	1	2	1	2
	労働安全衛生法（含石綿則）	2	2	2	2	2
	廃棄物処理法	2	1	2	2	2
	建設リサイクル法	3	4	3	3	3
	関連法規一般（大防法等）	2	1	1	1	1
合　計		50	50	50	50	50

記述式試験の対策としては，本問題集を使って問題を一度解いてみること，実際に経験した解体工事の施工の内容を整理して，自分の不得意な分野を補強することが重要である。 廃棄物処理に関するものは，最新の情報を入手する必要がある。また近年，大規模な自然災害が多発しており，災害発生時に解体工事施工技士の果たす役割や作業に関する出題が目立つ。夏場の熱中症対策も押さえておきたい事項である。

表－2　過去5年間の記述式問題の概要

	令和3年度	令和2年度	令和元年度	平成30年度	平成29年度
問題1	木造建築物の解体施工計画・管理	木造2階建て(在来軸組工法）の解体施工計画・管理	木造2階建て(在来軸組工法）の解体施工計画・管理	木造建築物の解体施工計画・管理	木造建築物の解体
問題2	RC造の解体施工計画•管理(圧砕工法による地上解体)	RC造の解体施工計画•管理(圧砕工法による地上解体)	RC造の解体施工計画•管理(圧砕工法による地上解体)	RC造の解体施工計画•管理(圧砕工法による地上解体)	鉄筋コンクリート造建築物の解体(階上解体)
問題3	大型台風接近予報に際しての留意すべき事項とその対策	集中豪雨による洪水で半壊状態にある木造住宅を解体する際の留意点	老朽木造建築物(水産加工場）の解体	老朽木造家屋を解体する際の留意点	老朽家屋を解体する際の留意点
問題4	危険有害要因とその安全対策・事前措置（袖看板の取付部のガス溶断)	熱中症の危険が予想される作業とその予防・安全対策	暴風雨の到来に際し，予想される危険と主任技術者としての安全対策	高温多湿の日の解体・分別作業時の熱中症に対する予防対策および発生した際の処置	危険有害要因と対策（5Ｆベランダの解体)
問題5	SDGsに寄与するための解体工事施工技士としての取組み(300字以内)	解体工事における感染症（新型コロナ）対策(300字以内)	解体工事の未熟練者に対する教育・指導の留意事項(300字以内)	土砂崩れによる被災地における実作業時の打合せに提案するべき事項(300字以内)	解体工事期間中の暴風雨到来に際しての措置(300字以内)

3．試験結果

参考として，過去5年間の試験の結果（受験者数，合格者数，合格率）を**表－3**に示す。

表－3　過去5年間の試験結果

年	受験者数（人）	合格者数（人）	合格率（%）
令和3	2,311	1,378	59.6
令和2	2,201	1,294	58.8
令和元	2,139	1,241	58.0
平成30	2,276	1,378	60.5
平成29	2,278	1,112	48.8

令和４年度　解体工事施工技士試験について

（公社）全国解体工事業団体連合会の資料から抜粋

近年，都市の再開発事業の増加に伴い，建築物やその他の工作物の解体工事が増加するとともに，解体する対象物が大型化かつ多様化してきました。また，資源循環型社会の構築に向けての動きも加速しています。

このような状況下，平成26年６月に建設業法が改正され，建設業許可の種類として「解体工事業」が新設されました。

現在の「解体工事業者」には特に，安全・確実に施工するための技術及び解体工事から発生した建設副産物を適正に処理する能力が必要です。発注者の注文に対し高品質の解体工事を提供する義務もあります。公益社団法人全国解体工事業団体連合会（以下「全解工連」という。）では平成５年から，解体工事に関して一定の能力を有する者に対し，解体工事施工技士として資格を認定しています。

解体工事施工技士資格を取得するためには，解体工事に関する一定の実務経験を有し，全解工連が実施する解体工事施工技士試験に合格しなければなりません。解体工事施工技士試験は，「建設工事に係る資材の再資源化等に関する法律」（解体工事業に係る登録等に関する省令第７条第３号）に規定された国土交通大臣登録試験（登録番号１番）です。この資格は，建設リサイクル法で活用されているほか先進的な自治体等においても解体工事の専門資格として活用されています。また，平成26年の建設業法の改正により，解体工事業における主任技術者の資格要件として認定されました。

合格者は，登録申請することにより「登録者名簿」にその氏名が記載されます。近年，公共建築物の解体工事に解体工事施工技士による管理を条件とする自治体が徐々に増加しています。民間の解体工事においても同様の傾向が生じつつあります。このように，解体工事施工技士は解体工事業者にとってより一層重要な資格となってきました。

「解体工事施工技士登録者名簿」は，国，地方公共団体及び建設関係の各団体等に頒布され，発注者等が信頼できる解体工事業者や解体工事技術者を検索するために利用されています。登録の有効期限は５年間で，更新講習を受講することによって更新できます。

１．受験資格

学歴		必要な解体工事に関する実務経験年数	
		指定学科を卒業した者	指定学科以外を卒業した者
イ	大学， 専門学校（４年制）「高度専門士」	卒業後１年６ヵ月以上	卒業後２年６ヵ月以上
ロ	短期大学， 高等専門学校（５年制）， 専門学校（２年制又は ３年制）「専門士」	卒業後２年６ヵ月以上	卒業後３年６ヵ月以上
ハ	高等学校， 中等教育学校（中高一貫６年）， 専門学校（１年制）	卒業後３年６ヵ月以上	卒業後５年６ヵ月以上
ニ	その他	8年以上	

※高等学校の指定学科以外を卒業した者には，高等学校卒業程度認定試験規則（平成17年文部科学省令第１号）による試験，旧大学入学資格検定規定（昭和26年文部省令第13号）による検定試験に合格した者を含む。

注１：「指定学科」は国土交通省令（施工技術検定規則）に規定する学科に準じます。
　２：「実務経験」は解体工事に関するものに限ります。
　３：「実務経験年数」は令和４年11月30日現在で計算してください。

２．試験日時および試験の内容

(1) 試験日時

令和４年12月４日（日），12：20 ～ 16：30（入室時間12：00）

(2) 試験方法

試験は四肢択一式試験（12：20 ～ 13：50・90分）と記述式試験（14：30 ～ 16：30・120分）があります。

(3) 出題範囲

・四肢択一式試験

① 土木・建築の基礎知識

② 解体工事施工の計画・管理

③ 解体工事の工法

④ 解体工事用の機器，仮設

⑤ 振動，騒音，粉じん対策

⑥ 石綿対策

⑦ 安全衛生管理

⑧ 副産物・廃棄物対策

⑨ 関連法規等

・記述式試験

① 木造，鉄骨造，鉄筋コンクリート造等の解体工事の実務に関するもの

② 危険有害要因，環境保全に関するもの

③ その他（300字程度の記述）

(4) 試験地

令和4年度は，北海道・宮城県・東京都・新潟県・静岡県・愛知県・大阪府・広島県・徳島県・福岡県の10カ所で行われます。

3．受験料

クレジットカード決済　16,500円（税込）

コンビニエンスストアでの決済　17,000円（税込）

※詳細は全解工連ホームページをご参照ください。

4．受験申込方法

インターネットを利用して，全解工連ホームページ（https://www.zenkaikouren.or.jp）から直接申込となります。

5．受験申込の受付期間

令和4年9月1日（木）～11月4日（金）

※Webシステム上，11月5日（土）に自動的に締め切られます。

6．合格者の発表

令和5年2月10日（金）に合否の通知を本人に発送します。また，全解工連ホームページにて合格者の受験番号を公表します。

解体工事に関する主な法令等一覧

法令の名称	公布日	概　　要
建設業法（建業法）	S 24.5.24	建設業を営む者の資質の向上，建設工事の請負契約の適正化等を図ることによって，建設工事の適正な施工を確保し，発注者及び下請の建設業者を保護することを目的とした法律
建築基準法（建基法）	S 25.5.24	国民の生命・健康・財産の保護のため，建築物の敷地・設備・構造・用途についてその最低基準を定めた法律。この法律の下には，建築基準法施行令・建築基準法施行規則・建築基準法関係告示が定められている
労働基準法（労基法）	S 22.4.7	労働に関する規制等を定める日本の法律である。労働組合法，労働関係調整法とともに，いわゆる労働三法の一つである
労働安全衛生法（安衛法）	S 47.6.8	労働災害防止のために各事業活動において必要な資格を有する業務を免許や技能講習，特別教育といった形で取得することを義務付けている法律
労働安全衛生規則（安衛則）	S 47.9.30	労働の安全衛生についての基準を定めた厚生労働省令である。労働安全衛生法に基づき定められた
クレーン等安全規則（クレーン則）	S 47.9.30	クレーン，移動式クレーン・デリック，エレベーター，簡易リフトの免許及び教習，床上操作式クレーン運転技能講習，小型移動式クレーン運転技能講習及び玉掛け技能講習の安全についての基準を定めた厚生労働省令
石綿障害予防規則（石綿則）	H 17.2.24	石綿の安全な取り扱いと障害予防についての基準を定めた厚生労働省令
道路法	S 35.6.25	道路の定義から整備手続き，管理や費用負担，罰則等まで定める道路に関する事項を定めている。この法律で対象とする道路とは，高速自動車国道，一般国道，都道府県道及び市町村道の4種類である

法令の名称	公布日	概　　要
道路交通法（道交法）	S 35.6.25	道路における危険を防止し，その他交通の安全と円滑を図り，及び道路の交通に起因する障害の防止に資することを目的とする法律
車両制限令	S 36.7.17	道路法第47条第1項に基づき，道路の構造を保全し，又は交通の危険を防止するため，通行できる車両の幅，重量，高さ，長さ及び最小回転半径の制限を定めた政令である
環境基本法	H 5.11.19	環境の保全について基本理念を定め，国，地方公共団体，事業者及び国民の責務を明らかにするとともに，環境の保全に関する施策の基本となる事項を定めることにより，環境の保全に関する施策を総合的かつ計画的に推進し，国民の健康で文化的な生活の確保に寄与するための法律
騒音規制法	S 43.6.10	工場及び事業場における事業活動並びに建設工事に伴って発生する相当範囲にわたる騒音について必要な規制をするとともに，自動車騒音に係る許容限度を定めること等により，生活環境を保全するための法律
振動規制法	S 51.6.10	工場及び事業場における事業活動並びに建設工事に伴って発生する相当範囲にわたる振動について必要な規制を行うとともに，道路交通振動に係る要請の措置を定めること等により，生活環境を保全するための法律
大気汚染防止法（大防法）	S 43.6.10	工場及び事業場における事業活動並びに建築物の解体等に伴うばい煙，揮発性有機化合物及び粉じんの排出等を規制し，有害大気汚染物質対策の実施を推進し，並びに自動車排出ガスに係る許容限度を定めること等により，国民の健康を保護するとともに生活環境を保全し，並びに大気の汚染に関して人の健康に係る被害が生じた場合における事業者の損害賠償の責任について定める法律
廃棄物の処理及び清掃に関する法律（廃掃法，廃棄物処理法）	S 45.12.25	廃棄物の排出抑制と処理の適正化により，生活環境の保全と公衆衛生の向上を図ることを目的とした法律
資源の有効な利用の促進に関する法律（資源有効利用促進法，リサイクル法）	H 3.4.26	資源が大量使用・大量廃棄されることを抑制し，リサイクルによる資源の有効利用の促進を図るための法律

法令の名称	公布日	概　　要
建設工事に係る資材の再資源化等に関する法律（建設リサイクル法，建リ法）	H 12.5.31	建設リサイクルに係る基本方針に関する事項，建設工事の受注者による建築物等の分別解体等及び再資源化等の義務付け，解体工事業者の登録制度などを規定している
解体工事業に係る登録等に関する省令	H 13.5.18	建築物の解体工事を行うために必要な登録を規定したもの。工事1件の請負代金が500万円未満（税込）の解体工事業を営もうとする者は，工事現場のある都道府県に対して解体工事業の登録が必要となる。営業所を置かない都道府県であっても，その区域で解体工事を行う場合には，登録は工事を行う都道府県ごとに行う。ただし，建設業法での「土木工事業」「建築工事業」「とび・土工工事業」※の許可を受けた業者については，この登録制度の対象外となる
特定建設資材に係る分別解体等に関する省令	H 14.3.5	建設リサイクル法に基づく，対象建設工事の届出の内容及び届出書の様式，請負契約に係る書面の記載事項などが規定されている
建設副産物適正処理推進要綱	H 5.1.12	建設工事に伴い副次的に発生する土砂，コンクリート塊などの受入適地や処理施設の不足による不法投棄の問題に対し制定された
特定製品に係るフロン類の回収及び破壊の実施の確保等に関する法律（フロン回収・破壊法）	H 13.6.22	オゾン層を破壊し，地球温暖化に深刻な影響をもたらすフロン類の大気中への排出を抑制するため，特定製品に使用されているフロン類の回収及び破壊の実施を確保するための措置等を規定した法律
特定家庭用機器再商品化法（家電リサイクル法）	H 10.6.5	家庭用電化製品のリサイクルを行い廃棄物を減らし，資源の有効利用を推進するための法律
建設業法等の一部を改正する法律	H 26.6.4	維持更新時代に対応した適正な施工体制の確保のために建設業の許可に係る業種区分を約40年ぶりに見直し，解体工事業を新設した。解体工事について，事故を防ぎ，工事の質を確保するため，必要な実務経験や資格のある技術者を配置する法律

令和３年度の問題と
その解答例・解説

問題1　構造に関する次の記述のうち，**最も不適当なものはどれか。**

(1) CB造の「CB」とはコンクリートブロックを意味する。

(2) プレストレストコンクリートは，あらかじめ工場で打込まれたコンクリートという意味である。

(3) ラーメン構造とは，柱や梁などの部材を剛に接合した構造形式である。

(4) トラス構造では，各部材に主として軸方向の応力が発生する。

● 解答と解説 ●

(2) プレストレストコンクリートとは，緊張材を用いて曲げ応力を受ける部材の引張側に圧縮力を加えることでひび割れを発生しにくくしたものであり，あらかじめ工場で打込まれたコンクリートとは異なる。なお，工場であらかじめ打込まれ製品となったものを工事現場に運搬して組み立てるコンクリートをプレキャストコンクリート（precast concrete）という。したがって，本肢の記述は不適当である。

正解 (2)

(1) コンクリートブロック（concrete blocks）造とは，一般にJIS A 5406（建築用コンクリートブロック）に規定されている空洞ブロック，型枠状ブロックを使用した構造物のことを言う。この英語の頭文字を取って「CB」と呼ぶことがある。したがって，本肢の記述は適当である。

(3) ラーメン構造は，中高層のマンションなどで良く用いられている構造形式で，柱と梁からできた構造体の接合部を一体化（剛接合）させ強靭な「枠」を形成する構造を言う。語源は，ドイツ語の「Rahmen」（額縁）から来ている。したがって，本肢の記述は適当である。

(4) トラス構造は，体育館の屋根部分など大空間を作る場合に用いられている構造形式で，三角形を基本単位として接合部をピン接合にする。ピン接合のため，曲げモーメントを受けにくく，軸方向に圧縮力や引張力などの軸方向の応力しか発生しない構造である。したがって，本肢の記述は適当である。

問題2　次の図は，単純梁に集中荷重または等分布荷重が作用したときの曲げモーメント図を示したものである。各梁の曲げモーメント図として**誤っているものはどれか**。

ただし，梁の下縁に引張応力を作用させる曲げモーメントを正（＋），その逆を負（－）とする。

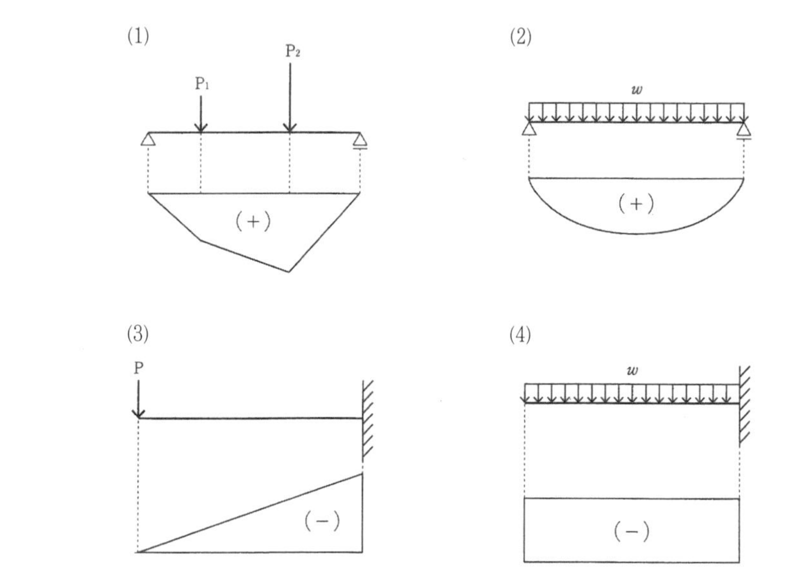

● **解答と解説** ●

単純梁と片持梁に集中荷重または等分布荷重が作用する時の曲げモーメント図がどのような形になるかを問う問題である。

曲げモーメントは，荷重または反力に距離を掛けて求められ，集中荷重の場合は直線的に変化し，等分布荷重の場合は曲線で表される。

単純梁・片持ち梁に集中荷重または等分布荷重が作用した時の曲げモーメント図を**図2．1**に示す。

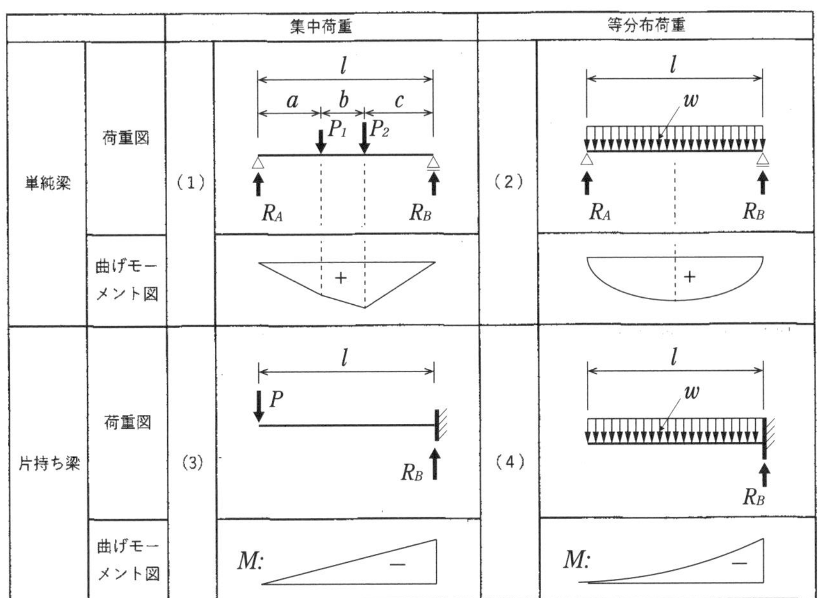

図２．１　単純梁・片持ち梁に集中荷重または等分布荷重が作用した時の曲げモーメント図

この図から判るように(4)の片持ち梁に等分布荷重が作用した時の曲げモーメント図は曲線で表されなければならないが矩形になっている。

したがって，誤っているものは(4)である。

正解 (4)

問題3　建築材料に関する次の記述のうち，**最も不適当なものはどれか。**

(1) グラスウールは，短いガラス繊維を綿状にしたもので，断熱材，保温材，吸音材として使用される。

(2) ALCは，普通のコンクリートより密度の小さい軽量コンクリートの一種で，軽量骨材を用いたものである。

(3) マンホールの蓋，グレーチング等に使用される鋳鉄は，融点が低く，切削加工等が容易という特徴がある。

(4) 合わせガラスは，2枚以上の板ガラスに合成樹脂の層を挟み全面接着したもので，破損しても破片が飛び散らないようにしたものである。

● 解答と解説 ●

(2) ALCは“Autoclaved Lightweight aerated Concrete”の頭文字をとって名付けられた建材で，珪石，セメント，生石灰，発泡剤のアルミ粉末を主原料とし，高温高圧蒸気養生された軽量気泡コンクリート建材であり，耐火性，防火性，強度などの特長を有している。軽量骨材は使用しない。したがって，本肢の記述は不適当である。

正解 (2)

(1) グラスウールは，高温で溶融したガラスを遠心力等で吹き飛ばし，綿状に細かく繊維化したもので，断熱性，保温性，吸音性，不燃性などの特長がある。したがって，本肢の記述は適当である。

(3) 鉄鋼材料は，鋳鉄・炭素鋼・合金鋼に分かれ，炭素量の多いものが鋳鉄である。加工は，固体のものを切削やプレスなどの加工をする方法と加熱して溶かした材料を砂や金属の型に流し込む鋳造や射出成形などの方法がある。したがって，本肢の記述は適当である。

(3) 合わせガラスとは，2枚以上のガラスをPVB（ポリビニルブチラール）と呼ばれる樹脂膜などを加熱して圧着して製造したガラスである。中間膜があるため，ガラスが割れたとしても飛散しないため，飛散防止にもなる。したがって，本肢の記述は適当である。

問題４　解体工事機器に関する次の記述のうち，**最も不適当なものはどれか。**

(1) 大割用圧砕具は，鉄筋コンクリートの壁や床板はもとより，柱や梁を挟んでかみ砕く作業に使用される。

(2) 小割用圧砕具は，大割りしたコンクリートと鉄筋を分離し，鉄筋を団子状にまとめる作業に使用される。

(3) フォークグラブは，木材をつかむためのアタッチメントで，主に木造建築物の解体作業に使用される。

(4) 大型ブレーカは，振動や騒音が小さく，粉じんも少ないため，丁寧な作業に使用される。

● 解答と解説 ●

(4) 大型ブレーカは，圧縮空気または油圧を動力源としてチゼルを振動させ，その衝撃力によりコンクリートを破砕するものである。解体対象物の大きさや形状に関わらず適用が可能で，作業効率が高いことが長所である反面，騒音・振動・粉じんが発生しやすく，破砕した部材が飛散しやすいなどの短所がある。したがって，本肢の記述は不適当である。

正解 (4)

(1) 大割用圧砕具は，一般の鉄筋コンクリート構造物の壁および床板はもとより，開口寸法や破砕力に応じて柱および梁を挟んで圧砕することができる。これに加えて，鉄筋や鉄骨を切断する機能を有する機種もある。したがって，本肢の記述は適当である。

(2) 小割用圧砕具は，大割用圧砕具で一次破砕したものをさらに細かく二次破砕する作業，大割りしたコンクリートと鉄筋を分離する作業，コンクリートから分離させた鉄筋を団子状にまとめる作業などに使用される。分離した鉄筋を回収するために永久磁石または電磁石を装備している機種もある。したがって，本肢の記述は適当である。

(3) フォークグラブは，主として木材をつかむためのアタッチメントであり，木造建築物の解体作業に使用される。このほかにも，廃棄物，材木および鉄スクラップなどの選別，積み込みおよび荷降ろしなどにも使用される。なお，フォークグラブは，つかみ具，はさみ具またはグラップルとも称される。したがって，本肢の記述は適当である。

問題5　解体工法に関する次の記述のうち，**最も不適当なものはどれか。**

(1) 静的破砕剤工法は，多くの削孔が必要で，削孔時の騒音や粉じんに留意しなければならない。

(2) 転倒工法は，騒音や粉じんの発生時間をできるだけ短くしたい場合に適している。

(3) カッタ工法は，騒音・粉じんがほとんど発生せず，断面の大きい部材の切断に適している。

(4) コアドリル工法は，機械がポータブルで機動性があるが，ビットの冷却水およびノロの処理が必要である

● 解答と解説 ●

(3) カッタ工法は円盤状のダイアモンドブレードを高速回転させて鉄筋コンクリートを切断する振動・粉じんの発生が少ない解体工法。改修工事における床面や壁面の開口部新設に適していて，断面が大きい部材には適していない。したがって，本肢の記述は不適当である。

正解 (3)

(1) 静的破砕剤工法は破砕時の騒音・振動，飛散物もない安全性の高い工法だが，多くの削孔が必要で，削孔時の騒音や粉じんに留意する必要がある。したがって，本肢の記述は適当である。

(2) 転倒工法は騒音・粉じんの発生時間をできるだけ短くしたい場合に有効だが，短時間ではあるが，騒音・振動・粉じんが大きく発生する。また施工においては熟練作業員による慎重な作業計画が必要である。したがって，本肢の記述は適当である。

(4) コアドリル工法は穿孔した孔を連結して線として繋げ，大きな塊として切り取る工法。コアビットの摩擦による発熱を抑える冷却水およびコンクリートノロの処理が必要である。したがって，本肢の記述は適当である。

問題６　圧砕工法に関する次の記述のうち，**最も不適当なものはどれか。**

(1)　地下構造物や大型部材の解体に適している。

(2)　コンクリート破砕時に鉄筋切断も可能なので，全体としての作業効率が高い。

(3)　コンクリート塊や鉄筋の飛散に注意が必要である。

(4)　大型ブレーカに比べ騒音・振動が低いので，市街地での解体作業に適している。

● 解答と解説 ●

(1)　圧砕工法は，稼働できる場所に制限がある地下構造物，圧砕アタッチメントが挟み込めない大型部材の解体には不向きである。したがって，本肢の記述は不適当である。

正解 (1)

(2)　鉄筋切刃を備えた圧砕アタッチメントが一般的であり，コンクリートの圧砕により露出した鉄筋を切断することができる。ただし，鉄筋切刃は摩耗が激しいので，定期的なメンテナンスが必要である。したがって，本肢の記述は適当である。

(3)　コンクリートを圧砕することにより，コンクリート塊および帯筋，スターラップ等が解体部材から落下，飛散する。したがって，本肢の記述は適当である。

(4)　記述の通り，振動・騒音の発生は大型ブレーカに比べかなり低いので，市街地で圧砕工法が採用される傾向にある。圧砕工法は，他の工法に比べて作業効率が高いこともあり，鉄筋コンクリート造解体工法の現在の主流である。したがって，本肢の記述は適当である。

問題７　解体工事の仮設に関する次の記述のうち，**最も不適当なものはどれか。**

(1) 仮囲いは，浄化槽などの地中障害物の上に設置することを避けることが望ましい。

(2) 屋内の解体作業において，仮設照明設備を設ける場合は，光源が直接目に入らない間接照明がよい。

(3) 手すり先行工法は，足場の組立て作業の際に，必ず作業床上部に手すりを先行して設置する工法である。

(4) 脚立は，脚と水平面との角度を75度以下とし，折りたたみ式のものでは，脚と水平面との角度を保つための金具等を備えているものを使用する。

● 解答と解説 ●

(2) 解体施工時には，電源が遮断されているので，内部造作撤去やその他内部作業用に150ルクスくらいが確保できる仮設照明設備を設ける。解体工事用の仮設照明設備としては，光源から局部を直接照らす直接照明がよい。したがって，本肢の記述は不適当である。

正解 (2)

(1) 仮囲いは，浄化槽などの地中障害物等の上に設置することはなるべく避けることが望ましいが，やむをえない場合には，盛替えが可能な構造としておくとよい。したがって，本肢の記述は適当である。

(3) 手すり先行工法は，直上の枠組み（建枠，交差筋交い等）を組み立てる前に，手すりを先行して取り付け，かつ，解体するときも手すりを最後まで残し，作業床の後踏側手すりが常に設置された状態で枠組み足場の組み立て，解体を行う方法である。手すり先行工法には，手すり先送り方式，手すり据置き方式，手すり先行専用足場方式等がある。したがって，本肢の記述は適当である。

(4) 脚立は，横方向のわずかな力で転倒する恐れが大きいので，足元の固定に注意する。脚の水平との角度は75度以下とし，折りたたみ式のものでは，脚と水平との角度を保つための金具等を使用する。したがって，本肢の記述は適当である。

問題8　解体工事における掘削工法及び山留めに関する次の記述のうち，**最も不適当なものはどれか。**

(1) のり切りオープンカット工法では，大型機械が使用できるが，掘削や埋戻しの土量が多くなる。

(2) 山留め壁自立オープンカット工法は，地下構造物を解体する際によく利用されるが，掘削深度が深い場合には自立が困難である。

(3) 親杭横矢板工法は，地下水の豊富な地盤，軟弱地盤，転石などのある地盤に対して適切な工法である。

(4) 山留め支保工オープンカット工法は，敷地いっぱいに建てられた構造物を撤去する際に有効である。

● 解答と解説 ●

(3) 親杭横矢板工法は，H形鋼やI形鋼などの親杭を一定間隔で地中に打ち込み，掘削に伴って親杭間に木製あるいはコンクリート製の横矢板を挿入して構築する透水性の高い山留め壁である。遮水性に劣るため，地下水位の高い細砂層やシルト層などの軟弱地盤では適用できない。したがって，本肢の記述は不適当である。

正解 (3)

(1) のり切りオープンカット工法は，根切り部の周囲に安全な勾配の法面を設けて，その安定を保ちながら根切りする工法である。山留支保工が不要となるため，掘削に大型重機が使用できるなど作業性が向上する一方，掘削土量および埋戻し土量が多くなる。法（のり）付けオープンカット工法ともいう。したがって，本肢の記述は適当である。

(2) 山留め壁自立オープンカット工法は，根切り部の周囲に山留め壁を設け，根入れ部の受働抵抗と山留め壁の剛性に期待して根切りを進める工法である。山留め支保工が不要となるため作業性が向上するが，山留め壁の根入れ深さを十分に確保できないと山留め壁が変形しやすく，地盤条件が良好な場合でも根切り深さが浅い場合の適用に限定される。自立掘削工法ともいう。したがって，本肢の記述は適当である。

(4) 山留め支保工オープンカット工法は，山留め壁に作用する側圧を，切梁や腹起しなどの山留め支保工で支持し，根切りを進める工法であり，施工実績が多く，信頼性の高い工法である。敷地いっぱいの構造物の解体には有効な方法である。したがって，本肢の記述は適当である。

問題９　解体工事における事前調査に関する次の記述のうち，**最も不適当なものはどれか。**

(1) 近隣住民とのトラブルを防止するために，住宅地域・商業地域・工業地域等の行政上の分類のみならず，近隣住民の実態を詳細に調査した。

(2) 敷地内にある電気・ガス・水道・下水道・電話等の配管や配線は，建設時の設計図書や竣工図によって確認した。

(3) 所有者が解体工事前に処理すべき家電製品や家具等の残存物品の有無について調査した。

(4) 基礎および地中梁等の地中部分の躯体については，数か所露出させて形状および寸法を確認した。

● 解答と解説 ●

(2) 建設時における電気・ガス・水道・下水道・電話線などの各種設備の配管・配線の状況は，設計図書や竣工図によって確認できるが，供用中の増改築や修繕・更新などによって建設時と現況が相違することが多い。そのため，詳細に現況を調査しておくことが必要である。したがって，本肢の記述は不適当である。

正解 (2)

(1) 解体工事の際に発生する騒音・振動・粉じんなどは，隣接または近隣の構築物や居住者の生活に影響を及ぼす。近隣住民とのトラブルを防止するために，あらかじめ現場周辺の状況を調査しておく必要がある。特に近隣住民の生活実態は，住宅地域，商業地域および工業地域などの行政的分類だけでは判断できないことがあり，詳細な状況を把握しておくことが肝要である。したがって，本肢の記述は適当である。

(3) 解体工事の対象となる建築物本体または付属物以外の家電製品や家具などの残存物品については，所有者が事前に処理するのが原則である。これらの残存物品の有無について工事の着手前に調査しておく必要がある。したがって，本肢の記述は適当である。

(4) 解体工事の対象となる構造物の基礎等の地中部分については，建設時の設計図書または竣工図を参考にするが，現況と異なる場合があるので，設計図書の有無に関わらず，基礎や地中梁を１，２カ所露出させて形状および寸法を確認しておく必要がある。したがって，本肢の記述は適当である。

問題10 解体工事における事前調査に関する次の記述のうち，**最も不適当なものはどれか。**

(1) 建物が増改築されている場合は，接合部等を確認する必要がある。

(2) 石綿含有建材の有無に関する調査は，鉄骨造建築物の場合にのみ必要である。

(3) 敷地内の分別作業スペースの有無，近隣道路の規制や幅員，保育園や病院の有無を確認する必要がある。

(4) 産業廃棄物の発生量，処理施設の所在地および処理能力を確認する必要がある。

● 解答と解説 ●

(2) 石綿含有建材は鉄骨造に限らず全ての構造物に使用されている可能性があるため，対象の建築物がRC造や木造であっても石綿含有建材の調査は必要である。したがって，本肢の記述は不適当である。

正解 (2)

(1) 増改築の履歴がある場合，接合部位の形状によっては解体手順を考慮しないと不意に倒壊する可能性があるため，接合部等は入念なチェックが必要である。したがって，本肢の記述は適当である。

(3) 敷地内のどこに車両をおけるか，どの位置に重機を据えて解体するか等の敷地調査に加え，車両の通行時間，作業時間の調整等が必要になる場合もあるため，近隣地域の特性を調査しなければならない。したがって，本肢の記述は適当である。

(4) 産業廃棄物の搬出計画は，作業敷地の確保の点からも適切なタイミングで適切な量を搬出できるように計画しなければならない。そのためには，処理施設の所在地および1日の搬入可能量を把握する必要がある。したがって，本肢の記述は適当である。

問題11 解体工事における事前調査等に関する次の記述のうち，**最も不適当なものはどれか。**

(1) 産業廃棄物処理施設までの運搬所要時間は，工程管理に影響するので，道路の渋滞度，走行距離，交通規制等を事前に調査しておく。

(2) 交通標識が大型工事車両の通行障害となる場合は，警察署の許可を受け移設作業を行う。

(3) 敷地境界杭等が設置されている場合は，損傷・移動等を防止するため，標識等を事前に設置する。

(4) ガス・水道は，休止または廃止の手続きをし，供給は必ず敷地内で遮断しておく。

● 解答と解説 ●

(4) ガス・水道は解体工事着手前に遮断することが原則で，建設時における配管等の資料と実際とで相違のあることが多いので注意が必要。遮断する際は，解体工事に支障のない敷地外で遮断する必要がある。したがって，本肢の記述は不適当である。

正解 (4)

(1) 産業廃棄物処理施設までの運搬所要時間は，工程や工事予算に大きく影響するので実際に車を走らせるなど調査が必要である。したがって，本肢の記述は適当である。

(2) 大型建設機械や大型ダンプトラックの出入りの障害となるガードレール，街路灯などは道路管理者，交通標識については警察署に申請し移設の許可を受けなければならない。したがって，本肢の記述は適当である。

(3) 敷地境界杭等の損傷・移動を防止するため，標識等を事前に設置するほか，作業員に周知徹底することが必要である。したがって，本肢の記述は適当である。

問題12　解体工事の見積もりに関する次の記述のうち，**最も不適当なものはどれか。**

(1) 建設機械類の燃料費は，機械器具費のうちの損耗品費に含まれる。

(2) 見積書では，内訳書や明細書によって見積総額の裏付けを明示する。

(3) 内訳明示する法定福利費は，原則として健康保険料，厚生年金保険料および雇用保険料のうちの事業主負担分である。

(4) 副産物処理費は，積込み費，運搬費および処分費で構成される。

● 解答と解説 ●

(1) 機械器具費は，機械損料（レンタル料），工具損料，損耗品費，燃料費および運搬費から構成されている。損耗品費は，酸素・アセチレンガス・ワイヤロープ等の損耗度の高いものを対象とし，建設機械等の燃料費は燃料費となる。したがって，本肢の記述は不適当である。

正解 (1)

(2) 解体工事費を算出する業務を見積もりといい，工事の項目・細目・数量・金額等を記載した書類を見積書という。以前は，内訳書も明細書もなく，解体工事一式　¥○○と総額のみを表記したものがあったが，現在ではそのような見積もりは通用しない。したがって，本肢の記述は適当である。

(3) 現場管理費と一般管理費を含めて諸経費といい，法定福利費は，現場を管理する費用で現場管理費の１つである。法定福利費は，労災・健康・雇用保険および厚生年金保険料等である。したがって，本肢の記述は適当である。

(4) 副産物（廃棄物）処理費は，積込み費，運搬費，処分費を計上する。処理施設までの距離，１日あたりの運搬回数，交通事情等には特に注意が必要である。したがって，本肢の記述は適当である。

問題13 解体工事における歩掛・積算・見積に関する次の記述のうち，**最も不適当なものはどれか。**

(1) 見積書のうちの明細書には，内訳書の各項目の細目ごとに，単位・数量・単価・金額を記載する。

(2) 共通仮設費とは，各種工事に共用される仮設資材，設備等の費用で，直接工事費に算入されないものをいう。

(3) 現場管理費とは現場を管理するための費用で，人件費，法定福利費，労務安全管理費，保険料，福利厚生費，通信・交通費等が含まれる。

(4) 一般管理費とは，現場管理費，本社経費および利益を合計したものである。

● 解答と解説 ●

(4) 一般管理費は，本社経費と利益を合計したもので，工事原価以外の費用である。工事原価以外の費用は，個別工事単位では算出できず，過去の実績から一定比率を定め，各工事の見積書に計上する。現場管理費は，現場を管理するための費用で，工事原価に含まれる。したがって，本肢の記述は不適当である。

正解 (4)

(1) 見積書は，通常，表紙，内訳書，明細書で構成される。明細書には，内訳書の各項目の内容をさらに細かく区分し，細目ごとに単位・数量・単価・金額を記載する。摘要欄には仕様・規格等を詳細に記載する。したがって，本肢の記述は適当である。

(2) 共通仮設費とは，各種工事に共用される仮設資材・設備等の費用である。直接仮設費である，足場費，養生費，運搬費，その他に山留め・作業構台等の工事費に算入されない仮設費である。したがって，本肢の記述は適当である。

(3) 現場管理費とは，現場を管理するための費用で，人件費，法定福利費，労務安全管理費，保険料，福利厚生費，通信・交通費，事務用品費，会議費，交際費，雑費などがある。したがって，本肢の記述は適当である。

問題14　建設リサイクル法第13条により，工事請負契約書に記載すべき項目に関する下表の説明のうち，**最も不適当なものはどれか。**

	項　　目	説　　明
(1)	分別解体の方法	施工規則第２条第２項第４号にある分別解体等の方法
(2)	解体工事に関する費用	受注者の見積金額（合意金額）
(3)	再資源化をするための施設の名称および所在地	特定建設資材廃棄物ごとの全ての施設
(4)	特定建設資材廃棄物の再資源化等に要する費用	産業廃棄物処分業者の見積金額（合意金額）

● 解答と解説 ●

(4) 特定建設資材廃棄物の再資源化等に要する費用は，特定建設資材廃棄物の再資源化等に要する費用および特定建設資材廃棄物の運搬に要する費用を記載することになっている。産業廃棄物処分業者の見積金額に特定建設資材廃棄物の運搬に要する費用を含めた金額であるので，受注者の見積金額から記載する。したがって，本肢の記述は最も不適当である。

正解 (4)

(1) 分別解体の方法は，「建設工事に係る資材の再資源化等に関する法律施行規則」において手作業または手作業および機械による作業の併用のいずれかによらなければならないことになっている。したがって，本肢の記述は適当である。

(2) 解体工事に関する費用は，分別解体等の費用に建設資材廃棄物の運搬車両への積込みに要する費用であり，解体工事に伴う仮設費および運搬費を含まないとされているので受注者の見積り金額から記載することになる。したがって，本肢の記述は適当である。

(3) 再資源化をするための施設の名称および所在地は，特定建設資材廃棄物の品目ごとに複数あればそれらのすべてを記載する必要がある。したがって，本肢の記述は適当である。

問題15　解体工事に先立つ各種届出に関する次の記述のうち，**最も不適当なものはどれか。**

(1) ガイドレール18m以上の建設用リフト設置届は，警察署に提出する。
(2) 建築物除却届は，解体前に都道府県等に提出する。
(3) 工事排水や湧水を下水道管に流す場合の届出は，水道局等に提出する。
(4) 道路自費工事に関する許可は，道路管理者に申請する。

● 解答と解説 ●

(1) 建設用リフトを設置しようとするときには，「労働安全衛生法」第88条第１項の規定により，建設用リフト設置届に建設用リフト明細書，建設用リフトの組立図，強度計算書等の書面を添えて，所轄労働基準監督署長に提出することになっている。したがって，本肢の記述は最も不適当である。

正解 (1)

(2) 工事部分の床面積が10㎡をこえる建築物の除却工事をする場合には，除却工事を施工する者が建築基準法第15条第１項の規定による「建築物除去届」を，建築主事を経由して都道府県知事に届出を行う必要がある。したがって，本肢の記述は適当である。

(3) 工事排水や湧水を下水道管に流す場合は，公共下水道の使用を開始する場合に該当し，あらかじめ水道局等に届出をしなければならない。休止もしくは廃止，休止を再開しようとするときにも届出が必要である。したがって，本肢の記述は適当である。

(4) 道路法第24条により，道路管理者以外の者が道路に関する工事または維持を行う場合は，「道路工事施工承認申請書」を道路管理者に提出して承認を受けなければならないことになっている。したがって，本肢の記述は適当である。

問題16 解体工事における施工計画・届出等に関する次の記述のうち，**最も不適当なものはどれか。**

(1) 施工計画を策定するにあたって考慮しなければならない条件には，設計条件，敷地条件，環境条件，労働条件，調達条件，処理条件等がある。

(2) 解体現場への車両の進入を容易にするために歩道の切下げが必要な場合は，警察署に申請して許可を受けた後でなければ作業ができない。

(3) 建設副産物の再利用を図るために，副産物の分別作業場所と一時保管場所，運搬車両の出入口および作業動線を確保するように，分別解体計画を立案する。

(4) 解体工法の選定にあたっては，事前調査の資料に基づき，安全確保，環境保全，工期，経済性，建設副産物の処理方法等を検討して決定する。

● 解答と解説 ●

(2) 進入路を確保するために歩道の切下げが必要な場合は，道路管理者に申請して許可を得なければならない。したがって，本肢の記述は不適当である。

正解 (2)

(1) 施工計画の作成に際しては，設計，敷地，環境，労働，調達，処理等の各諸条件を勘案して全ての条件において無理のない計画にする必要がある。したがって，本肢の記述は適当である。

(3) 建設副産物は種類ごとに分別して搬出を行う必要がある。分別作業場所・一時保管場所・運搬車両の出入口等の設置を行い，無理のない作業導線を確保し，スムーズに分別～搬出が行えるように計画を立てる。したがって，本肢の記述は適当である。

(4) 近隣地域・道路の諸条件ならびに安全・工期・予算・環境保全等，全てにおいて合理的な解体工法を選定することがスムーズな作業に繋がる。したがって，本肢の記述は適当である。

問題17 解体工事における施工管理に関する次の記述のうち，**最も不適当なものはどれか。**

(1) 解体工事における主な施工管理は，作業管理，工程管理，原価管理，安全衛生管理，環境保全管理，建設副産物管理等の観点から行う。

(2) 建設機械は，工程に合わせて適正な機種・台数を確保し，点検・保守・管理を確実に行い，故障を少なくし稼働率を上げることに留意する。

(3) 原価管理においては，見積もりを基準にして原価を統制および低減し，必要があれば施工計画を再検討する。

(4) 工程管理では，工事の進捗状況を検討しながら，最小限の労働力・資材・機械で最大限の効果が得られるように最適化を図る。

● 解答と解説 ●

(3) 原価管理においては，実行予算を基準にして原価を統制および低減し，必要があれば施工計画を再検討する。したがって，本肢の記述は不適当である。

正解 (3)

(1) 解体工事における施工管理は，作業・工程・原価・安全衛生・環境保全・建設副産物管理等の観点から適切に行う。したがって，本肢の記述は適当である。

(2) 建設機械の台数は，過少であれば工期を，過剰であれば予算および作業敷地を圧迫する。適正な台数を確保することが大切である。また，故障を少なくし稼働率を上げるため，日常的に点検・保守・管理を行うことが重要である。したがって，本肢の記述は適当である。

(4) 工程管理においては，工事の進捗状況を正確に把握し，予算管理の観点からも最小限の労働力・資材・機械を確保することで最適化することが大切である。したがって，本肢の記述は適当である。

問題18 解体工事の施工管理に関する次の記述のうち，**最も不適当なものはどれか。**

(1) 解体工事の特殊性として，解体する建築物の用途，構造種別および工事関係者が一定でないことなどがある。

(2) 工期を当初の計画より延長しなければならない場合，一般的に，直接費は変わらないか増加し，間接費は増加する。

(3) バーチャート式工程表は，各作業の関連性や工程の流れが把握できるので，工事途中での段取り替えに速やかに対応できる。

(4) 大幅な施工方法・手順・数量等の変更が発生した場合は，施工計画書を変更し，実行予算を組み直す。

● 解答と解説 ●

(3) バーチャート式工程表は縦軸に工種，横軸に工期を表示したもので，作業の日数・日程が分かりやすいが，各作業の関連性が把握しにくい。各作業の関連性や工程の流れが把握できるのはネットワーク工程表である。したがって，本肢の記述は不適当である。

正解 (3)

(1) 解体工事の特殊性として，解体する建築物の用途，種類や構造が一定ではないこと，現場の周辺の状況，工事関係者が一定ではないこと，工事の短さなどを十分理解しておく必要がある。したがって，本肢の記述は適当である。

(2) 工事原価は直接費と間接費からなる。直接費は施工対象に直接かかる材料費や労務費，機械費などであり，間接費は共通仮設費，一般仮設費，現場管理費などである。工期を延長した場合，直接費は変わらないか増加し，間接費は増加する。したがって，本肢の記述は適当である。

(4) 着工当初組んでいた実行予算内に収まらない大幅な施工方法・手順・数量

等の変更が発生した場合は施工計画の再検討を行うとともに，実行予算を組み直す必要がある。したがって，本肢の記述は適当である。

問題19 解体工事の施工管理に関する次の記述のうち，**最も不適当なものはどれか。**

(1) 足場などの資材を点検したところ，不適格なものがあったので交換した。

(2) 作業内容や施工量を日報に記録し，予定通りの成果を得たか確認した。

(3) 解体用重機を必要な台数確保できなかったので，工程を変更した。

(4) 人力で体力を要する解体作業だったので，経験は浅いが体力のある若手に管理および作業を任せた。

● 解答と解説 ●

(4) 体力を要する人力での作業こそ熟練の作業員が必要な場合も多く，実務経験の少ない若手を体力があるという理由だけで管理・作業を任せてはならない。したがって，本肢の記述は不適当である。

正解 (4)

(1) 搬入された資材の数量・種類等を点検し部材のへこみ，曲がり，変形，錆や腐食を点検し，不適格のものを除去・交換する。したがって，本肢の記述は適当である。

(2) 日々の業務として作業内容や施工量等を数量と金額の両面で日報に記録し，予定通りの成果に差異が生じた場合はその分析措置と以後の措置を遅滞なく講じる。したがって，本肢の記述は適当である。

(3) 解体用重機は無理なく無駄なく稼働させ，工程に合わせて的確な機種，適正な台数を確保する必要がある。必要台数確保できない場合は，当然工程の見直しが必要である。したがって，本肢の記述は適当である。

問題20 労働安全衛生に関する次の記述のうち，**最も不適当なものはどれか。**

(1) 移動式足場とは，足場板を3以上の支持物に掛け渡し，作業に応じて移動させる足場をいう。

(2) 足場とは，建設物の高所部に対する部材の取付け等の作業において，作業者を作業箇所に接近させるために設ける仮設の作業床とこれを支持する仮設物をいう。

(3) 高所作業とは，一般に地上または床上から作業場所までの高さが2m以上の箇所で行う作業のことをいう。

(4) 作業床とは，作業者が作業を行うための平面で耐力のある床をいい，足場等の作業床については，細かい安全基準が定められている。

● 解答と解説 ●

(1) 移動式足場はローリングタワーとも呼ばれ，枠組み足場を何段かに組み立て脚部に車輪を取り付けたものである。本肢の「足場板を3以上の支持物にかけ渡し」は，足場の一種である脚立足場等の説明であり，脚立などを3脚以上1.8m以内の間隔に配置し，その3点以上に足場板をかけ渡し組み立てる内容である。したがって，本肢の記述は不適当である。

正解 (1)

(2) 足場とは，いわゆる本足場，一側足場，つり足場，張出し足場，脚立足場等のように，作業者を作業箇所に接近させて作業させるために設ける仮設の作業床とこれを支持する仮設物をいう。ただし，桟橋，ステージ，型枠支保工等は足場に該当しない。したがって，本肢の記述は適当である。

(3) 高所作業とは，一般に地上または床上からの作業所までの高さが2m以上の箇所で行う作業のことをいう。なお，労働安全衛生規則第518条では，「高さ2m以上の箇所で作業を行う場合は，墜落により労働者に危険を及ぼす恐れがあるため，足場を組み立てる等作業床を設置すること。作業床を設けることが困難なときは，防網（安全ネット）を張り，労働者に墜落制止用器具を使用させること」とあるので十分に注意したい。したがって，本肢の記述は適当である。

(4) 作業床とは，作業者が作業を行うための平面で耐力のある床をいい，二側足場の場合，作業床の幅は40㎝以上，床材の隙間は３㎝以下，床材と建地の隙間は12㎝未満等，細かい安全基準が法令で定められている。また，木造家屋建築工事等に使用されることが多いブラケット一側足場の場合，厚生労働省の定めるガイドライン(足場先行工法のガイドライン)に，「ブラケット一側足場であって40㎝以上の幅の作業床を設けることが困難な場合は，24㎝以上の幅の作業床とすることができる」とされる。脚立足場等に関しては，合板足場板（厚生労働省規格のもの），金属製足場板（（一社）仮設工業会認定品のもの），ひき板（安衛側第563条第１項に適合したもの）等の堅固なものを使用しなければならず，足場板の最大積載荷重は，材質等によって変わるので注意を要するとされている。したがって，作業床には細かい安全基準が存在し，本肢の記述は適当である。

問題21　労働安全衛生に関する次の記述のうち，**最も不適当なものはどれか。**

(1) 石綿含有成形板の除去作業は，技術的に困難な場合を除いて，切断，破砕等によらないで行う。

(2) 吹付け石綿の除去作業では，電動ファン付き呼吸用保護具または同等以上の呼吸用保護具を使用する。

(3) 石綿含有建材の除去作業場所に，石綿作業主任者の氏名と職務を掲示する。

(4) 石綿を取り扱う作業を常時行う場合，年1回は石綿健康診断を受診する。

● 解答と解説 ●

(4) 石綿を取り扱う作業を常時行う場合，雇入れまたは配置替えの際，6カ月以内ごとに1回，定期に石綿健康診断を受診する必要がある。（石綿則第40条関係）しかし，本肢の記述は「1年以内ごと」となっている。なお，この健康診断は，石綿に関する特殊健康診断であり，年1回実施する一般的な定期健康診断とは，診断項目も異なる。したがって，本肢の記述は不適当である。

正解 (4)

(1) 石綿含有成形板はレベル3に該当し，原則として原形を保ちながらの撤去となる。そのため，技術的に困難な場合を除いて，切断・破砕・穿孔・研磨等はさける必要がある。したがって，本肢の記述は適当である。

(2) 吹付け石綿の除去はレベル1に該当し，電動ファン付き呼吸用保護具または同等以上の呼吸用保護具の使用が義務付けられている（石綿則第14条等の改正平成21年4月1日施行)。したがって，本肢の記述は適当である。

(3) 事業者は，作業主任者を選任したときは，当該作業主任者の氏名およびその者に行わせる事項を作業場の見やすい箇所に掲示する必要がある（安衛則第18条)。石綿作業主任者も作業主任者の掲示が必要である。したがって，本肢の記述は適当である。

問題22 安全衛生管理に関する次の記述のうち，**最も不適当なものはどれか。**

(1) 関係法令に規定されている基準は最低限のものであり，当該現場の特殊性に対応するためには，法令の基準以上の対策を講ずることが望ましい。

(2) ツールボックス・ミーティングは，作業主任者や作業指揮者が中心となって，作業者と作業開始前の時間を使って安全作業について現場で話し合うものである。

(3) 現場の基本的な安全心得として「安全十訓」や「安全のしおり」等を作成・印刷し，雇入時に作業者に交付して，雇入の最初から安全上の注意を喚起する。

(4) 元請負人は安全衛生協議会を設置し，主たる工種の請負人を招集して会議を定期的に開催する。

● 解答と解説 ●

(4) 元請負人には協議組織の設置および運営が法令で定められている（安衛法第15条および30条）。そして，元請負人が設置した安全衛生協議会（災害防止協議会）には，すべての関係請負人が参加しなければならない。しかし，本肢は，「主たる工種の請負人を招集」と限定された参加となっている。したがって，本肢の記述は不適当である。

正解 (4)

(1) 関係法令に規定されている基準は，守るべき最低限の基準を示しており，基準を遵守することは当然として，当該現場の特殊性に対応し，法令で定められた基準以上の対策を講じる必要がある（安衛法第3条関係）。したがって，本肢の記述は適当である。

(2) ツールボックス・ミーティングはTBMとも略され，作業開始前の短い時間を使って道具箱（ツールボックス）のそばに集まった仕事仲間が安全作業を話し合うアメリカの風習を取り入れた方法である。したがって，本肢の記述は適当である。

(3) 今後，建設業以外の異業種からの雇入が増加すると予想される。そのため，仕事初日から１週間以内の労働災害発生確率が依然として高いことを踏まえ，「安全十訓」や「安全のしおり」等雇入れ時に作業者に交付することは，安全に関する意識の高揚に有効である。そして，常に安全上の注意を喚起することが望まれる。したがって，本肢の記述は適当である。

問題23 騒音・振動防止対策に関する次の記述のうち，**最も不適当なものはどれか。**

(1) 騒音・振動の発生源での発生量を少なくするために，計画段階で低騒音・低振動の工法及び機械を選定することは，効果が高く重要なことである。

(2) 騒音・振動の距離減衰効果とは，その強さが空間や地盤を伝搬していく過程で，音源等から距離に反比例しながら減衰していくことをいう。

(3) 騒音・振動を途中で遮断するために，騒音には防音壁，防音カバー，防音養生など，振動には防振ゴム，防振溝などを設置することは効果的である。

(4) 騒音・振動を物理的に抑えることは重要であるが，さらに心理的な影響の低減を図るために，工事着手前の説明会で近隣住民の理解を得ることは重要である。

● 解答と解説 ●

(2) 騒音・振動の距離減衰効果とは，騒音・振動の強さが空間や地盤を伝播していく過程で，音源等からの距離の2乗に反比例しながら減速していく現象である。しかし，本肢では「～の2乗」が記載されていない。したがって，本肢の記述は不適当である。

正解 (2)

(1) 騒音・振動の発生源での発生量を少なくするために，計画段階で低騒音・低振動の工法および機械としなければならい。具体的には「低騒音型・低振動型建設機械の指定に関する規定」（平成9年建設省告示1536号，改正平成12年建設省告示第2438号）に基づく。したがって，本肢の記述は適当である。

(3) 騒音・振動対策の基本は，①騒音・振動の発生源での発生量を少なくする

②騒音・振動の距離減衰効果を利用し，発生源を近隣住宅等からできるだけ離す③騒音・振動を途中で遮断する，である。③においては，防音には防音壁，防音カバー，防音養生など，振動には防振ゴム，防振溝などの設置が推奨される。したがって，本肢の記述は適当である。

(4) 騒音・振動の物理的影響対策として，騒音規制法および振動規制法等の関係法令を遵守し，極力騒音・振動を抑えることは重要である。そして，併せて心理的影響の低減を図ることも忘れてはならない。その対策として，近隣住民の理解を得るために工事着工前の現場説明会の開催等が重要となる。したがって，本肢の記述は適当である。

問題24　解体工事における環境保全対策に関する次の記述のうち，**最も不適当なものはどれか。**

(1) 粉じんの飛散防止のためには，高水圧の散水機で粉じん発生箇所へ十分な水量を散水する。

(2) 市街地における解体工事では，振動レベルが連続して60dB～65dBを上回ると，近隣住民から苦情が出やすい。

(3) 建設機械の騒音を測定する場合は，機械から１，３，５ｍの位置で測定する。

(4) 解体工事から発生する騒音を低減するための低騒音型建設機械は，国土交通省告示により具体的な機種・型式等が指定されている。

● 解答と解説 ●

(3) 建設機械の騒音を測定する場合は，機械から７，15，30ｍ離れた位置で測定する。社団法人日本建設機械化協会（現・一般社団法人日本建設機械施工協会）の「建設機械の騒音レベル測定方法」を参照されたい。なお，建設工事の総体的な騒音を測定する場合は，工事現場の敷地境界線で測定する。しかし，本肢では，「機械から１，３，５ｍの位置」と表示していることから，本肢の記述は不適当である。

正解 (3)

(1) 粉じんの飛散を防止するためには，十分な水圧が得られる散水機を設置し，的確に散水を行う必要がある。具体的な方法としては，高水圧の散水機で粉じん発生箇所へ十分な水量の散水を行う。なお，石綿粉じんの場合は，散水ではなく粉じん飛散抑制剤等の薬液を散布することが望ましい。したがって，本肢の記述は基本的な内容であり適当である。

(2) 市街地における解体工事では，振動レベルが60～65dB（騒音レベルでは65～70 dB）を連続して上回ると近隣住民から苦情が出てくるようである。

なお，人が全身に振動を感じはじめるのは，55～60 dBの振動レベルからである。ただし，心理的な影響を及ぼす振動レベルは，生理的な影響を及ぼす振動レベルよりもかなり低いレベルで発生する可能性もあるので，生活環境を保全すべき地域で行う工事では，十分に注意したい。したがって，本肢の記述は適当である。

(4) 解体工事から発生する騒音を低減するための低騒音型建設機械は，建設省（現・国土交通省）の告示「低騒音型・低振動型建設機械の指定に関する規定」（平成９年度建設省告示第1536号，改正平成12年建設省告示第2438号）に基づき，バックホウなどの重機から発電機，コンプレッサなどに至るまで，6,741型式が低騒音型建設機械の指定を受けている。したがって，本肢の記述は適当である。

問題25 騒音規制法令で定められた特定建設作業に**該当しない作業は，次のうちどれか。**

(1) さく岩機を使用する作業

(2) くい打（くい抜）機を使用する作業

(3) カッタを使用する作業

(4) 空気圧縮機を使用する作業

● **解答と解説** ●

騒音規制法では，建設作業として行われる作業のうち，著しい騒音を発生する作業であって政令で定めるものを特定建設作業といい（騒音規制法第2条第3項），規制の対象とされている。騒音の規制基準値は85dBである。**表25．1**は騒音に関する特定建設作業の種類である。

表25．1　騒音に関する特定建設作業の種類

1	くい打機，くい抜機，くい打くい抜機	・もんけんを除く ・圧入式くい打くい抜機を除く （くい抜機またはくい打くい抜機） ・くい打機をアースオーガーと併用する作業を除く
2	びょう打機	
3	さく岩機	作業地点が連続的に移動する作業では，1日における当該作業に係る2地点の最大距離が50mを超えない作業に限る
4	空気圧縮機	・電動機以外の原動機を用いるもので，その原動機の定格出力が1.5KW以上のものに限る ・さく岩機の動力として使用する作業を除く
5	コンクリートプラント，アスファルトプラント	・コンクリートプラント（混錬容量0.45m³以上） ・アスファルトプラント（混錬重量200kg以上） ・モルタルを製造するためにコンクリートプラントを設けて行う作業を除く
6	バックボウ	・低騒音型建設機械とみなされるものを除く ・原動機の定格出力が80KW以上に限る
7	トラクターショベル	・低騒音型建設機械とみなされるものを除く ・原動機の定格出力が70KW以上に限る
8	ブルドーザー	・低騒音型建設機械とみなされるものを除く ・原動機の定格出力が40KW以上に限る

したがって，(3)カッタを使用する作業は該当しない。

正解 (3)

問題26 木造住宅の解体作業に関する次の記述のうち，**最も不適当なものはどれか。**

(1) 太陽熱温水器やソーラーパネルなど屋上設置物等の撤去作業は，「手作業による分別解体工法」により行った。

(2) 地中埋設物であるコンクリート造浄化槽は，現地で破砕し撤去した。

(3) 建物の外壁は，建物内部の解体時の騒音や粉じん抑制効果が期待できるので，最後に取り壊した。

(4) CCA処理木材は，土台および大引以外の部材には使用されていないものとして処理した。

● 解答と解説 ●

(4) CCA処理木材は，防蟻対策として土台および大引に利用されることが多いが，それ以外の部材にも使用されることがあるため，本肢の記述は不適当である。

正解 (4)

(1) 屋根における太陽熱温水器やソーラーパネルをはじめ，建築物への設置物等は適切に分別するために，手作業による分別解体としなければならず，本肢の記述は適当である。

(2) 地中埋設物であるコンクリート造浄化槽は，原形のまま撤去するか，その場において圧砕機等で破砕しコンクリートガラとして撤去するかのいずれかであり，本肢の記述は適当である。

(3) 解体工事では騒音や粉じんが発生し周辺へ影響を及ぼすことから，その抑制対策として外壁を最後に取り壊すのがよく，本肢の記述は適当である。

問題27 木造建築物の解体作業に関する次の記述のうち，**最も不適当なものはどれか。**

(1) 外部足場は，風雨等に耐えうる十分な強度を確保するための筋かいや壁つなぎで補強し，解体する建物より1.5～2.0m程度高くして設置する。

(2) 金属屋根が溶接されているために，手作業による解体が困難な場合は，火花等による火災予防対策や作業者の火傷予防対策を講じて，ガス溶断器等により解体する。

(3) 壁材や天井材の木材は主として，製紙原料，エタノール原料および炭として再資源化される。

(4) 発生した廃棄物は，品目別に運搬車両に積込み，やむを得ず混載する場合は，仕切りを設置する。

● 解答と解説 ●

(3) 柱や梁などの大断面の木材は，製紙原料，エタノール原料，炭等に再資源化されることもあるが，壁材や天井材などの断面が小さい木材は燃料用チップとして再資源化されることが多い。したがって，本肢の記述は不適当である。

正解 (3)

(1) 作業員の安全対策や周辺への粉塵防止のための養生を行うために，外部足場は解体する建物よりも1.5～2.0ｍ程度高く設置するのがよい。また，設置の際には労働安全衛生規則（第559条～第575条）を遵守し，筋交いや壁つなぎで補強して十分な強度を確保する必要がある。したがって，本肢の記述は適当である。

(2) 溶接された金属屋根で手作用による解体が困難な場合は，火災予防対策や作業員の火傷予防策を講じた上で，ガス溶断器等による解体を行うことがある。したがって，本肢の記述は適当である。

(4) 廃棄物は品目ごとに運搬車両に積み込むのが基本であるが，木造住宅の解体では廃棄物の種類によっては少量のものもあり，やむを得ず混載することもある。その場合には廃棄物ごとに分けるため仕切りを設置することが重要である。したがって，本肢の記述は適当である。

問題28　鉄骨造建築物の解体工事に関する次の記述のうち，**最も不適当なものはどれか。**

(1) 鉄骨梁は，断面の下から上に溶断した。

(2) 部材を再利用するため，できるだけ部材本体に熱を加えないようにした。

(3) 柱は，アンカーボルトを溶断してから，柱を移動式クレーンで仮吊りした。

(4) 外壁は，一枚壁とならないようにＬ字型に残した。

● 解答と解説 ●

(3) 柱のアンカーボルトの溶断は柱を移動式クレーンで仮吊りした後，あるいは転倒防止ワイヤを設置した後に行う。したがって，本肢の記述は不適当である。

正解 (3)

(1) 鉄骨建造物における部材のガス溶断は，基本的に断面の下から上の順序で行い，継手部分を避けて母材部分を溶断する。したがって，本肢の記述は適当である。

(2) 柱や梁等の主要部材の取付に使用されているボルトまたはリベットを溶断するときは，部材本体に熱を加えて変質させないようにする。したがって，本肢の記述は適当である。

(4) 倒壊を防止するため，外壁はＬ字かコの字形に残す。したがって，本肢の記述は適当である。

問題29 鉄骨造建築物の解体作業に関する次の記述のうち，**最も不適当なものはどれか。**

(1) ガス溶断工法は，鉄骨切断機による機械作業が困難な場合に適している。

(2) ALC版は，仕上げ材を取り除いた後，接合してある鉄筋や留具を切断または溶断して取り外す。

(3) コンクリートをはつり取ったキーストン・デッキプレートは，踏み抜き等が発生しやすいので，その状態を確認する。

(4) ボルトを外して解体する場合は，解体箇所以外も含めて全てのボルトを緩めてから行う。

● 解答と解説 ●

(4) ボルトを外して解体する場合は，解体箇所のボルトのみを緩め，ほかのボルトは本締めのままにしておく。したがって，本肢の記述は不適当である。

正解 (4)

(1) 小さい部材を切断する場合などは鉄骨切断機ではなく，ガス溶断工法が適切である。したがって，本肢の記述は適当である。

(2) ALC版にカーペット等仕上げ材が付着している場合は，仕上げ材に引火する恐れがあるので，仕上げ材を撤去した後，接合してある金具等を切断または溶断する。したがって，本肢の記述は適当である。

(3) コンクリートをはつり取ったキーストン・デッキプレートは作業床として使用できるが，経年劣化や錆，解体時の振動等で踏抜きの危険があるので，使用する際は状態の確認を必ず行う。したがって，本肢の記述は適当である。

問題30　鉄筋コンクリート造建築物の解体作業に関する次の記述のうち，**最も不適当なものはどれか。**

(1) コンクリート造の工作物の解体等作業主任者は，車両系建設機械運転技能講習修了者から選任する。

(2) 外部仮設足場の壁つなぎは，外壁解体の直前に撤去し，外壁解体終了後直ちに自立部分を撤去する。

(3) 外壁を２階分以上残す場合には，控え壁を残すかラーメンの形で残すなど，安定した形状にしておく。

(4) 解体用重機をコンクリート塊を積み上げた上に載せる場合には，積み上げたコンクリート塊の勾配や締まり具合に十分注意する。

● 解答と解説 ●

(1) 労働安全衛生規則第517条の17によれば，「事業者は，コンクリート造の工作物（その高さが５m以上であるものに限る）の解体または破壊の作業については，コンクリート造の工作物の解体等作業主任者技能講習を修了した者のうちから，コンクリート造の工作物の解体等作業主任者を選任しなければならない」と定められている。したがって，本肢の記述は不適当である。

正解 (1)

(2) 足場の壁つなぎは外壁解体の直前に撤去し，外壁解体終了後直ちに足場の自立部分を撤去する。外壁を解体する場合は，足場撤去作業者と密に連絡を取りながら進める。したがって，本肢の記述は適当である。

(3) 外壁を２階分以上残す場合は，構造体の安定性を確保するために，控え壁を残すかラーメンの形で残すなど，構造体として安定した形状にしておく。したがって，本肢の記述は適当である。

(4) 解体したコンクリート塊を積み上げた上に解体用重機を載せる場合は，積み上げたコンクリート塊や締まり具合に十分注意する。なお，ロングブームを装着した解体重機は，原則として高く積み上げたコンクリート塊の上には載せてはならない。したがって，本肢の記述は適当である。

問題31 鉄筋コンクリート造建築物の階上解体工法に関する次の記述のうち，**最も不適当なものはどれか。**

(1) 揚重するベースマシンの重量や梁・床の強度に応じて，梁・床を鋼製サポート等で補強する。

(2) 解体作業は，屋上から下階へ向かって，原則として1階分を一つの単位として行う。

(3) 外周の柱，壁等を解体する際は，コンクリート塊の落下防止のため，作業直下の階に安全ネットを設置する。

(4) 廃材を投下するための開口（ダメ穴）は，解体作業前に各階に設置する。

● 解答と解説 ●

(3) 外壁の梁，柱，壁など解体する場合はコンクリート塊落下防止のため，直下階に水平養生棚や忍び返しなどを設置する。したがって，本肢の記述は不適当である。

正解 (3)

(1) あらかじめ床・梁の構造，強度を調査し，必要に応じてサポートを１階～３階分建て支持する。特にベースマシンを上階から下階に移動させる場合は，最も大きな力がかかるので注意が必要である。したがって，本肢の記述は適当である。

(2) 解体作業は，屋上から下階に向かって１階ずつ解体し，１階分の作業が終わったら，下階の床・梁を一部解体して開口し，コンクリート塊でスロープを作り，重機を下階に降ろす。したがって，本肢の記述は適当である。

(4) コンクリート塊やスクラップ類は，開口したダメ穴またはエレベーターシャフトを利用して１階に集積する。したがって，本肢の記述は適当である。

問題32 国土交通省の「建築物の解体工事における外壁の崩落等による公衆災害防止対策に関するガイドライン」に関する次の記述のうち，**実際には記述されていないものはどれか。**

(1) 発注者および施工者は，解体対象建築物の構造等を事前に調査，把握するとともに，事故防止に十分配慮した解体工法の選択，施工計画の作成を行うこと。

(2) 施工者は，解体工事途中段階で想定外の構造，設備等が判明した際は，工事を一時停止し施工計画の修正を検討すること。

(3) 施工者は，増改築部分と従前部分の接合部等の解体について，設計図書を詳細に調査し，その部分の詳細設計図を作成し，施工計画書に必ず添付すること。

(4) 建築物の所有者および管理者は，新築時および増改築時の設計図書や竣工図の保存，継承に努めること。

● 解答と解説 ●

「建築物の解体工事における外壁の崩落等による公衆災害防止対策のガイドライン」は平成15年3月に静岡県富士市で起きた解体工事中の外壁崩落事故を受け，同年7月に国土交通省から通達されたガイドラインである。

ガイドラインには以下の内容が記されている。

- 事前情報の提供・収集と調査の実施による施工計画の作成
- 想定外の状況への対応と技術者等の適正な配置
- 建築物外周の張り出し部，カーテンウォール等の外壁への配慮
- 増改築物等への配慮
- 大規模な建築物への配慮
- 建築物の設計図書等の保存

(3)「増改築物等の配慮」において，施工者は増改築物と従前部分の接合部につ

いては十分な目視確認等による調査を行い，慎重に施工計画を作成することとあるが，“詳細設計図の作成”については触れていない。したがって，(3)が正解である。

正解 (3)

(1)「事前情報の提供・収集と調査の実施による施工計画の作成」において，発注者および施工者は余裕のある工期や適正なコストを設定することとともに，安全性を考慮した工法の選択，施工計画の作成を行うことと記されている。

(2)「想定外の状況への対応と技術者等の適正な配置」において，施工者は想定外の構造，設備等が判明した際は，工事を一時停止し施工計画の修正を検討することと記されている。

(4)「建築物の設計図書等の保存」において，建築物の所有者および管理者は，新築時および増改築時の設計図書や竣工図の保存，継承に努めることと記されている。

問題33 鉄筋コンクリート造の煙突の解体作業に関する次の記述のうち，**最も不適当なものはどれか。**

(1) ハンドブレーカで，高さ1.5mずつ解体し，解体作業の進捗に応じて上から外部仮設足場を順次撤去した。

(2) ハンドブレーカ作業で発生したコンクリート塊は，足場に触れないように注意して煙突の外側に投下した。

(3) 作業中の強風や突風に対して十分安全なものとするため，ハンドブレーカ作業用の足場には堅固な壁つなぎを設置した。

(4) 煙突の高さが圧砕機の届く高さになった後は，地上から圧砕機で解体した。

● 解答と解説 ●

(2) 上部からハンドブレーカで煙突を解体する際は，周囲の安全確保の面からも煙突の内側にコンクリート塊を落とし込む。最下部まで手作業で解体する際は，あらかじめ根本の部分にコンクリート塊を取り出すための掃き出し口を開口し，上部解体時には適宜掃き出し口よりコンクリート塊を搬出する。したがって，本肢の記述は不適当である。

正解 (2)

(1) 上部よりハンドブレーカで解体する際は，高さ1.5m程度を1単位として解体を進め，外周足場は煙突の高さに合わせて順次撤去する。したがって，本肢の記述は適当である。

(3) 煙突は高さ20m以上のものも多い。足場の壁つなぎは強風に耐え得るだけの量を設置することが必要である。したがって，本肢の記述は適当である。

(4) 重機が届く高さまでハンドブレーカ等で解体したのち，周囲に十分な作業スペースがある場合は，圧砕機での地上解体に切り替えることで効率的に作業を行うことができる。したがって，本肢の記述は適当である。

問題34　鉄筋コンクリート造の地下構造物の解体作業に関する次の記述のうち，**最も不適当なものはどれか。**

(1) 既存杭などの既存地下工作物を残置すると，廃棄物処理法の不法投棄に該当する場合があるので，注意が必要である。

(2) 地山の掘削作業や土留め支保工の組立解体作業等との並行作業になる場合は，それぞれの作業主任者を選任し，施工計画の作成においても相互の意見を反映させる必要がある。

(3) 外周部の基礎を発破工法で解体する場合は，一定の有資格者のもとに行い，危険回避のための打ち合わせを密に行う必要がある。

(4) 直接土に接する部分が多いため，地盤の緩みや変形の影響を受けやすいが，騒音や振動に関しては周囲に与える影響が少ない。

● 解答と解説 ●

(4) 直接土に接する部材は，地盤の緩みや変形の影響を受けやすい。そして地上部に比べ振動が伝搬しやすい。周囲に与える影響が大きいため，騒音や振動に関して注意が必要である。したがって，本肢の記述は不適当である。

正解 (4)

(1)「既存地下工作物の取り扱いに関するガイドライン（一般社団法人日本建設業連合会・2020年2月）」によれば，「技術的に撤去困難な場合，撤去すると周辺環境に悪影響がある場合，引き続き使用する場合」等の適当な理由なく地下工作物を残置すると，廃棄物処理法上の不法投棄に該当する場合がある。したがって，本肢の記述は適当である。

(2) 地下解体は解体工事単体ではなく，地山掘削や土留め支保工等との並行作業になることも多い。施工の種類ごとに必要な作業主任者を設置し，全ての作業の進行を勘案した施工計画を作成することが必要である。したがって，本肢の記述は適当である。

(3) 発破工法で解体する際は，一定の有資格者のもとに行い，危険回避のための打ち合わせを密に行う必要がある。したがって，本肢の記述は適当である。

問題35 超高層建築物の解体工事に用いられる「閉鎖作業空間を上層部に設け，上層部から順次降下させながら解体作業を行う工法」に関する次の記述のうち，**最も不適当なものはどれか。**

(1) 部材の飛散・落下，粉じんの飛散，騒音・振動などの問題を改善できる。

(2) 解体途中の耐震性を確保するため，解体前に鉄筋コンクリート造のコアウォールを建築物の内部に設置する必要がある。

(3) 解体材の荷降ろしの際に生じる自由落下エネルギーを利用して，発電を行うことができる。

(4) 地上から最上階まで連続的な外部仮設足場が不要である。

● 解答と解説 ●

高さ100mを超える超高層ビルの解体は，従来の解体工法では，解決しなければいけない問題が山積している。超高層ビルは，都市部に立地し，解体工事上の制約条件が多い。上空の風は地上の数倍にもなり，仮設足場や養生材の設置・撤去が高所危険作業となることに加え，粉じんの広範囲への飛散，解体部材の飛来落下の危険性，騒音・振動の伝播などに，配慮しなければならなく，解決すべき課題は多岐にわたる。

(2) 記述は，下層部の各柱位置に設置されたジャッキで建物全体を支持しつつ，下階を解体する鹿島建設「鹿島カットアンドダウン工法」のものである。2008年に行われた鹿島建設本社ビル解体工事では，建物の中央部の地下1階から3階まで鉄筋コンクリート造のコアウォールを新設，コアウォールを囲む4隅の柱に荷重伝達フレームを設置した。これらは，地震発生時にも解体構造物の耐震性を確保するものであり，ジャッキで支えられている地上解体対象建物が荷重伝達フレームを介してコアウォールと一体となるシステムである。したがって，本肢の記述は不適当である。

正解 (2)

(1)(3)(4) 鹿島建設「鹿島カットアンドダウン工法」と異なり，大成建設「テコレップシステム」，清水建設「シミズ・リバース・コンストラクション工法」，大林組「キューブカット工法」，竹中工務店「竹中ハットダウン工法」は，比較的似通った工法である。

最上階の躯体を壊さずに有効利用して解体を行う閉鎖空間をつくる。そして，ジャッキを内蔵した，仮設の柱を設置し，1フロアごとにジャッキで解体階を自動降下させていく。したがって，(4)の記述は適当である。

解体する空間を閉鎖空間とすることで，部材の飛散・落下．粉じんの飛散，騒音・振動などの問題を大幅に改善できるとしている。したがって，(1)の記述は適当である。ただし，鹿島建設「鹿島カットアンドダウン工法」も本肢の記述を満たしている。

最上階の躯体に設置したクレーンにより，床面開口部から，分解した部材を荷降ろす際に生じる解体材の自由落下エネルギーを利用し発電するシステムが提案されている。したがって，(3)の記述は適当である。

問題36 鉄筋コンクリート造建築物の地上解体工法に関する次の記述のうち，**最も不適当なものはどれか。**

(1) 作業効率を高めるために，アタッチメントには大型ブレーカを使用した。

(2) 工事用の敷地に余裕がなかったため，先行して手ごわし等で重機の作業スペースを確保した。

(3) 解体する建築物の高さが15m程度であったので，1.2m³クラスの重機を使用して解体した。

(4) コンクリート塊等の外部への飛散防止や散水作業のために，外部仮設足場を枠組足場とする計画にした。

● 解答と解説 ●

(1) 作業効率を高めるための選択として大型ブレーカは適さない。コンクリート塊の飛散や鉄筋の切断の手間などを考慮すると圧砕機の方が全体的に作業効率が高い。したがって，本肢の記述は不適当である。

正解 (1)

(2) 重機の作業半径，旋回スペース，集積・積込場所などを確保するため，手ごわし，または小型重機などを用いて先行解体する。したがって，本肢の記述は適当である。

(3) 1.2m³クラスの重機であれば15mの高さの建築物を解体可能である。メーカーや仕様によっては1.2m³クラスで高さ20mも解体できる。したがって，本肢の記述は適当である。

(4) 枠組足場はコンクリート塊の外部飛散防止や散水作業時の作業床としてとても有効である。したがって，本肢の記述は適当である。

問題37　廃棄物処理における電子マニフェストに関する次の記述のうち，**最も不適当なものはどれか。**

(1) 排出事業者は，産業廃棄物を搬出した日の翌日から3日以内（土日祝日を除き）に，情報センターに登録しなければならない。

(2) 処理委託を受けた収集運搬業者および処分業者は，それぞれ運搬終了および処分終了後10日以内に，情報センターに報告しなければならない。

(3) 前々年度に特別管理産業廃棄物（PCB廃棄物を除く）を50トン以上排出した事業者は，特別管理産業廃棄物（PCB廃棄物を除く）の処理委託にあたり，電子マニフェストを使用しなければならない。

(4) 電子マニフェストを使用すれば，「産業廃棄物管理票交付状況報告書」の都道府県等への提出は不要となる。

● 解答と解説 ●

マニフェスト（産業廃棄物管理票）制度は，産業廃棄物の適正処理のために排出事業者が産業廃棄物の処理状況を確認するための制度であり，廃棄物処理法では紙マニフェストと電子マニフェストが制度化されている。国は，産業廃棄物の適正処理を推進する観点から，電子マニフェストの使用促進を図っている。

(2) 処理委託を受けた収集運搬業者および処分業者は，紙マニフェストの場合にはそれぞれ運搬終了および処分終了後10日以内に，排出事業者に管理票の写しを返送することとされているが，電子マニフェストの場合には終了後3日以内に情報センターに報告することとされている。したがって，本肢の記述は不適当である。

正解 (2)

(1) 紙マニフェストの場合には，搬出の都度マニフェストを交付することとされている。一方，電子マニフェストの場合には，現場に端末装置がない場合もあるため，産業廃棄物を搬出した日の翌日から3日以内に情報センターに登録することとされている。したがって，本肢の記述は適当である。

(3) 産業廃棄物の排出事業者には，紙マニフェスト，電子マニフェストのいずれかの使用が義務付けられている。国は，産業廃棄物の一層の適正処理確保のため，電子マニフェストの使用捉進を推進しており，より適正処理を求められる特別管理産業廃棄物を対象に，多量に排出する事業者に電子マニフェストの使用を義務付けた。したがって，本肢の記述は適当である。

(4) 電子マニフェストの使用促進策の一つである。紙マニフェストの場合には，産業廃棄物の排出事業者は1年間のマニフェストの使用状況を翌年6月末までに都道府県知事等に文書で報告することが義務付けられている。電子マニフェストを使用した場合には，マニフェストデータがJWnet（日本産業廃棄物処理振興センターが運営する電子マニフェストシステム）に保管されているため，この報告書の提出を免除している。したがって，本肢の記述は適当である。

問題38 建設資材廃棄物の再資源化等に関する次の記述のうち，**最も不適当なものはどれか。**

(1) アスファルト・コンクリートの再資源化には，工事現場内で行う方法とプラントに搬入して行う方法があり，そのほとんどが再資源化されている。

(2) コンクリートが廃棄物となったもののほとんどが，路盤材などの土石材料として再資源化されている。

(3) プラスチック系建設資材廃棄物は，マテリアルリサイクルやサーマルリサイクルが困難なため，再資源化は進んでいない。

(4) 建築用板ガラスが廃棄物となったものは，不純物の混入などの問題があって再資源化は進んでいない。

● 解答と解説 ●

(3) 塩ビを除くプラスチック類は，RPFやフラフ燃料としてのサーマルリサイクルが推進され，塩ビ管等の塩ビ製品についてはメーカー等の努力でマテリアルリサイクルが進められており，一定程度の再資源化の実績がある。したがって，本肢の記述は最も不適当である。

正解 (3)

(1) アスファルト・コンクリートの再資源化には，再溶融して再生アスファルト・コンクリートとする方法と破砕して再生砕石として路盤材等に利用する方法がある。前者はプラントに搬入して再資源化されるが，後者では現場に移動式の破砕機を設置して行うこともある。したがって，本肢の記述は最も不適当とは言えない（コンクリートと異なり，アス・コンの工事現場内での再資源化は極めて稀だと思われる)。したがって，本肢の記述は適当である。

(2) 国土交通省の調査では，コンクリートの再資源化率は95%を超えており，そのほとんどが路盤材等の土石材料として使用されている。したがって，本肢の記述は適当である。

(4) ガラス系建設資材廃棄物は，分別して回収すれば技術的には再資源化が可能ではあるが，現状は大部分を産業廃棄物として安定型最終処分場で埋立処分されている。種類ごとの高度な分別が必要なこと，回収ルートが未整備であること，原料が安くリサイクルコストが割高になっていることなどから，再資源化が課題となっている。したがって，本肢の記述は適当である。

問題39 せっこうボードに関する次の記述のうち，**最も不適当なものはどれか。**

(1) 解体工事から排出される廃せっこうボードには，ひ素やカドミウムの有害物を含有するものはあるが，石綿を含有しているものはない。

(2) 廃せっこうボードは，分別排出することにより，再資源化することが可能であり，せっこうボード原料や土壌改良剤等として利用することができる。

(3) 廃せっこうボードを最終処分する場合，条件によっては硫化水素が発生する要因となることから，安定型最終処分場では処分することはできない。

(4) せっこうボードの原料には，天然せっこうや排煙脱硫装置等から生じる副産せっこうがあるが，近年副産せっこうの割合が過半となってきている。

● 解答と解説 ●

(1) 石膏ボード工業会では，昭和45～61年に製造されたせっこうボードの1％程度のものに石綿を使用しているものがあることを公表している。したがって，本肢の記述は不適当である。

正解 (1)

(2) 分別排出された廃せっこうボードは，紙と分離することによりせっこうボード原料や土壌改良剤等に利用することができる。したがって，本肢の記述は適当である。

(3) 廃せっこうボードは，紙と一体化しているので安定型最終処分場に処分することはできない。また，紙と分離させたせっこうも，条件によっては硫化水素が発生することがあるため，安定型最終処分場では処分できない。したがって，本肢の記述は適当である。

(4) 石膏ボード工業会の調べによると，2020年度の使用原料構成は排煙脱硫せっこうが34.1%，その他副産せっこうが20.6%で，合計54.7%と半分以上が副産せっこうとなっている。したがって，本肢の記述は適当である。

問題40 石綿含有廃棄物の取扱い等に関する次の記述のうち，**最も不適当なものはどれか。**

(1) 吹付け石綿の除去作業で用いた隔離シートを，石綿含有産業廃棄物として処理した。

(2) 除去した吹付け石綿を埋立処分するので，薬剤により安定化し丈夫なプラスチック袋に二重にこん包した。

(3) 除去する石綿含有建材が成形板だけだったので，特別管理産業廃棄物管理責任者を置かなかった。

(4) 石綿含有廃棄物を作業現場で一時保管する際に，他の廃棄物と混合しないようにした。

● 解答と解説 ●

(1) 廃棄物処理法では，吹付け石綿およびその除去作業で用いた隔離シートなども特別管理産業廃棄物「廃石綿等」とされている。したがって，本肢の記述は最も不適当である。

正解 (1)

(2) 廃棄物処理法では，特別管理産業廃棄物「廃石綿等」を埋立処分する場合の基準として，固形化または薬剤による安定化のうえ耐水性の材料での二重こん包が義務付けられている。したがって，本肢の記述は適当である。

(3) 除去した石綿含有建材は「石綿含有産業廃棄物」とされ，特別管理産業廃棄物「廃石綿等」には該当しないので，特別管理産業廃棄物管理責任者の設置は不要である。したがって，本肢の記述は適当である。

(4) 廃棄物処理法の収集運搬および保管の基準では，「廃石綿等」，「石綿含有産業廃棄物」とも他の廃棄物と混合しないように定めている。したがって，本肢の記述は適当である。

問題41　建設業法に関する次の記述のうち，**最も不適当なものはどれか。**

(1)　2以上の都道府県に営業所を設置して建設業を営む場合は，国土交通大臣の許可を受けなければならない。

(2)　建設工事の請負契約の当事者は，契約の締結に際して請負代金の額とその支払の時期および方法，工事着手の時期および工事完成の時期等を書面に記載し，署名または記名押印をして相互に交付しなければならない。

(3)　発注者から直接公共工事を請け負った建設業者が下請契約を締結した場合は，施工体制台帳と下請負人の施工の分担を明らかにした施工体系図を作成しなければならない。

(4)　発注者から直接建築一式工事を請け負った建設業者は，その請負契約の請負代金の額に関わらず，監理技術者を配置しなければならない。

● **解答と解説** ●

(4)　発注者から直接建設工事を請け負った特定建設業者が，そのうち4,000万円以上（建築一式工事は6,000万円）を下請施工させる場合は，監理技術者を置かなければならない（業法第26条第2項）。これに該当しない，規模が小さい工事では，主任技術者を置くことで良いとされている。したがって，本肢の記述は不適当である。

正解 (4)

(1)　建設業の許可は，国土交通大臣の許可と都道府県知事の許可があり，二以上の都道府県の区域内に営業所を設けて建設業を営もうとする者は国土交通大臣の，一の都道府県の区域内にのみ営業所を設けて建設業を営もうとする者は都道府県知事の許可を受けなければならない（業法第3条第1項）。したがって，本肢の記述は適当である。

(2)　建設工事の請負契約の当事者は，契約の締結に際して次に掲げる事項を書面に記載し，署名または記名押印をして，相互に交付しなければならない。(業法第19条第１項)。

①工事内容

②請負代金の額

③着工および完工の時期

④請負代金の前金払いまたは出来高払いの時期および方法

⑤設計変更，工事着手の延期または工事の中止の場合の工期の変更，請負代金の変更，損害の負担およびこれらの算定方法に関する定め

⑥天災等不可抗力による工期の変更または損害の負担およびその額の算定方法

⑦価格等の変動等に基づく請負代金の額または工事内容の変更

⑧第三者損害の賠償金の負担に関する定め

⑨支給材料，貸与品の内容および方法に関する定め

⑩工事完成検査の時期および方法ならびに引渡しの時期

⑪工事完成後における請負代金の支払いの時期および方法

⑫瑕疵担保責任または当該責任の履行に関して講ずべき保証保険契約の締結その他の措置に関する定めをするときは，その内容

⑬履行の遅滞，債務不履行の場合における遅延利息，違約金その他の損害金

⑭契約に関する紛争の解決方法

なお，以上の14項目に該当するものを変更するときは，その内容を書面に記載し，署名または記名押印をして相互に交付しなければならない。したがって，本肢の記述は適当である。

(3) 発注者から直接建設工事を請け負った特定建設業者は，当該工事で合計4,000万円以上（建築一式工事のときは6,000万円以上）の下請契約を締結する場合，施工体制台帳を作成し，工事現場ごとに備え置かなければならない。なお，公共工事の受注者が下請契約を締結するときは，その金額にかかわらず，施工体制台帳を作成し，発注者に提出しなければならない。したがって，本肢の記述は適当である。

問題42　労働安全衛生法令に関する次の記述のうち，**最も不適当なものはどれか。**

(1) つり上げ荷重が３ｔの移動式クレーンによる玉掛け業務については，「特別教育修了者」を就かせた。

(2) 高さが30ｍの建築物の解体にあたって，鉄骨部材で構成されている箇所が高さ４ｍであったので「建築物等の鉄骨の組立て等作業主任者」を選任しなかった。

(3) 高さが20ｍの建築物の解体にあたって，解体の対象となるコンクリート造部分の高さが５ｍであったため，「コンクリート造の工作物の解体等作業主任者」を選任した。

(4) 低圧の電路のうち充電部分が露出している開閉器の操作については，「低圧電気取り扱い業務に関する特別教育修了者」を就かせた。

● 解答と解説 ●

(1) 安衛則第36条19号において，「つり上げ荷重が１トン未満のクレーン又は移動式クレーンの玉掛けの業務」は特別教育を必要とする危険・有害業務と定められている。しかし，本肢は「つり上げ荷重３トン」の移動式クレーンの玉掛け業務であり，１トン以上の玉掛けの業務の場合は，安衛令20条16により，特別教育ではなく玉掛技能講習修了者でなければならない。したがって，本肢の記述は不適当である。

正解 (1)

(2) 安衛則517の４および５により，建築物の骨組みまたは塔であって金属製の部材により構成されるもの（その高さが５ｍ以上である物に限る）の組み立て，解体または変更の作業には，「建築物等の鉄骨の組立て等作業主任者」を選任配置しなくてはならない。しかし，設問は４ｍで５ｍ未満のため，選任しなくてよい。したがって，本肢の記述は適当である。

(3) 安衛則517の17および18により，高さ5m以上のコンクリート造の工作物の解体または破壊の作業には，「コンクリート造の工作物の解体等作業主任者」を選任配置しなくてはならない。したがって，本肢の記述は適当である。

(4) 安衛則第36条4号において「（前略）低圧（直流では750ボルト以下，交流では600ボルト以下）の充電電路の敷設若しくは修理の業務又は配電盤室，変電室等区画された場所に設置する低圧の電路のうち充電部分が露出している開閉器の操作の業務」には，特別教育を必要とする。したがって，本肢の記述は適当である。

問題43 労働安全衛生法令で規定する，個々の事業所における労働災害を防止するための安全衛生管理体制に関する次の記述のうち，**最も不適当なものはどれか。**

(1) 労働者数が常時100人以上となる建設工事で，総括安全衛生管理者が転勤で不在となったため，７日後に新たに総括安全衛生管理者を選任し，10日後に所轄労働基準監督署長に届け出た。

(2) 労働者数が常時50人以上となる建設工事で，安全管理者と衛生管理者が転勤で不在となったため10日後に新たに安全管理者と衛生管理者を選任して関係者に周知したが，所轄労働基準監督署には届け出なかった。

(3) 労働者数が常時10人以上50人未満の解体工事で，安全衛生推進者が転勤で不在となったため21日後に新たに安全衛生推進者を選任して，所轄労働基準監督署に届け出た。

(4) 労働者数が常時50人以上となる建設工事となるため，産業医を選任し，月一回の作業所巡視や労働者との面談指導等を依頼した。

● 解答と解説 ●

(3) 常時10人以上50人未満の労働者を使用する事業場については，安全衛生推進者を選任し，その者に事業場における安全衛生に係る業務を担当させなければならない。（安衛法12条の２関連）その選任時期は，選任すべき事由が発生した日から14日以内とされ，選任報告は不要である。設問では，「21日後に新たに選任して，所轄労働基準監督署に届け出た」とあり，14日を過ぎているため，法令違反となる。したがって，本肢の記述は不適当である。

正解 (3)

(1) 労働者数が常時100人以上となる建設業（他に林業，鉱業，運送業および清掃業）の場合，総括安全衛生管理者を選任し，統括管理させなければならない。(安衛法第10条) そして，その選任時期は，選任すべき事由が発生した日から14日以内とされ，遅滞なく，所轄労働基準監督署長あてに総括安全衛生管理者選任報告を提出する必要がある。なお，総括安全衛生管理者が旅行，疾病，事項その他やむを得ない事由によって職務を行うことができない時は，代理者を選任しなければならない。設問には，「新管理者を7日後に選任し，10日後に所轄労働基準監督署長に届けた」とある。したがって，本肢の記述は適当である。

(2) 労働者数が常時50人以上の建設業の事業場では，安全管理者と衛生管理者および産業医を選任する必要がある。(安衛法第11条・12条・13条) その選任時期は，選任すべき事由が発生した日から14日以内とされる。なお，統括安全衛生管理者の労働基準監督署への届出は義務付けられているが，安全管理者，衛生管理者，産業医の届出は義務付けられていない。したがって，本肢の記述は適当である。

(4) 労働者数が常時50人以上の建設業の事業場では，安全管理者と衛生管理者以外に産業医を選任する必要がある。(安衛法第13条) そして，産業医には健康診断の実施およびその結果に基づく労働者の健康を保持するための措置に関する職務がある。また，作業巡視 (少なくとも毎月1回，作業場等を巡視し，作業方法または衛生状態に有害な恐れのあるときは，直ちに労働者の健康障害を防止するための必要な措置をとる) も職務とされている。したがって，本肢の記述は適当である。

問題44 廃棄物処理にあたり特別管理産業廃棄物と**なるものは，次のうちどれか。**

(1) 水銀が封入されている廃蛍光管

(2) 石綿を含有している建築用仕上塗材（吹付けパーライト，吹付けバーミキュライトを除く）を除去したもの

(3) 放射性同位元素を使用しているイオン化式感知器

(4) 廃軽油

● 解答と解説 ●

(4) 引火点70℃未満の燃えやすい廃油は特別管理産業廃棄物となる。具体的には，揮発油類，灯油類，軽油類がこれに該当する。

正解 (4)

(1) 廃棄物処理法では，廃蛍光管は「水銀使用製品産業廃棄物」とされている。「水銀使用製品産業廃棄物」とは，水銀の大気飛散を抑制するために設けられた区分で特別管理産業廃棄物とはならない。そのため，廃蛍光管は割らずに（水銀を大気放散させずに）回収し，処理過程で水銀を回収することが必要となる。

(2) 廃棄物処理法では，除去された石綿含有吹付け材，石綿含有保温材等・断熱材・耐火被覆材及びそれらの除去作業において用いられた隔離シート等が特別管理産業廃棄物「廃石綿等」とされ，それ以外のものは「石綿含有産業廃棄物」としての処理基準が定められているが，特別管理産業廃棄物とはならない。石綿を含有する建築用仕上塗材も「石綿含有産業廃棄物」に該当する。

(3) 廃棄物処理法では，放射性物質を適用除外としており，廃棄物処理法で規定する「廃棄物」とはならない。当然，特別管理産業廃棄物ではない。

問題45 廃棄物と埋め立て処分場との組合せで，**最も不適当なものはどれか。**

(1) 石綿含有スレート波板 — 安定型最終処分場

(2) 本畳（稲わら床・い草畳表） — 安定型最終処分場

(3) せっこうボード — 管理型最終処分場

(4) 紙くず — 管理型最終処分場

● 解答と解説 ●

(2) 本畳は，「繊維くず」に該当し「安定型産業廃棄物」ではないので，管理型最終処分場に処分する必要がある。したがって，本肢の記述は不適当である。

正解 (2)

(1) 石綿含有スレート波板は，「石綿含有産業廃棄物」であるが，廃棄物の分類では「がれき類」または「ガラスくず，コンクリートくず及び陶磁器くず」に該当する。「石綿含有産業廃棄物」として安定型最終処分場の決められた場所に埋立処分することができる。したがって，本肢の記述は適当である。

(3) せっこうボードは，廃棄物の分類では「ガラスくず，コンクリートくず及び陶磁器くず」に該当するが，条件により硫化水素を発生させる要因となることから，安定型最終処分場での埋め立てが禁止されている。したがって，本肢の記述は適当である。

(4) 紙くずは，「安定型産業廃棄物」には含まれていない。地中で化学変化し地下水を汚染する恐れがあるため，管理型最終処分場に埋立処分することが必要となる。したがって，本肢の記述は適当である。

問題46 解体工事における**元請業者の義務**に関する次の記述の正誤の組合せのうち，**最も適当なものはどれか**。ただし，正を○，誤を×と表わす。

(a) 資源有効利用促進法における土砂は，指定副産物に指定されており，再生資源としての利用の促進に努めなければならない。

(b) 建設リサイクル法におけるコンクリートは，特定建設資材に指定されており，分別解体・再資源化が義務付けられている。

(c) フロン排出抑制法におけるフロン類は，第1種特定製品に指定されており，第1種フロン類充填回収業者への引渡しが義務付けられている。

(d) 騒音規制法における特定建設作業は，規制基準値が85dBであり，作業時間等が規制されている。

	(a)	(b)	(c)	(d)
(1)	○	○	○	○
(2)	×	×	○	×
(3)	○	○	×	○
(4)	×	×	×	×

● 解答と解説 ●

各選択肢の正誤は以下のとおりであり，正解は(3)となる。

正解 (3)

(a) 資源有効利用促進法において，土砂は指定副産物に指定されており，工事の元請業者または発注者は再生資源としての利用の促進に努めなければならないとされている（資源有効利用促進法第2条，第4条，施行令第7条別表7）。

(b) 建設リサイクル法において，コンクリートは特定建設資材に指定されており，元請業者に，分別解体等および再資源化等が義務付けられている（建設リサイクル法第9条，第16条，施行令第1条)。

(c) 元請業者には，第1種特定製品の有無を確認し，書面により発注者に説明することが義務付けられているが，フロン類を第1種フロン類重点回収業者に引き渡す義務を負っているのは，第1種特定製品廃棄等実施者（特定製品の管理者，通常は工事の発注者）である（フロン排出抑制法第41条，第42条)。

(d) 指定区域内で特定建設作業を行う場合には，元請業者が市町村長に届けることが必要であり，その作業の規制基準は告示により定められている（騒音規制法第14条，告示)。告示によると騒音の大きさは「敷地境界において85dBを超えないこと」とされ，作業時間帯や作業期間も規制されている。

問題47　建設リサイクル法令等に関する次の記述のうち，**最も不適当なものはどれか。**

(1) 解体工事の元請業者は，発注者に対して分別解体等の計画を契約後に書面で説明した。

(2) 解体工事の元請業者は，廃棄物の再資源化の実施状況に関する記録を作成し，保管した。

(3) 延床面積100㎡の建築物を，手作業分別解体工法により解体した。

(4) プレキャストコンクリート版は特定建設資材に該当するので，再資源化するように計画した。

● 解答と解説 ●

(1) 解体工事の元請になろうとする者は，発注者に対して分別解体計画等の計画を書面で説明しなければならないとされている（第12条）。また，その請負契約の際には，分別解体等の計画などを書面に記載し，署名または記名押印し相互に交付しなければならないとされている（第13条）。したがって，発注者に対する分別解体等の計画の説明は契約前に行うことが必要である。したがって，本肢の記述は不適当である。

正解 (1)

(2) 解体工事の元請業者は，特定建設資材廃棄物の再資源化等が完了したときは，発注者に書面で報告するとともに，当該再資源化等の実施状況に関する記録を作成し保存しなければならないとされている（第18条）。したがって，本肢の記述は適当である。

(3) 延床面積80㎡以上の建築物の解体工事においては，分別解体等が義務付けられている（第９条，令第２条）。したがって，本肢の記述は適当である。

(4) プレキャストコンクリートは「鉄とコンクリートからなる建設資材」であり，特定建設資材に該当する（令第１条）。したがって，本肢の記述は適当である。

問題48　令和2年9月に公表された「建設リサイクル推進計画2020」における，2024年度達成基準値に関する次の記述のうち，**最も不適当なものはどれか。**

(1) アスファルト・コンクリート塊の再資源化率の達成基準値は，99%以上である。

(2) 建設発生木材の再資源化・縮減率の達成基準値は，97%以上である。

(3) 建設混合廃棄物の再資源化・縮減率の達成基準値は，80%以上である。

(4) 建設発生土の有効利用率の達成基準値は，80%以上である。

● 解答と解説 ●

「建設リサイクル推進計画2020」における2024年度達成基準は，**図48. 1**の通りである。

品目	指標	2018 目標値	2018 実績値	**2024 達成基準**
アスファルト・コンクリート塊	再資源化率	99%以上	99.5%	99%以上
コンクリート塊	再資源化率	99%以上	99.3%	99%以上
建設発生木材	再資源化・縮減率	95%以上	96.2%	97%以上
建設汚泥	再資源化・縮減率	90%以上	94.6%	95%以上
建設混合廃棄物	排出率※1	3.5%以下	3.1%	3.0%以下
建設廃棄物全体	再資源化・縮減率	96%以上	97.2%	98%以上
建設発生土	有効利用率※2	80%以上	79.8%	80%以上

(参考値)

品目	指標	2018 目標値	2018 実績値	**2024 達成基準**
建設混合廃棄物	再資源化・縮減率	60%以上	63.2%	－

※1：全建設廃棄物排出量に対する建設混合廃棄物排出量の割合
※2：建設発生土発生量に対する現場内利用およびこれまでの工事間利用等に適正に盛土された採石場跡地復旧や農地受入等を加えた有効利用量の割合

図48. 1　「建設リサイクル推進計画2022」の達成基準値

建設混合廃棄物は排出率を減らすことが重要とされており，その再資源化・縮減率の達成基準値は規定されていない。よって，本問の正解は(3)となる。

正解 (3)

問題49 建設リサイクル法に関する次の記述のうち，**最も不適当なものはどれか。**

(1) 対象建設工事の発注者または自主施工者は，工事に着手する日の7日前までに，工事着手の時期等の必要事項を都道府県知事に届け出なければならない。

(2) 再資源化しなければならない特定建設資材は，コンクリート，コンクリートおよび鉄からなる建設資材，アスファルト・コンクリートの3品目である。

(3) 元請業者は，特定建設資材廃棄物の再資源化が完了した際，発注者に書面で報告しなければならない。

(4) 発注者は，分別解体等および建設資材廃棄物の再資源化等に要する費用を適正に負担しなければならない

● 解答と解説 ●

(2) 建設リサイクル法施行令第1条において，①コンクリート②コンクリートおよび鉄からなる建設資材③木材④アスファルト・コンクリートが特定建設資材として定められている。したがって，木材について記述のない本肢は不適当である。

正解 (2)

(1) 建設リサイクル法第10条において，発注者または自主施工者は，工事に着手する日の7日前までに都道府県知事に届け出なければならないと定められている。したがって，本肢の記述は適当である。

(3) 建設リサイクル法第18条において，元請業者の責務として定められている。したがって，本肢の記述は適当である。

(4) 建設リサイクル法第6条において，発注者の責務として定められている。したがって，本肢の記述は適当である。

問題50　大気汚染防止法に関する次の記述のうち，**最も不適当なものはどれか。**

(1) 吹付け石綿を除去する場合は，工事の元請業者が都道府県等に届出を行う。

(2) 工事の元請業者は，石綿含有建材の有無の調査を行い，その結果を公衆から見やすいように掲示する。

(3) 大気汚染防止法における特定建築材料とは，石綿を含む建築材料をいう。

(4) 石綿含有成形板の除去作業完了後の確認は，一定の知見を有する者が行う。

● 解答と解説 ●

(1) 吹付け石綿を除去する場合（レベル１）では，工事計画届の提出者は事業者となっている。しかし，元請業者が届出を行うことも認められている。また，届出先や期限は法令ごとに異なっている。

工事計画届（労働安全衛生法：第88条）

レベル１，２の場合，**労働基準監督署長**に工事開始の**14日前まで**に届け出なければならない

特定粉じん排出等作業の実施の届出（大気汚染防止法）

発注者または自主施工者は当該特定粉じん排出等作業開始日の**14日前まで**に環境省令で定めるところにより，**都道府県知事等**に届け出なければならない

分別解体等届出（建設リサイクル法）

都道府県知事等に工事開始日の**7日前まで**に届け出なければならない

本肢では「工事の元請業者が都道府県等に届出を行う」とあるが，大気汚染防止法では発注者または自主施工者である。したがって，本肢の記述

は不適当である。

正解 (1)

(2) 石綿則において，事前調査結果の標識の掲示を義務付けている。そのため，労働者の見やすい場所に掲示しなければならない。そして，建築物の解体・改修工事において，近隣住民の不安解消のため，情報開示を目的として「建築物の解体等の作業に関するお知らせ」看板を設置するよう指導されている。本肢では「石綿含有建材の調査を行い，その結果を公衆から見やすいように掲示する」とある。したがって，本肢の記述は適当である。なお，令和５年10月からは，事前調査には「石綿含有建材調査者」等の資格が必要となることを留意しなければならない。

(3) 大気汚染防止法の規制対象となる建材は「特定建築材料」と規定される。特定建築材料は，「吹付け石綿・石綿を含有する断熱材・保温材・耐火被覆材」と定義されていたが，令和２年の大気汚染防止法改正により，「吹付け石綿その他の石綿を含有する建築材料」と変更された。そして，令和３年４月１日以降は「吹付け石綿（レベル１）」，「石綿を含有する断熱材，保温材及び耐火被覆材（レベル２）」，「石綿含有成形板等」（レベル３）」が規制対象となった。したがって，本肢の記述は適当である。

(4) 令和３年４月施行（令和２年６月５日公布）の石綿則改正第16条の４第５号）により，元請業者等は，除去作業については取り残しがないこと，囲い込みおよび封じ込めについては措置が正しく実施されているか否かについて，「知識を有する者」に目視で確認させる必要が追加された。したがって，本肢の記述は適当である。

［記述式問題］

［問題１］　下記の建築物の解体工事を発注者から直接請け負った。あなたが責任者として，工事着工から完了まで現場を管理するとして，次の問１－１から問１－５までの質問に答えなさい。

【解体する建物の概要】

(1) 敷地面積　　：117㎡
(2) 建築面積　　：64㎡
(3) 延べ床面積　：99㎡（１階　64㎡，２階　35㎡）
(4) 構　　造　：木造２階建て（在来軸組構法）
　　　　　　　基礎はコンクリート造布基礎
(5) 用　　途　：住宅（1978年竣工）
(6) 外部仕上げ　：外壁　ラスモルタル塗り・リシン吹付け
　　　　　　　屋根　日本瓦（粘土瓦：葺き土なし）
　　　　　　　屋根ふき面積は80㎡。
(7) 内部仕上げ　：天井・壁　せっこうボード下地クロス張り

【立地・作業条件】

(1) 近隣は密集した住居地域にある。
(2) 駐車禁止地区であるため，車両は道路に止められない。
(3) 作業時間は，午前８時から午後５時までとする。

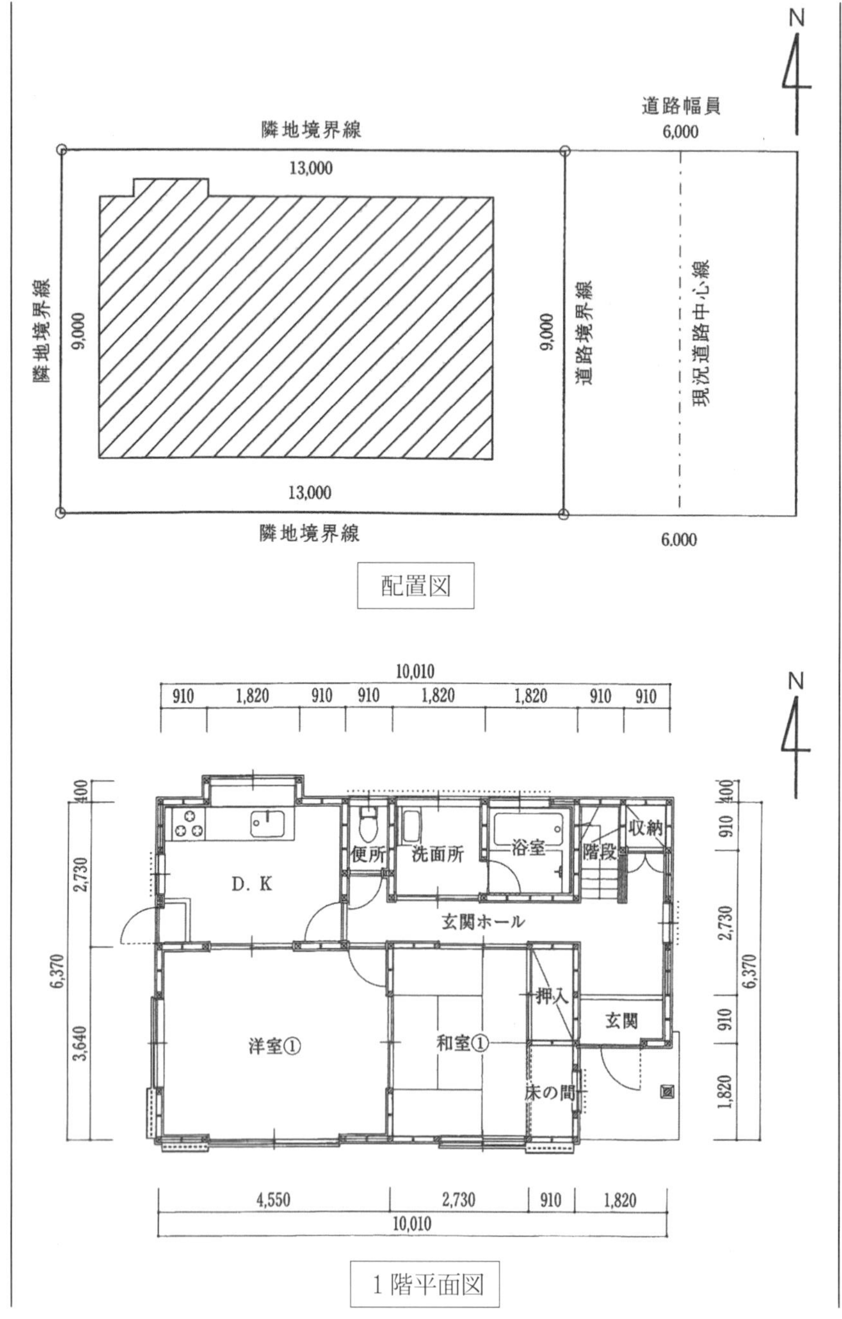
N
道路幅員
6,000
隣地境界線
13,000
隣地境界線
9,000
9,000
道路境界線
現況道路中心線
13,000
隣地境界線
6,000
配置図
10,010
910
1,820
910
910
1,820
1,820
910
910
N
400
2,730
6,370
3,640
便所
洗面所
浴室
階段
収納
D．K
玄関ホール
洋室①
和室①
押入
玄関
床の間
400
910
2,730
6,370
910
1,820
4,550
2,730
910
1,820
10,010
１階平面図

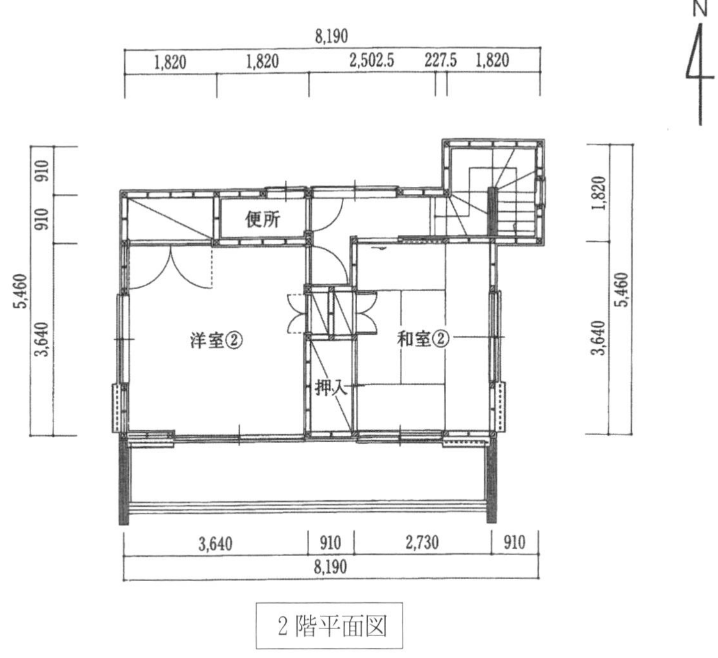
N
8,190
1,820
1,820
2,502.5
227.5
1,820
910
910
5,460
3,640
1,820
5,460
3,640
便所
洋室②
和室②
押入
3,640
910
2,730
910
8,190

2階平面図

7,100
4,700
4,300
GL

南立平面図

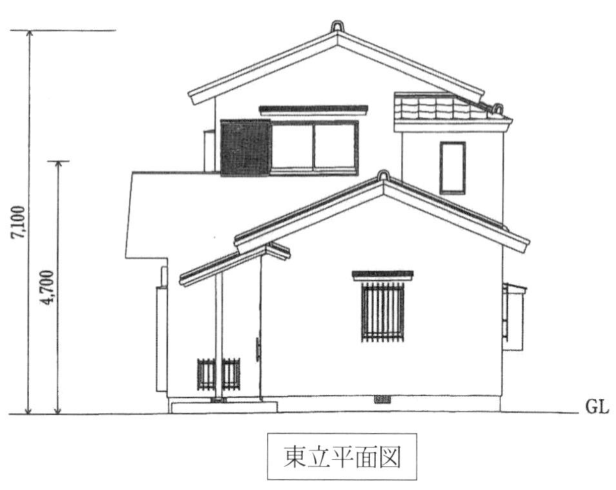

東立平面図

問1－1　当該解体工事の事前調査を行うとき，特に必要と思われる調査項目とその留意事項を，次の欄に3つ記述しなさい。

(1) ____________________

(2) ____________________

(3) ____________________

問1－2　屋根材の撤去作業における安全上の留意事項について，具体的に記述しなさい。

(1) 取外し作業：____________________

____

(2) 瓦おろし作業：____________________

____

問1－3　外壁材および軒天材は石綿を含有している可能性がある。その事前調査における留意事項を，2つ記述しなさい。

(1) ____________________

(2) ____________________

問１－4　外壁材に石綿が含有していた場合，その撤去作業において必要な措置を，２つ記述しなさい。

(1) ______

(2) ______

問１－5　当該建築物を分別解体して発生する「木材」および「粘土瓦」の，およその発生量を□内に記入しなさい。

(1) 木材　：　約□トン

(2) 粘土瓦：　約□トン

● 解答と解説 ●

問１－1の解答例（以下のいずれかを３つ回答する）

・用途，履歴，老朽度や構造形式・規模あるいは設備などの当該建物に関する情報の確認

・有害物・危険物，地中埋設物等の建物に付属するものの確認

・隣地建物や近隣施設の状況（病院，学校等），周辺道路の状況などの敷地周囲に関する情報の確認

・資機材や廃材など，重機・車両等の搬出入経路の確認

・副産物の種類と量，廃棄物処理施設の所在地・能力などの副産物の処理に関する情報の確認

問１－2の解答例

(1) 取外し作業：以下に示す留意事項について２つ以上記述するのがよい。

・足場など周辺への安全に関するもの

・親綱・安全帯など落下の防止に関するもの

・保護帽など負傷の防止に関するもの

(2) 瓦おろし作業：以下に示す留意事項について２つ以上記述するのがよい。

・高さ３m以上での作業になるので，原則として直接投下しない。

・投下する場合は，監視人を置く。

・シュート等投下設備を設置する。

なお，(1)(2)のいずれかに，「手作業で飛散防止に努めるなど，周辺や再資源化などの環境保全に関するもの」を記述するのもよい。

問１－３の解答例

事前調査に関する以下の留意事項のいずれかを２つ解答する。なお，撤去作業に関するものは，**問１－４**で解答すべきである。

・設計図書または分析により調査する。

・調査は，石綿に関し一定の知見を有し，的確な判断ができる者が行う。

・仕上塗材の使用箇所，種類等を網羅的に把握できるように行う。

・設計図書等により調査する場合は，当該建築物の設計図書のほか，国土交通省および経済産業省が公表している「石綿（アスベスト）含有建材データベース」，日本建築仕上材工業会が公表している「アスベスト含有仕上塗材・下地調整塗材に関するアンケート調査結果」を活用する。

・分析により事前調査を行う場合は，十分な経験および必要な能力を有する者が行い，石綿をその重量の ０．１％を超えて含有するか否かを判断する。

・分析方法は，JIS A 1481-２（建材製品中のアスベスト含有率測定方法－第２部：試料採取及びアスベスト含有の有無を判定するための定性分析方法）または JIS A 1481-３（建材製品中のアスベスト含有率測定方法－第３部：アスベスト含有率のＸ線回折定量分析方法）もしくはこれらと同等以上の精度を有する分析方法による。

・分析試料を採取するときは飛散に注意する。

・事業者は，事前調査の結果を記録しておかなければならない。

問１－４の解答例

撤去作業に関する以下の措置のいずれかを２つ解答する。

・看板の掲示に関するもの（厚労省通知による掲示板，大気汚染防止法による事前調査結果の掲示板，廃棄物の保管場所を示す掲示板，立ち入り禁止の看

板，飲食禁止，禁煙の看板など）

・資格について関するもの（石綿作業主任者を選任し，石綿作業従事者特別教育修了者に作業させるなど）

・装備等に関するもの（レベル３の適切な呼吸用保護具（マスク），ヤッケなどの石綿粉塵の付着しにくい作業服などの装備が必要など）

・飛散防止対策に関するもの（作業者の安全に配慮したうえで，こまめに湿潤化するとともに，できるだけ原形のまま取り外し，袋詰め等を行うなど）

問１－５の解答例

(1) 木くず約10トン

木くずの排出量原単位（延べ床面積あたり）は，全解工連調査：約87kg／㎡，国交省H12センサス：約98kg／㎡，埼玉県協会調査：約113kg／㎡とされており，おおよそ８．６～11．２トンと計算される。

87kg／㎡×105．２㎡＝9152．４kg＝９．２トン，98kg／㎡×105．２㎡＝10309．６kg＝10．３トン

(2) 粘土瓦約４トン

瓦の排出量原単位（屋根面積あたり）は約50kg／㎡であり，おおよそ４トンと計算される。

50kg／㎡×80㎡＝4000kg＝４トン

※廃棄物の排出量原単位は，建物によって多少異なるため，上記の±15％程度でも正解と考えられる。

［**問題2**］　下記の鉄筋コンクリート造建築物2棟（2棟は仕様）の解体工事を発注者から直接請け負った。地上解体工法により解体工事を行う場合，あなたが責任者になって工事着工から完了まで現場を管理するとして，次の問2－1から問2－5までの問題に答えなさい。

【解体する建築物の概要】

(2) 構　　造　　：鉄筋コンクリート造・ラーメン構造
基礎は既製コンクリート杭打ちフーチング基礎

(3) 建築規模　　：4階建
建築面積　各棟372㎡（2棟合計744㎡）
軒高　11.2m

(4) 延床面積　　：各棟1,361㎡（2棟合計2,722㎡）

(5) 用　　途　　：共同住宅

【立地・作業条件】

(1) 当該敷地は公営住宅団地内にあり，敷地周辺には同様の集合住宅が存在している。

(2) 敷地西側道路の幅員は10.0m　敷地東側道路の幅員は6.0m。

(3) 西側の車道および歩道の交通量は多い。

(4) 作業時間は，午前8時から午後5時までとする。

(5) 敷地境界には高さ3mの万能鋼板の仮囲いを設置し，各解体建物の外周3面には枠組足場と防音パネルを軒高より1.5m上まで設置する。

(6) 建物のフーチング基礎は撤去し，杭は撤去せずに存置とする。

(7) 敷地内には建物のほか，アスファルト舗装駐車場や自転車置き場がある。

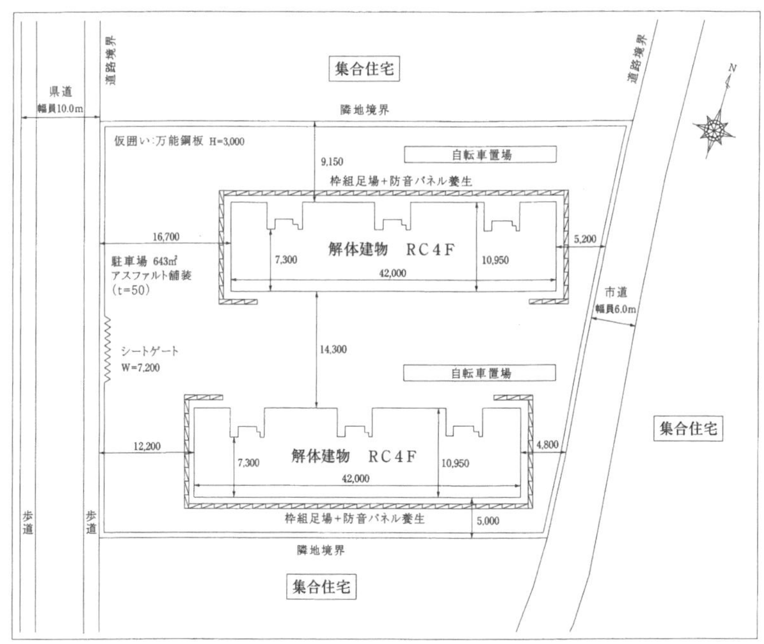

問2－1　当該解体工事を円滑に行うために必要な事前準備作業を，3つ記述しなさい。

(1)＿＿＿＿＿＿＿＿

(2)＿＿＿＿＿＿＿＿

(3)＿＿＿＿＿＿＿＿

問2－2　当該解体工事において，安全面からの注意が必要と思われる事項を，4つ記述しなさい。

(1)＿＿＿＿＿＿＿＿

(2)＿＿＿＿＿＿＿＿

(3)＿＿＿＿＿＿＿＿

(4)＿＿＿＿＿＿＿＿

問2－3　騒音・振動規制法の特定建設作業に関する以下の説明文につ

いて，括弧内に示された文言のうち，適切な文言を◯で囲みなさい。

敷地の（　端部　・　中央　）において，（　振動　・　騒音　）が常時75dB以上，（　振動　・　騒音　）が常時85dB以上となる作業を継続して行う場合には，事前に（　市町村長　・　労働基準監督署　）に対し，特定建設作業実施届の提出が必要となる。

問2－4　当該解体工事から発生するコンクリートおよび鉄筋のおよその発生量（2棟合計）を☐の中に記入しなさい。

コンクリートの発生量：約☐トン

鉄筋の発生量　　　　：約☐トン

問2－5　この解体工事を下記の条件により施工する場合について，バーチャート工程表を作成しなさい。

【条件】

(1) 主として圧砕工法で施工する。

(2) 着工から完了までの実稼働日数は90日とする。

(3) 解体範囲　：建物はフーチング基礎まで解体（杭は存置）し，敷地内の自転車置き場・アスファルト舗装についても撤去する。

(4) 使用重機　：0.7m^{3}バックホウ・ロングブーム（15m）　1台
0.7m^{3}バックホウ　2台

(5) 運搬車両　：隣接道路には重量による通行規制はない。

(6) 気象条件　：悪天候その他のトラブルはないものとする。

(7) 事前措置　：近隣挨拶，各種許可等の手続，既存設備の休廃止等は完了している。

(8) その他　　：石綿含有建材は使用されていない。

【工　程　表】 ※横向き

日数		1	11	21	31	41	51	61	71	81
仮囲いの設置										
1号棟	内装材の撤去									
	建物の養生									
	上屋の解体									
	土間基礎の解体									
2号棟	内装材の撤去									
	建物の養生									
	上屋の解体									
	土間基礎の解体									
外構の解体										
整地・片付け										
発生材の搬出										

● 解答と解説 ●

問２−1の解答

施工準備や近隣対応，車両の経路の確認や許可申請ほか，必要となる準備作業を記述する。

（解答例）

・車両の現場への進入経路を定める

・事前に工事説明会を行い近隣住民へ理解を得る

・近隣家屋の家屋調査を実施する

・解体建物内の危険物・残存物の有無を確認する

・搬入経路に通学路，病院等がないか確認する

ほか

問２−2の解答例

一般的な注意事項ではなく，「当該工事に関わる」安全注意事項を記入する。

（解答例）

＊仮設工事

・高所での作業時は落下防止のため，フルハーネス型落下防止装置を使用して作業を行う。

・足場の設置は安全のため，手すり先行方式で行う。

・足場の転倒防止のため，壁倒し時には倒す壁に控えが残ってないか確認する。

・足場の転倒防止のため，壁倒し後は速やかに倒した部分の足場を解体・撤去する。

＊内装工事

・ダメ穴を開ける場合には，落下防止柵を設置する。

・釘の踏み抜き事故を防ぐため，造作材は釘を下に向けて集積する。

・ベランダにステージを作る場合は，落下防止のために手すりを設ける。

＊躯体解体工事・機械作業

・壁倒し作業の際は壁の崩落事故防止のため，必要に応じて控えワイヤーを取る。

・手元作業員は重機の作業範囲内（旋回範囲内）に立ち入らない。

・重機は接触事故防止の観点からも，後退動作は誘導なしで行わない。

・重機から降りる際は必ず重機のエンジンを切る。

＊交通誘導・その他

・車両の入出場時には，誘導員の指示に従う。

問２－３の解答

＊太字，アンダーラインが正解

施工敷地（**端部**・中央）において，（**振動**・騒音）が常時75db以上，（振動・**騒音**）が常時85db以上となる作業を継続して行う場合には，事前に（**市町村長**・労働基準監督署）に対し特定建設作業実施届の提出が必要となる。

問２－４の解答例

＊コンクリート　4864t（延床2772㎡×0.763㎥／㎡×コンクリート密度2.3t／㎥）

＊鉄筋　209t（2772㎡×0.07553t／㎡）

＊RC造マンションの単位床面積当たりの資材投入量は，令和３年度の全解工連の講習会テキストによれば，コンクリートが0.763㎥／㎡，鉄筋が0.0755t／㎡となる。

※廃棄物の排出量原単位は，建物によって多少異なるため，上記の±15％程度でも正解と考えられる。

問２－５の解答例

＊解答のポイント

２棟解体を無理なく進めるためには，１棟目の内装・養生設置後，１棟目の躯体解体（上屋解体）と，２棟目の内装・養生作業をラップさせる必要がある。その点に考慮して工期に対して適切な工程を記入する。解答の例を**図２．１**に示す。

図2.1 【工　程　表】※横向き

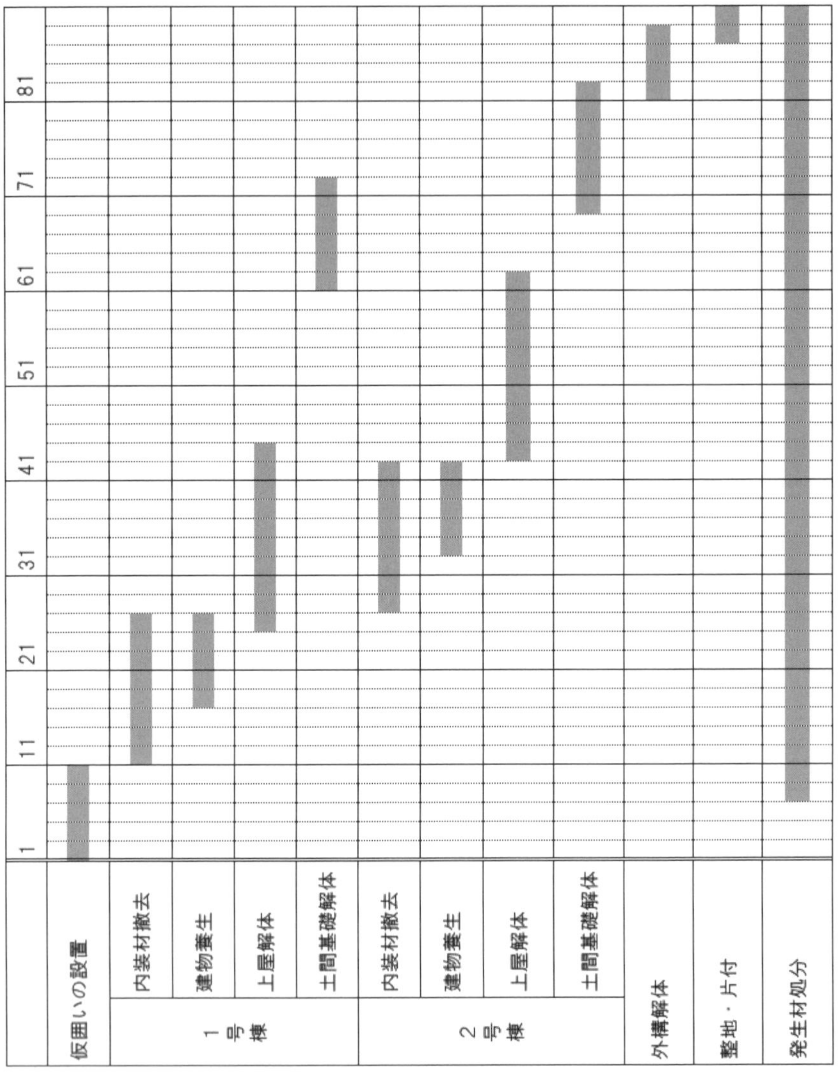
1
11
21
31
41
51
61
71
81
仮囲いの設置
1号棟
内装材撤去
建物養生
上屋解体
土間基礎解体
2号棟
内装材撤去
建物養生
上屋解体
土間基礎解体
外構解体
整地・片付
発生材処分

［**問題3**］　大型台風が接近する予報があった場合，現在施工中の木造2階建て建築物の解体工事現場において，留意すべき事項とその対策を3つ記述しなさい。

ただし，内装材・建具は撤去済み，養生用防音シートは設置済みの状態にある。

留意すべき事項	その対策
①	
②	
③	

● **解答と解説** ●

解体工事施工中に大型の台風が接近されると予想される場合には，その期間の作業を中止し，工事を延期する判断が基本である。そのためには，事前に気象情報を確認するとともに，台風の影響がないうちに安全対策を講じる必要がある。安全対策を講じない場合には，現場内のみならず周辺地域にも大きな被害をもたらす可能性があるので慎重に計画されるべきである。

近年では，台風の大型化やゲリラ豪雨などの局地的な気象環境の急変などがあり，いままで実施してきた対策を実施していても被害が発生するなど，対策がむずかしい側面もある。一方で，高精度な気象情報を提供する民間サービスなどを活用することにより，気象環境の急変に備えた安全対策を事前に立案し，状況に応じて柔軟に対応できる体制を構築することが望まれる。

（解答例）

留意すべき事項	その対策
①作業員の安全	・風雨の強い日には足元が悪く，作業員の転落事故が発生しやすいため，作業床からの滑落を防止する措置をとる。 ・大雨による水害を防ぐため，排水ルートを確保し，あらかじめ排水路の清掃を実施しておく。 ・万が一の場合に作業員の安全を守るために，現場の避難経路を確認するとともに，作業中止の基準や作業中止の指示者を明確にしておく。
②解体物・資機材などの飛散	・解体中の躯体の飛散防止のため，躯体を不安定な状態としない。 ・安全旗，社旗，吹流しなど飛散の恐れのあるものについては，撤去する。 ・解体資材を現場内に仮置きしている場合には，飛散しないように強固に結束または袋詰めする。水に濡れると再資源化できなくなる解体材は，水に濡れないようにカバーで覆う。
③仮設足場の倒壊	・強風を養生シートが受けてしまうため，足場に強い荷重がかかり倒壊の原因となる。出隅部分の養生を絞る，または外すなどの対策をとる。 ・仮設足場を躯体に強固に固定する。

［問題４］ 右図のような作業を行う際，どのような危険が予想されるか。

危険要因を３つ挙げて，それぞれについて安全対策・事前措置を記述しなさい。

作業の状況
袖看板の取付部を溶断しています。

危険要因	安全対策・事前措置
①	
②	
③	

● 解答と解説 ●

本問は，仮設足場上でガス溶断器による袖看板の取付部を溶断する作業において，予想される危険要因とその安全対策・事前措置について問うている。本作業における危険要因と安全対策・事前措置の例を**表４．１**に示す。

表4．1　危険要因と安全対策・事前措置の例

危険要因	安全対策・事前措置
①ガス溶断器の取扱い	ガス溶断器は，可燃性ガスと酸素の混合ガスを燃焼させてできる高温の火焔を利用して鉄部を溶断する装置であり，取扱い方法を誤ると火災や作業者の火傷などを引き起こすことがある。このため，常に酸素および可燃性ガスの高圧容器の取扱いやホースの引回しなどに注意する。また，溶断時に発生する燃焼火花による火災や火傷に注意する。 なお，ガス溶断作業を行う者は，ガス溶接技能講習を修了した者でなければならない。ガス集合装置を使用する場合はガス溶接作業主任者免許保持者でなければならない。作業前に作業者の資格要件について確認しておく。
②解体物の落下	ガス溶断器で袖看板の取付け部を溶断した際に，袖看板が下方へ落下する危険がある。このため，溶断作業の前に袖看板へワイヤロープ等の吊り具を設置し，溶断作業中に袖看板が落下しない措置を講じておく。また溶断作業を行う者だけでなく，溶断作業および周囲の安全を確認する作業指揮者を立ち会わせ，作業場所への人の侵入を防止する。
③仮設足場からの作業者の墜落	仮設足場からの作業者の墜落を防止するために，作業者に安全帯の着用を義務付けるとともに，労働安全衛生規則に基づいて仮設足場に交差筋交い，下桟，手摺および中桟などを設置し，作業者の墜落防止措置を講じる。

［問題5］ SDGs（持続可能な開発目標）が，世界的に提唱されている。解体工事業が持続可能な社会に寄与するためには，解体工事施工技士としてどのような取り組みが必要か，あなたの考えを300字以内で記述しなさい。

横書きしてください

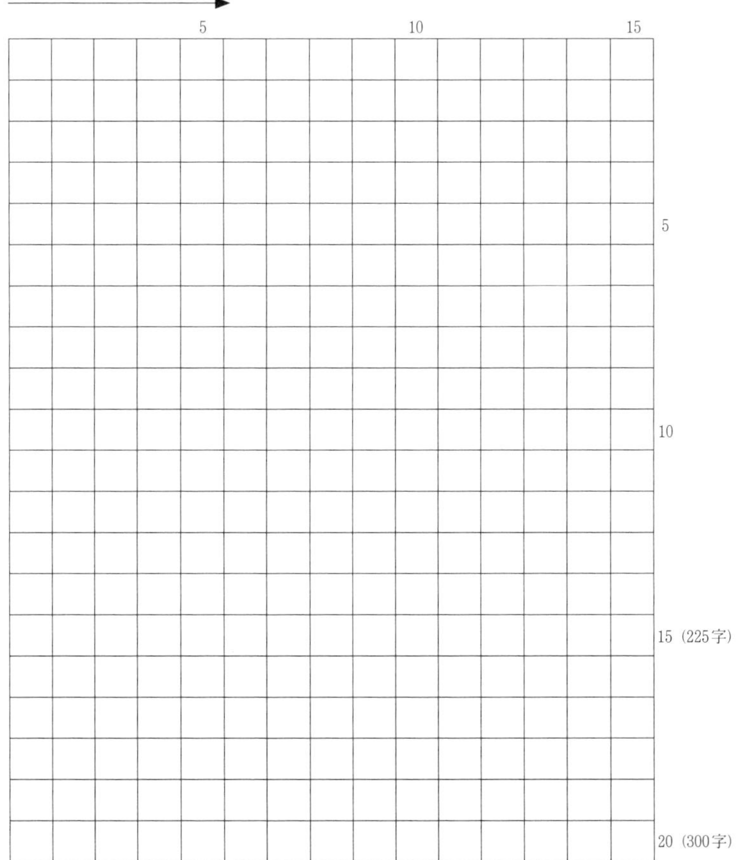

● 解答と解説 ●

小論文の出題では，解体工事施工技士として，解体に関連する最新の話題・情報を常に理解し，自分なりの見解が日頃の業務を踏まえて整理されているか，またそれを文章でまとめ他人に伝える能力があるかが試されている。出題テーマ・内容にはずれる記述をしても点は取れないと理解しておく必要がある。

その上で，この手の小論文問題の解答上のポイントは以下の通りである。

①大きな観点での問題が出題される場合，自分なりに具体的なテーマを設定する。

その際，問題の範囲内であることを前提に，解体工事を取り巻く話題に対し自分の経験や日頃強く思っていることをテーマとして取り上げるとよい。なお，あらかじめ勉強して用意してきたからといって，問題とは外れるテーマでどんなにすばらしい文章を構築しても点は全く得られない。

②指定された字数に見合った内容で，小論文の構成を考える。

指定された字数の範囲は守るべきである。そしてその字数であれば，何をどこまで触れ，自分の意見や考えをまとめるべきかを考える。その構成は，いわゆる「起承転結」の4部構成で考えるとよいだろう。

③取り上げたテーマの単純な説明ではだめ。自分の手に負える範囲で，自分の経験などからの意見や考えを自分の言葉で展開させる。

小論文では，自らの意見や考え方を展開する必要がある。取り上げたテーマについて一般的なおざなりの説明では出題に答えているとはいえない。なお，何らかの模擬解答を暗記し対応するのは全く意味がなく，点は得られない。

④一般的に「漢字」を使うべきところは「ひらがな」ではだめ。

現代ではあえて難しい漢字を使わない文化，むしろ「ひらがな」とし趣を表現する文化が定着しているといえるが，一般的に「漢字」とするべき語句は漢字にすべきである。「一般的に」の基準は新聞における漢字の使い方と考えるとよい。

⑤新聞，テレビのニュースで時事問題に触れ，日頃から自分の意見を持つ。

小論文問題では，大きな観点でのテーマ設定が多いので，日頃の時事問題に触れ，意見をもっていれば，素直に対応が可能であると思える。解体工事に直接関係があることはもちろんのこと，災害におけるニュースや社会情勢なども自分がかかわる解体工事業のあり方とともに考える姿勢が大切である。

令和3年度は，最近何かと話題となっているSDG s（持続可能な開発目標）を達成するため，解体工事に関連して，解体工事施工技士として貢献できることについて考えを問われた。“時事問題について自分の考えを文章にする”という出題スタイルにあっては，極めて妥当な問題であり，多くの受験者が予想もしていたと思う。受験のためにも日頃から社会的な問題に自らの考えを持っておくことが重要である。

出題されておかしくない“時事問題”の多くは，国土交通省のホームページなどで，受験のためだけでなく，現場の実務にとって入手すべき情報が提示されている。受験前の小論文対策に，国土交通省のホームページ掲載の時事問題はチェックしておきたいものである。なお，SDG sについては，外務省のホームページ

https://www.mofa.go.jp/mofaj/gaiko/oda/sdgs/index.html

等も参考されたい。

≪SDGs 17の目標≫

1．貧困をなくそう

2．飢餓をゼロに

3．すべての人に健康と福祉を

4．質の高い教育をみんなに

5．ジェンダー平等を実現しよう

6．安全な水とトイレを世界中に

7．エネルギーをみんなにそしてクリーンに

8．働きがいも経済成長も

9．産業と技術革新の基盤をつくろう

10. 人や国の不平等をなくそう

11. 住み続けられるまちづくりを

12. つくる責任つかう責任

13. 気候変動に具体的な対策を

14. 海の豊かさを守ろう

15. 陸の豊かさも守ろう

16. 平和と公正をすべての人に

17. パートナーシップで目標を達成しよう

出題意図を察すると，下記が採点のポイントとなろう。

①テーマ設定

・話題とするテーマ設定がよいか悪いか。

・無関係のことを論じてごまかしてはいないか。

②情報収集度

・日頃の関心度が文章から伺えるか。日頃入手した情報が触れられていることはポイントである。もちろん取り上げたテーマの単純な感覚的な説明ではだめ。

③内容の程度・正確さ・意識の高さ

・内容の程度設定が適切か。

・情報が正確か。

・経験談など取り込むなどして，自分の意見・見識が表現されているか。

④文章構成能力・国語力

・適度に文章が分かれ，起承転結の構成を取るなどして，メリハリのある構成か。一文で論じるのは避けるべきである。

・文章量が適切か（「300字以内」という指定に対して，300字ジャスト程

度がベストで，225字以下では低い評価になると思われる）

・漢字の誤りがないか。また一般的に漢字とすべきところをひらがなで済ませていないか。

⑤全体を通しての印象

・採点者が，内容に，とにかくインパクト受けたと思えたらプラス評価。

・採点者が，受験者から現場の生のいい情報をもらったと思えたらプラス評価。

・採点者が，内容に，つまらない，たいしたことない，あっさり，パンチがないと思ったらマイナス評価。

・採点者が，その場で考えただけと思える薄っぺらな上辺だけの展開，自分の言葉がないと思ったらマイナス評価。

・採点者が，受験者の解答態度がいいかげん，読みにくい，文字及びその配列が汚いと思ったらマイナス評価。

令和２年度の問題と
その解答例・解説

問題１　建築物の構造形式に関する次の記述のうち，**最も不適当なものはどれか。**

(1) ラーメン構造は，軸組の各節点を剛接合する構造形式であり，部材には圧縮力，引張力，せん断力および曲げモーメントが生じる。

(2) アーチ構造は，部材を曲線状に曲げて構成する構造形式であり，部材には主として引張力，せん断力および曲げモーメントが生じる。

(3) トラス構造は，骨組の各節点をピン接合して組み合わせる構造形式であり，部材には主として引張力または圧縮力が生じる。

(4) 立体構造は，三次元的な力のつり合いで外力に抵抗する構造形式であり，部材には圧縮力，引張力，せん断力および曲げモーメントが生じる。

● 解答と解説 ●

(2) アーチ構造は，部材を曲線状に曲げて，曲げモーメントの影響をより少なくした構造形式である。たとえば，まっすぐな棒を水平に置いて中央の上から荷重をかけると，点線のように曲がって折れてしまう。しかし，棒がアーチ状であれば荷重（曲げモーメント）は主として軸圧縮力によって支持点に伝達されるだけとなり棒は圧縮されるだけで簡単には折れない。したがって，本肢の記述は不適当である。

正解 (2)

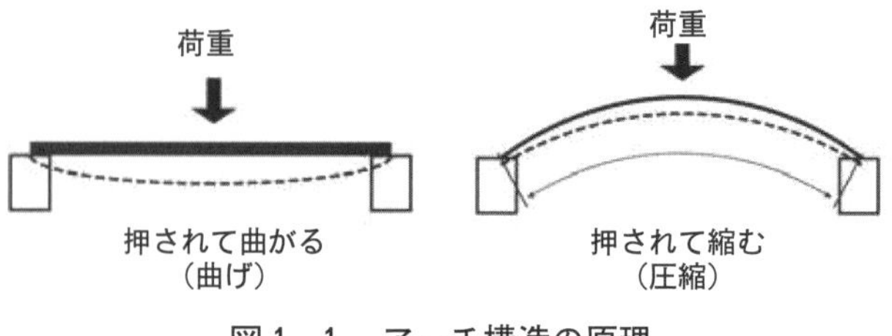

図１．１　アーチ構造の原理

(1) ラーメン構造は，軸組の各接点を剛接合とする構造形式であり，各部材には曲げモーメント，せん断力，圧縮力，引張力が生じる。したがって，本肢の記述は適当である。

(3) トラス構造は，複数の三角形による骨組み構造のことであり，骨組みの各接点をピン接合とした構造形式である。各部材には，引張応力または圧縮応力しか生じない。したがって，本肢の記述は適当である。

(4) 立体構造は，加工全体を鋼材のような均一な材料で，かつ均一な部材で構成し，三次元的な力の釣り合いとともに，全体の剛性を得て外力に対処する構造形式である。したがって，本肢の記述は適当である。

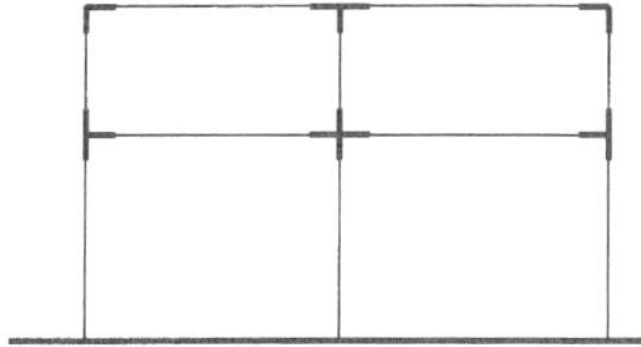

図１．２　ラーメン構造の原理

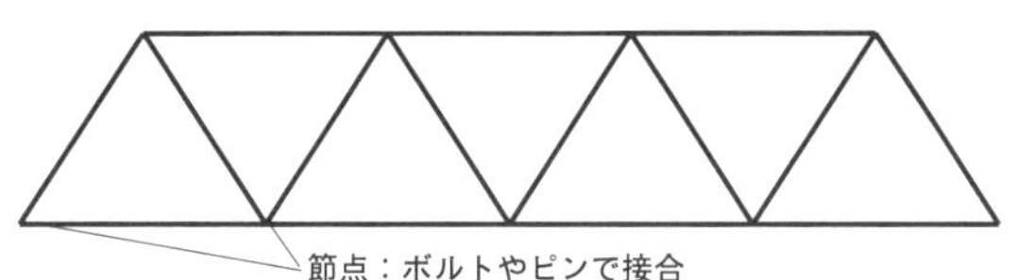

図１．３　トラス構造の原理

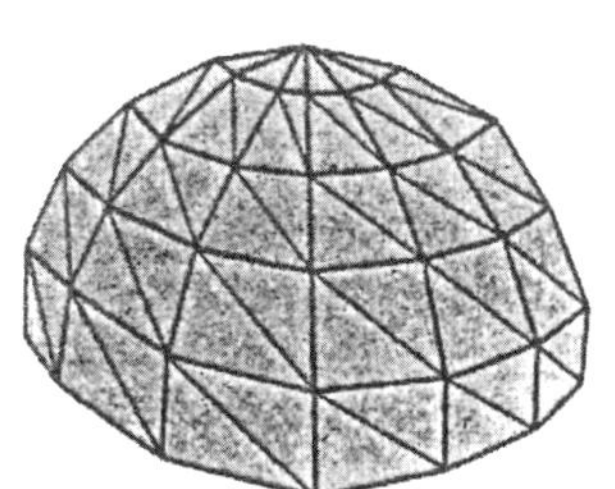

図１．４　立体構造の原理

問題２　図のように単純梁に10kNの集中荷重が作用するとき，A点とB点に生じる反力V_AおよびV_Bの大きさの組み合わせとして，**正しいものはどれか。**

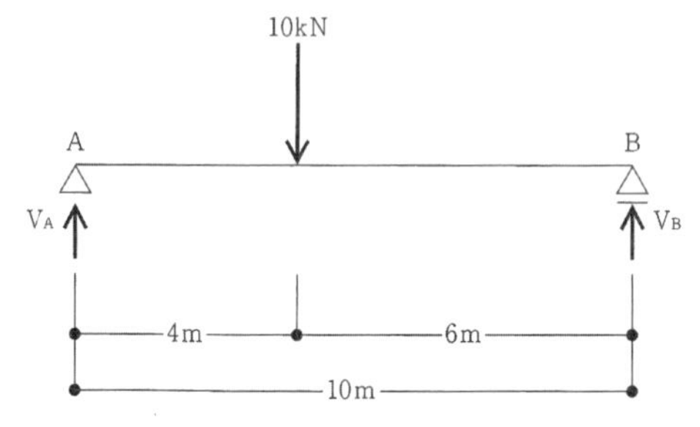

	V_A	V_B
(1)	4kN	6kN
(2)	3kN	7kN
(3)	6kN	4kN
(4)	7kN	3kN

● 解答と解説 ●

反力H_A，V_A，V_Bを図２．１のように仮定する。

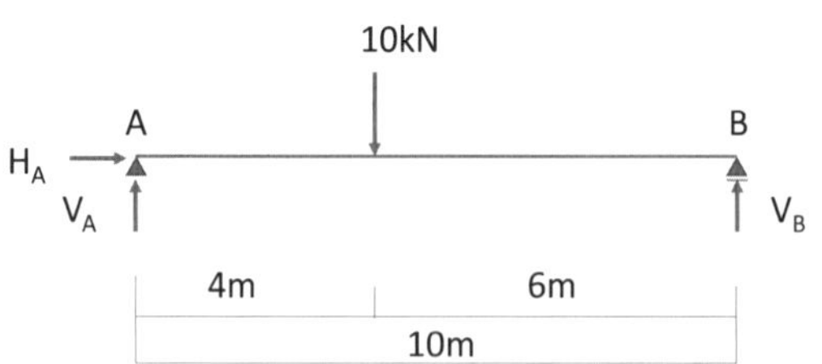

図２．１　支点Ａに作用するモーメントの概念図

水平方向の力の釣合　$\Sigma X = 0$ より $H_A = 0$

鉛直方向の力の釣合　$\Sigma Y = 0$ より $10 - V_A - V_B = 0$

A点まわりのモーメントの釣合　$\Sigma M_A = 0$より

$10 \times 4 - V_B \times 10 = 0$

$V_B = 4kN$

鉛直方向の力の釣合にV_Bを代入すると

$10 - V_A - 4 = 0$

$V_A = 10 - 4 = 6kN$

したがって，正解は(3)である。

正解 (3)

問題３　鉄筋コンクリート造の部材の強度に関する次の記述のうち，**最も不適当なものはどれか。**

(1) 高強度のコンクリートでは，一般的な強度のコンクリートよりも水セメント比を大きくする。

(2) コンクリートの引張強度は小さいので，それを補うために鉄筋を配置する。

(3) コンクリートに豆板（ジャンカ）等の未充填や空洞があると，部材強度は低下する。

(4) 柱の帯筋は，地震時に生じるせん断力に抵抗する。

● 解答と解説 ●

(1) コンクリートは岩石が砕けてできた不活性な骨材をセメントペーストという糊で接着し硬化させたものであり，コンクリートの強度はこのセメントペーストの濃度によって決まる。セメントペーストの濃度を水セメント比〔（水の質量／セメントの質量）×100〕で表しており，**図３．１**に示すように水セメント比が小さい（セメントの質量に対して水の質量が少ない）ほど濃度が濃く高い強度になる。したがって，不適当なものは(1)である。

正解 (1)

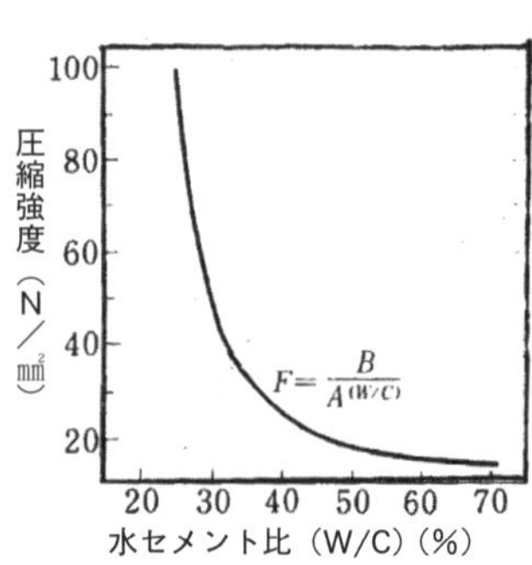

図３．１　コンクリートの強度と水セメント比の関係

(2) コンクリートの引張強度は，圧縮強度の10％前後と小さいため，曲げや引張を受けるとひび割れが入りやすい。このため，引張強度の大きい鉄筋を曲げや引張を受ける位置に配置して鉄筋に引張力を負担させている。したがって，本肢の記述は適当である。

(3) コンクリート部材に未充填や空洞（これらを豆板という）があると，部材断面に欠損を生じるので部材強度が低下する。したがって，本肢の記述は適当である。

(4) 柱に配置する鉄筋の配筋状態を**図３．２**に示す。柱の配筋は，高さ方向に配筋する主筋と水平方向に帯のように配筋する帯筋がある。帯筋は，地震時に発生するせん断力に抵抗させるために配筋するものである。したがって，本肢の記述は適当である。

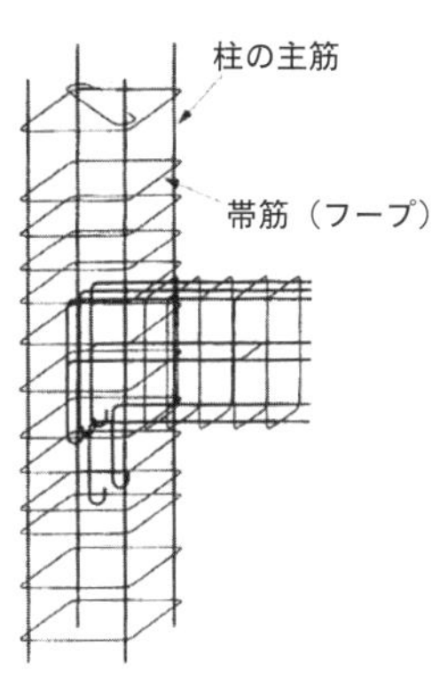

図３．２　柱の配筋状態（例）

問題4　次の用語とその説明の組み合わせとして，**適当なものはどれか。**

用語：(ア) エキスパンション ジョイント

(イ) ハンチ

(ウ) キュービクル

(エ) シートパイル

説明：a　止水性のある山留壁として使用する

b　構造体を力学的に切り離す目的で設ける

c　梁などの端部の曲げモーメントやせん断力に対する抵抗力を増すために設ける

d　高圧受電設備を収納するために設ける

	(ア)	(イ)	(ウ)	(エ)
(1)	a	c	d	b
(2)	b	c	d	a
(3)	c	b	d	a
(4)	d	b	c	a

● 解答と解説 ●

(ア) エキスパンションジョイントとは，温度変化による伸縮，地震時の変位による影響を避けるために建物をいくつかのブロックに分割するときに設ける追随可能な接合部を言い，bの「構造体を力学的に切り離す目的で設ける」が該当する。

(イ) ハンチとは，**図4.1**に示す例のように梁の端部で梁せい，あるいは梁幅を柱に向けて直線的に大きくした部分を言い，cの「梁などの端部の曲げモーメントやせん断力に対する抵抗力を増すために設ける」が該当する。

(ウ) キュービクルとは，閉鎖型配電盤の総称であり，**図4.2**に示す例のような扉付き自立型鉄箱を言い，変圧器，開閉器，遮断機，計測機器などの電気機器を収納したもので，ｄの「高圧受電設備を収納するために設ける」が該当する。

（エ）シートパイルとは，掘削地周辺の山留めのために掘削前に地盤中に打ち込む板状の杭（**図４．３参照**）を言い，鋼製のものが多く使われている。

ａの「止水性のある山留壁として使用する」が該当する。

したがって，適当なものは(2)である。

正解 (2)

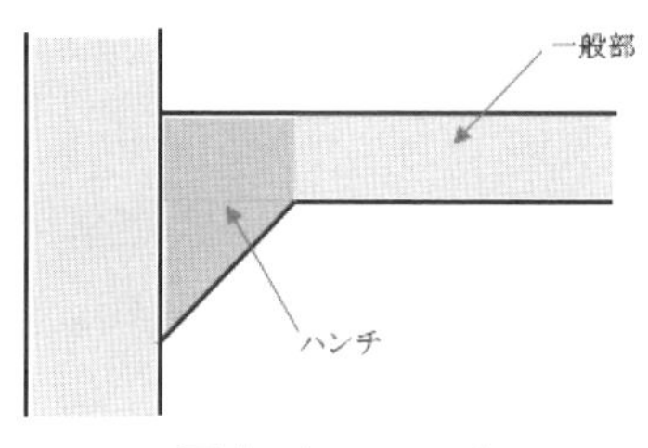

図４．１　ハンチ

図４．２　キュービクル

図４．３　シートパイル

問題5　鋼材（鉄筋・鉄骨）の腐食に関する次の記述のうち，**最も不適当なものはどれか。**

(1) 鉄よりイオン化傾向の小さい金属と接すると，鉄が腐食する。

(2) 湿度が低いほど，腐食が著しい。

(3) 腐食すると，腐食部は膨張する。

(4) アルカリ環境下では，腐食しにくい。

● 解答と解説 ●

(1) 金属の陽イオンになりやすさを示す指標がイオン化傾向であり，イオン化傾向の大きいものほど腐食しやすいといえる。また，イオン化傾向の異なる金属が接触していると電池作用が生じて，腐食が生じる。金属材料とその接合材料の選択においては，このことを考慮する必要がある。**表5．1**に主な金属のイオン化傾向を示す。よって，トタンでは**図5．1**，ブリキでは**図5．2**のような腐食を起こす。したがって，本肢の記述は適当である。

元素記号	K	Ca	Na	Mg	Al	Zn	Cr	Fe	Ni	Sn	S	Pb	(H)	Cu	Ag	Hg	Pt	Au
名称	カリウム	カルシウム	ナトリウム	マグネシウム	アルミニウム	亜鉛	クロム	鉄	ニッケル	スズ	イオウ	鉛	水素	銅	銀	水銀	白金	金
イオン化傾向	大 ←→ 小																	

表5．1　主な金属のイオン化傾向

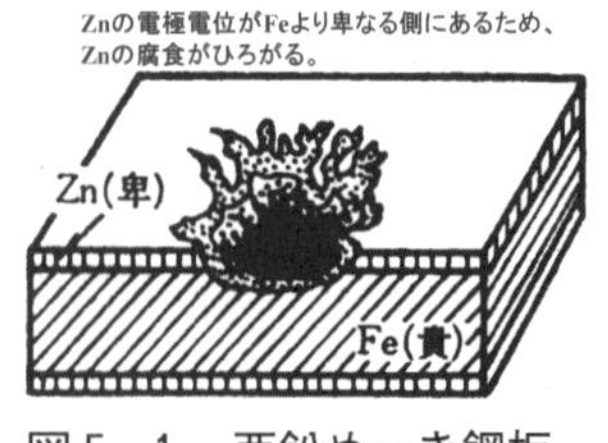

図5．1　亜鉛めっき鋼板（トタン）の腐食

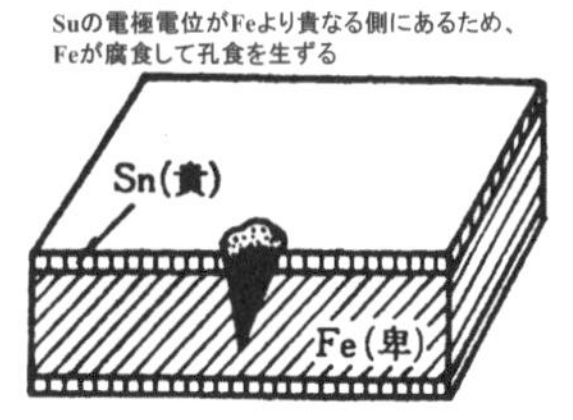

図5．2　スズめっき鋼板（ブリキ）の腐食

(2)(3)(4) 強アルカリ環境下では，鉄筋・鉄骨は，その表面に厚さ２～６nm厚の水和酸化物（γ-$Fe_2O_3 \cdot nH_2O$）の酸化皮膜（一般に不動態皮膜と呼ばれる）が形成され，この被膜により保護されるため腐食はみられない。鉄筋コンクリート構造物では，コンクリートの中の鉄筋は取り巻くコンクリートはセメントの水和生成物である水酸化カルシウム（$Ca(OH)_2$）によってpHが12～13の強アルカリ性を示しているので腐食から保護されている。したがって，(4)の記述は適当である。

しかし，空気中の二酸化炭素（大気中の濃度はおよそ400ppm，室内の濃度は1,000ppmを超えることもある）と水との反応によって，生成した弱酸である炭酸が，コンクリート表面より徐々に水酸化カルシウムを侵して中性化し，中性物質である炭酸カルシウムを生成する。この中性化が鉄筋の位置に到達すると，鉄筋表面の不動態皮膜が破壊され，酸素と水の供給があれば，鉄筋は腐食する。また，中性化が進んでいなくても，コンクリート中に塩化物イオンCl^-が許容量以上存在すると，不動態皮膜は部分的に破壊され，やはり酸素と水の供給があれば，鉄筋は腐食する。いずれにしても発錆に至るには，酸素と水が不可欠である。湿度が低いと腐食は緩やかとなる。したがって，(2)の記述は不適当である。

腐食すれば，発錆による鉄筋は2.5倍程度膨張するので，鉄筋表面の体積膨張圧により，コンクリートは押し出され，ひび割れを起こし，ついには剥落する（**写真５．１**）。したがって，(3)の記述は適当である。

正解 (2)

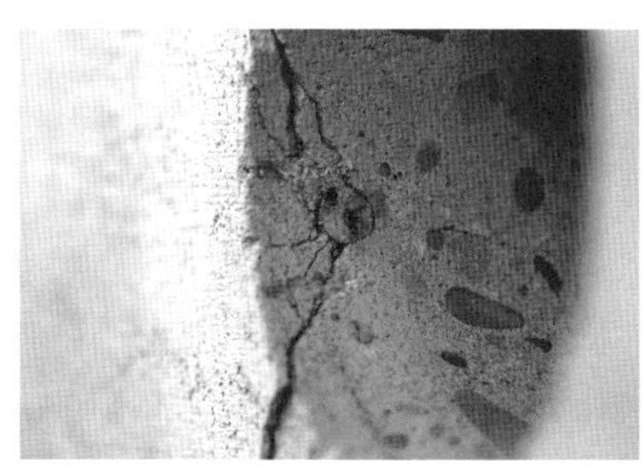

写真５．１
鉄筋の腐食・膨張とコンクリートのひび割れ

問題6　解体工事用機器に関する次の記述のうち，**最も不適当なものはどれか。**

(1) ベースマシンに取り付けるアタッチメントの重量は，ベースマシン重量の20%程度とするのが安全である。

(2) ワイヤソーでのRC部材の切断速度は，カッタ工法に比べて一般に3～4倍程度速い。

(3) ダイヤモンドブレードでRC部材を切断する際には，毎分15ℓ程度の冷却水が必要である。

(4) ガス溶断器を使用する場合，通常，酸素は300kPa程度，アセチレンガスは25～50kPaの圧力で使用する。

● 解答と解説 ●

(1) ベースマシンの最大装着可能質量を確認し，その範囲内のアタッチメントを使用する。一般的にはアタッチメントをベースマシンの10%程度以内の質量とする。アタッチメントの質量が過大の場合には，安定性が損なわれ危険であり，故障の原因にもなる。したがって，本肢の記述は不適当である。

正解 (1)

(2) ワイヤーソーの切断能力は，一般的に0.04～0.06㎡／分程度であり，カッタ工法に比べて3～4倍の速さである。したがって，本肢の記述は適当である。

(3) ダイヤモンドブレードにより鉄筋コンクリート部材を切断する場合には，冷却水の注入がないと，発熱により切断能力が低下し，ダイヤモンド砥粒が損傷・脱落に至ることがある。そのため，切断時には常に約15ℓ／分程度の冷却水を注入する必要がある。したがって，本肢の記述は適当である。

(4) ガス溶断器は，アセチレンガスなどの可燃性ガスと酸素の混合ガスを燃焼させて生じる高温の火焔を利用して鉄筋や鉄骨を溶断する装置である。酸素とアセチレンガスの圧力は，酸素を300kPa程度，アセチレンガスを25～50kPa程度とする。したがって，本肢の記述は適当である。

問題７　鉄筋コンクリート造構造物の解体工法に関する次の記述のうち，**最も不適当なものはどれか。**

(1) 大型ブレーカ工法は，ベースマシンに装着した大型ブレーカユニットのチゼル（ロッド）を圧縮空気または油圧を動力源として，打撃面に繰り返し衝撃を与えてコンクリートを破壊する工法である。

(2) ワイヤソー工法は，環状に巻き付けたダイヤモンドワイヤソーを高速回転することによって，部材を切断する工法である。

(3) 直接通電加熱工法は，鉄合金線またはアルミニウム合金線をパイプ中に収容し，その隙間から送った酸素を燃焼させてコンクリートの穿孔と鉄筋の溶断を行う工法である。

(4) 静的破砕剤工法は，水和膨張性の物質が水と反応するときに発現する膨張圧を利用してコンクリートを破砕する工法である。

● 解答と解説 ●

(3) 本肢の説明内容は「テルミット工法」についてのものである。「直接通電加熱工法」は，鉄筋コンクリートの鉄筋を電気抵抗体として直接通電して加熱し，コンクリートにひび割れを発生させて解体する工法である。したがって，本肢の記述は不適当である。

正解 (3)

(1) 大型ブレーカ工法は，ベースマシンに装着した大型ブレーカユニットで解体する工法である。圧縮空気または油圧を動力源とし衝撃力によりコンクリートを破砕するものである。現在では油圧シャベルに装着する油圧ブレーカが主流となっている。したがって，本肢の記述は適当である。

(2) ワイヤソー工法は，環状に巻き付けたダイヤモンドワイヤーを駆動機でエンドレスに高速回転させることによって切断するものである。大断面部材，地下構造物，水中構造物などの切断解体に適している。したがって，本肢の記述は適当である。

(4) 静的破砕剤工法は，酸化カルシウム（CaO）と水が反応するときに発現する膨張圧を利用して，コンクリートを破砕する工法である。公害が少なく，安全性の高い工法として十数年の実績を積み重ね，社会的評価は定着してきている。最近では，破砕時間を大幅に短縮した即効タイプ型など色々な破砕剤が開発されている。したがって，本肢の記述は適当である。

問題8　鉄筋コンクリート造構造物の圧砕工法に関する次の記述のうち，**最も不適当なものはどれか。**

(1) 振動が少なく，運転音以外の騒音もあまり発生しない。

(2) 粉じんが発生しやすいため，多量の散水が必要である。

(3) 地下構造物や大型部材の解体作業に適している。

(4) コンクリート破砕後の鉄筋切断作業が少なく，全体として作業効率が高い。

● 解答と解説 ●

圧砕工法は，油圧ショベルから送られる作動油を自装する油圧シリンダーでパワーアップして圧砕アームに伝え，圧砕アームでコンクリートを圧砕するものである。鉄筋も切断できる大型の油圧式圧砕具も開発されており，他の工法に比べて作業効率は高い。また，振動・騒音の発生も大型ブレーカよりかなり少なく，市街地での解体工事に適している。

総合的に優れた解体工法であり，鉄筋コンクリート造解体工法の主流となっている。しかし，コンクリート圧砕機と言えども，稼働できる場所に制限される**地下構造物や圧砕具で挟み込めない大型部材の解体には不向き**で，他の工法との併用が必要である。

また，圧砕工法の一般的な特徴は以下の通りである。

【長所】

・振動がほとんど発生せず，運転音以外の騒音もあまり発生しない。

・コンクリート破砕後の鉄筋切断作業が少なく，全体として効率が高い。

【短所】

・粉じんが発生しやすいため，多量の水が必要である。コンクリート塊などの飛散に注意が必要である。

・鉄筋を切断する切刃は摩耗が激しいため，定期的なメンテナンスが必要である。

・圧砕具の重量が比較的大きい。

上記から，(3) の記述が不適当である。

正解 (3)

問題９　解体工事の仮設足場に関する次の記述のうち，**最も不適当なものはどれか。**

(1) 枠組足場（手すり先行工法）における手すり先送り方式では，手すりまたは手すり枠等先行手すり機材は，一般に最上階のみに設置する。

(2) 枠組足場（手すり先行工法）における手すり据置き方式では，手すりまたは手すり枠等据置き手すり機材は，一般に足場の全層の片側構面に設置する。

(3) 単管足場では，手すりの下部に「中さん等」を設置するが，棒状のさん以外に繊維ロープも「中さん等」に該当する。

(4) ブラケット一側足場では，作業床は幅40㎝以上でなければならないが，木造家屋建築工事等に使用する場合は20㎝以上とすることができる。

● 解答と解説 ●

本問は，労働安全衛生規則（563条，564条），「手すり先行工法に関するガイドライン」および「足場先行工法に関するガイドライン」を正確に理解しているかを問うものである。

(3) 本肢は，労働安全衛生規則552条１項４号ロに規定する墜落の危険のある箇所における設備（「丈夫な構造の設備」）としての「中さん」に関するものである。同規定は，「中さん」について，「高さ35㎝以上50㎝以下の桟またはこれと同等以上の機能を有する設備」と定めているが，同規定に関する解釈例規（厚生労働省平成21年３月11日基発第0311001号・同省平成27年３月31日基発0331第９号）で繊維ロープなどの可撓(とう)性の材料は認められないとしている。したがって，本肢の記述は不適当である。

正解 (3)

(1) 手すり先送り方式は，「先送り手すり機材（建わくの脚柱等に沿って上下スライド等が可能な手すりまたは手すりわくをいう。)」を，最上層より一層下の作業床上で上下スライド等の方法により最上層の取付けまたは取り外しができるものであり，一般に最上層のみに設置されるものである。したがって，本肢の記述は適当である。

(2) 手すり据置方式は，据置型の手すりまたは手すりわく（「据置手すり機材」）は，最上層より一層下の作業床から最上層に取り付けまたは取り外しができる機能を有しており，一般的には足場上の作業性を考慮して外側構面に設置し，躯体側は交さ筋交い等を用いる場合が多い。したがって，本肢の記述は適当である。

(4) 本肢は，木造家屋建築工事等にブラケット一側足場を使用する場合の作業床の幅が20㎝以上とすることの適否である。労働安全衛生規則563条１項２号イで，つり足場を除き，作業床の幅は，40㎝以上とすることと規定されているが，その例外規定もある。しかしながら，2020年度版解体工事施工技術講習テキスト（解体工事技術編）p.149にもある「20㎝以上とすることができる」は，規則およびその他発令の解釈上，難しいと指摘する方もおられる。

これらを総合判断し，設問が「最も不適当なものはどれか」とあるなかでは，**枝問(3)**を最も不適当とする正解とすべきであろう。

問題10　解体工事の仮設に関する次の記述のうち，**最も適当なものはどれか。**

(1)「しのびがえし」とは，足場からはね出して設ける飛来落下物防護用の養生整備である。

(2)「あさがお」とは，上部から落下するガラ等を途中で受け，建物外部に落とし込む防護棚である。

(3) 安全ネットは，網目の一辺の長さを10㎝以下とする。

(4) 高さ５ｍ以上の移動式足場を組立て・解体・変更する場合は，作業指揮者を指名しなければならない。

● 解答と解説 ●

(3)「安全ネット」は「防網（ぼうもう）」と同義である。「安全ネット」は，「墜落による危険を防止するためのネットの構造等の安全基準に関する技術上の指針」（昭和51年８月６日公示８号）２－３で，「網目は，その辺の長さが10㎝以下とすること」と規定されている。したがって，本肢の記述が最も適当である。

正解 (3)

(1) 解体工事で使用される「しのびがえし」とは，落下物や飛散物を途中で受け，建物内部に落とし込む防護柵を言う。したがって，飛来落下物防護用の養生設備ではない。したがって，本肢の記述は不適当である。

(2)「あさがお」とは，落下物を受け止めるために，外部足場からはねだして設ける防護柵である。したがって，本肢の記述は不適当である。

(4)「移動式足場」とは，作業床，これを支持する枠組構造および脚輪ならびにはしごなどの昇降設備および手すり等の防護設備より構成される設備を言う（「移動式足場の安全基準に関する技術上の指針」（昭和50年10月18日公示６号））。この移動式足場も足場の一種であるので，高さが５ｍ以上となる足場の組立て等は，労働安全衛生法14条および労働安全衛生法施行令６条15号ならびに労働安全衛生規則565条により足場の組立て等作業主任者を選任しなければならない。作業指揮者の選任規定はない。なお，足場の組立て等は，労働安全衛生規則39条39号に基づき特別教育修了者に行わせなければならない。したがって，本肢の記述は不適当である。

問題11　解体工事における事前調査に関する次の記述のうち，**最も不適当なものはどれか。**

(1) 敷地内の作業用スペースを確認し，道路など周辺の環境も考慮して解体工法を選定した。

(2) ガス等の配管について，設計図書と現地調査に差異があったので，設計図書を優先して判断した。

(3) 家具や家電等の残置物品があったので，所有者に処理を依頼した。

(4) 木造建築物についても，吹付け石綿等の有害物が付着していないか調査した。

● 解答と解説 ●

(2) 敷地内には電気・ガス・水道・下水道・電話等の配管や配線がある。建設時における配管，配線の資料は設計図書で確認できるが，増改築や修繕・変更工事等により設計図書と実際とではかなりの相違がある場合が多い。そのため，現地調査を行い，設計図書よりも現地調査結果を優先して判断する必要がある。したがって，本肢の記述は不適当である。

正解 (2)

(1) 敷地の調査は，資・機材や廃材等の搬出入口の設置，仮設建物の設置，分別等の作業場所の設置計画などを念頭に置いて調査する。また，現場周辺の道路について，公道・私道の別，用途（商店街・通勤通学・単なる生活道路等），幅員，構造，交通規制の有無，駐停車の状況等を調査して解体工法を選定する。したがって，本肢の記述は適当である。

(3) 当該建築物と直接関係ない残存物品は，その所有者が事前に処理するのが原則である。工事着手前に徹底しておくことが望ましいが，解体工事中に発見した場合には所有者に処理を依頼する。したがって，本肢の記述は適当である。

(4) 付着物・有害物の有無に関しては，特に石綿含有吹付材やその他石綿含有建材等についての調査が重要である。したがって，本肢の記述は適当である。

問題12 解体工事における事前調査に関する次の記述のうち，**最も不適当なものはどれか。**

(1) 振動は通常，遠方まで伝播しないので，敷地境界線から数十メートル離れた構築物については調査しなかった。

(2) 目視した結果，外装が類似していたが，増築が行われた建築物であったので特に増築部分や接合部の調査を入念に行った。

(3) 海岸近くの現場で地下階の解体を行うため，地下水位の調査だけでなく満潮・干潮の時間や水位を調査した。

(4) 敷地境界杭の損傷・移動等を防止するため，カラーコーンおよび注意看板を設置した。

● 解答と解説 ●

(1) 振動は，反射・伝播あるいは地質・地層の特異性等から意外な影響を与えることがあるので，隣接構造物だけではなく，数十メートル離れた構造物についても調査しておくことが望ましい。したがって，本肢の記述は不適当である。

正解 (1)

(2) 用途模様替え，増改築が行われた建築物等は，外装が同じかあるいは類似していても構造が異なる場合があり，増改築部分および接合部の調査が重要である。したがって，本肢の記述は適当である。

(3) 海岸近くの構造物の地下では，満潮・干潮による水位の変化も考えられる。そのため，地下水位の調査だけではなく，満潮・干潮の時間やその時間における水位を調査しておくことも重要である。したがって，本肢の記述は適当である。

(4) 敷地境界杭等が設置されている場合には，損傷・移動を防止するため標識等を事前に設置する。本肢のように，カラーコーンおよび注意看板を設置することで，対策として十分である。したがって，本肢の記述は適当である。

問題13 解体工事の見積に関する次の記述のうち，**最も適当なものはどれか。**

(1) 古い家の解体工事に際し，表紙（鑑），内訳書および明細書で構成される見積書を作成した。

(2) 古い家の解体工事に際し，以前の建物の基礎が埋め残っていることを発注者から言われていたので，事前調査で確認できなかったものの，建物基礎があるものとして見積書に記載した。

(3) 横断歩道橋の解体工事で，発生するコンクリート塊の処分費のみを副産物処理費として見積った。

(4) 解体工事の発注者が工事着手を急がせたので，止むを得ず請負契約を締結してから見積書を手渡した。

● 解答と解説 ●

(1) 見積書は一般的に表紙（鑑），内訳書および明細書で構成される。したがって，本肢の記述は適当である。

正解 (1)

(2) 図面や事前調査で確認できない地中障害については見積りから除く（別途とする）のが一般的である。したがって，本肢の記述は不適当である。

(3) 副産物処理費は積込費，運搬費，処分費を計上する。本肢は処分費のみを計上している。したがって，本肢の記述は不適当である。

(4) 請負契約に際しては内訳明細書（見積書）の添付が不可欠である。本肢の記述は見積書の作成なしに請負契約を締結している。したがって，本肢は不適当である。

問題14　鉄筋コンクリート造建築物の解体工事における歩掛・積算・見積に関する次の記述のうち，**最も適当なものはどれか。**

(1) 以前に見積した杭と同じ径および長さである場合，土質や環境・地盤の性状や作業条件等も同じものと判断して，同じ単価で見積る。

(2) 地上部分の解体について，地上解体工法と階上解体工法の費用を比べると，階上解体工法の方が一般的に安価である。

(3) タイルおよびモルタル類の仕上げ材については取り壊し費用を計上しないが，運搬費および処分費は別途で計上する。

(4) 積算における解体区分は，地上部分と地下部分の２区分とする。

● 解答と解説 ●

※本問題の正解について，全解工連試験委員会において試験後「正解がない」ことが確認され，受験者全員に配点する措置がとられた。

(1) 構造物の形状が同じ場合でも，敷地の広さや運行経路幅，地盤の性状によって工法や手間は異なる。したがって，本肢の記述は不適当である。

(2) 地上解体工法と階上解体工法では，一般に階上解体工法の方が高価である。したがって，本肢の記述は不適当である。

(3) 外壁タイルをコンクリートと分けて解体する工法が近年増えてきている。コンクリート塊から作られる再生砕石にタイル屑を混入させないための措置である。したがって，本肢の記述は適当とは言えない。

(4) 積算における解体区分は，地上部分，地下部分，基礎部分の3区分である。したがって，本肢の記述は不適当である。

適当と判断できる選択肢がないため，正当肢はなしとする。

問題15 解体工事契約に関する次の記述のうち，**建設業法に照らして正しいものはどれか。**

(1) 2箇所の大規模な解体工事を請け負ったが，実施が困難な状況となったため，一方の解体工事を一括下請した。

(2) 大規模な解体工事において，施主から契約締結後に使用する建設機械の購入先を指定された。

(3) 施主から保証人を立てるように請求されたが，保証人を立てなかったため，前払いが受けられなかった。

(4) 契約額4,500万円で解体工事を下請けし，外国人技能実習生を従事させたが，その従事の状況は元請企業へ報告しなかった。

● 解答と解説 ●

(3) 注文者が請負人である解体業者に対して前払い金を支払う際，倒産，持ち逃げなどのリスクを取り除くため，建設業法第21条に基づき保証人を立てることを請求できる権利を注文者に認めている。したがって，本肢の記述は正しい。

※建設業法第21条

建設工事の請負契約において請負代金の全部または一部の前金払をする定がなされたときは，注文者は，建設業者に対して前金払をする前に，保証人を立てることを請求することができる。

正解 (3)

(1) 建設業者は，その請け負った建設工事を，いかなる方法をもってするかを問わず，一括して他人に請け負わせてはならない（建設業法第22条〈一括下請負の禁止〉）。禁止のおもな理由として①発注者が建設工事の請負契約を締結する際，過去の施工実績，施工能力，社会的信用等様々な評価をした上で，当該建設業者を信頼して契約しているため②一括下請負を容認すると，中間搾取，工事の質の低下，労働条件の悪化，実際の工事施工の責任の不明確化等が発生するとともに，施工能力のない商業ブローカー的不良建設業者の輩出を招くことにもなり，建設業の健全な発達を阻害するおそれがあるため，などがある。したがって，本肢の記述は不適当である。

⑵ 建設業法第19条の４に「注文者が，自己の取引上の地位を不当に利用して，請負人に使用資材若しくは機械器具またはこれらの購入先を指定し，これらを請負人に購入させて，その利益を害してはならない」とある。したがって，本肢の記述は不適当である。

⑷「外国人建設就労者受入事業に関する告示」（平成26年国土交通省告示第822号）においては，外国人建設就労者を雇用契約に基づく労働者として受け入れて建設特定活動に従事させる受入建設企業は，「国土交通省が別に定めるところにより，元請企業から報告を求められたときは，誠実にこれに対応するとともに，元請企業の指導に従わなければならない」とある。したがって，本肢の記述は不適当である。

問題16 解体工事の施工計画に関する次の記述のうち，**最も不適当なものはどれか。**

(1) 解体工事を安全に，経済的に，かつ短期間に実施するために，適切な施工計画を策定し，それに基づいて管理しながら施工した。

(2) 施工計画に，近隣対策，引込配管や架線の処理，道路障害物の処理などの解体工事に向けた準備作業計画を盛り込んだ。

(3) 安全衛生管理計画を作成するに当たってリスクアセスメントを実施し，その結果を反映させた。

(4) 施工計画は，経験豊かな現場代理人を指名して策定させ，複数案は作成しなかった。

● 解答と解説 ●

(4) 施工計画は，解体工事を安全に，経済的に，かつ短期間に実施するために策定する。適切な施工計画を策定するためには，設計図書等による確認と入念な事前調査が不可欠である。施工計画の良否により企業の収益にも大きな影響を与えるので，施工計画は現場責任者のみならず企業の総力を結集して行うべきである。したがって，本肢の記述は不適当である。

正解 (4)

(1) 解体工事を安全に，経済的にかつ短期間に実施するためには，適切な施工計画を策定し，それに基づき管理しながら施工することは重要である。したがって，本肢の記述は適当である。

(2) 準備作業計画には，①近隣対策，②障害物対策がある。障害物対策には，引き込み配管の処理，架線の処理，道路障害物の処理，その他障害物の処理，残存物の処理などがある。したがって，本肢の記述は適当である。

(3) リスクアセスメントとは，職場の潜在的な危険性または有害性を見つけ出し，これを除去低減するための手法である。安全衛生管理では，自主的に職場の潜在的な危険性や有害性を見つけ出し，事前に的確な対策を講ずることが不可欠である。したがって，本肢の記述は適当である。

問題17 解体工事における施工計画等に関する次の記述のうち，**最も不適当なものはどれか。**

(1) 解体用機械の選定については，作業場所や近隣環境を考慮し，その能力は10～20%の余裕をもたせる計画とした。

(2) 仮設計画については，敷地条件や解体対象物の形状・規模・解体工法を考慮し，経済性を優先して仮設材の移動・転用等は行わない計画とした。

(3) 騒音・振動防止対策としては，発生量の抑制，距離減衰効果の利用，騒音・振動の伝播遮断設備の設置等を行う計画とした。

(4) 工程表は，工事全体の流れや各作業の手順・日程・日数が把握しやすいバーチャート工程表を採用した。

● 解答と解説 ●

(2) 解体工事の安全確保および周辺の環境保全等のために，仮囲い，足場，養生シート・パネルなどの設置が必要になる。敷地条件，解体対象物の形状・規模および解体工法等によっても当然異なるが，安全性，経済性および作業効率を考慮するとともに，解体工事の全工程を把握し，設置，撤去，移動，盛替え，転用等も考慮して計画する。したがって，本肢の記述は不適当である。

正解 (2)

(1) 解体工事の機械は，木造，鉄骨造，RC・SRC造に適応したベースマシンとアタッチメントを組み合わせて使用する。作業効率だけではなく，作業場所や近隣環境の条件も考慮して選定することが重要である。機械の能力は少なくても10～20%の余裕を持たせて選定することが，危険防止や振動，騒音防止の面からも望ましい。したがって，本肢の記述は適当である。

(3) 騒音・振動を低減する基本は，次の3つである。

①騒音・振動の発生源での発生量を少なくする

②騒音・振動の距離減衰効果を利用する

③騒音・振動を途中で遮断する

したがって，本肢の記述は適当である。

(4) バーチャート工程表は，縦軸に工種，横軸に工期を表示したものであり，解体工事に適している。表の作成は簡単であり，工事全体の流れや各作業の手順・日程・日数を把握しやすい。ただし，各作業の関連性（順序）が把握しにくい。したがって，本肢の記述は適当である。

問題18 解体工事の施工管理に関する次の記述のうち，**最も不適当なものはどれか。**

(1) 工程管理は，他の施工管理とは異なり，PDCAの管理サイクルではなく，ネットワーク式の管理手法に基づいて行う。

(2) 見積書は，実行予算と比べると原価管理のための予算書としては適当ではない。

(3) 建設機械は，点検・保守・管理を確実に行い，故障を少なくして稼働率を上げることが重要である。

(4) 建設副産物（廃棄物）管理では，建設副産物を混合せずに分別することが重要である。

● 解答と解説 ●

(1) ネットワーク式工程表による管理は，各作業の順序，工程の流れが把握でき，工事途中での段取り替え等に速やかに対処できるが，各作業の歩掛かりが正しくなければ全体の精度が悪くなる。大規模工事では使用されるが，一般の解体工事ではあまり使用されない。したがって，本肢の記述は不適当である。

正解 (1)

(2) 原価管理とは，原価発生の原因や責任を明確にし，実行予算の範囲内で工事を完了させるための経理的管理業務である。見積りは，工事受注前に短時間で作成するため，詳細な条件等まで十分に検討されているとは限らず，原価管理の予算書としては適当ではない。したがって，本肢の記述は適当である。

(3) 建設機械は無理なく，無駄なく稼働させなければならない。工程に合わせて，的確な機種，適正な台数を確保し，配置する必要がある。そのため，点検・保守・管理を確実に行い，故障を少なくして稼働率を上げることが重要である。したがって，本肢の記述は適当である。

(4) 建設副産物（廃棄物）は関係法令等に従って厳正に管理しなければならない。建設副産物（廃棄物）の減量化・再資源化を図るには，建設副産物を混合せずに分別することが肝要である。したがって，本肢の記述は適当である。

問題19　解体工事における施工管理に関する次の記述のうち，**最も不適当なものはどれか。**

(1) 工程管理は，工事の進捗状況を検討しながら，最小限の労働力・資材・機械で最大限の効果が得られるような運用を図るための管理である。

(2) 原価管理において，実際原価と実行予算に差異が生じた場合は，その原因分析と改善対策を行い，必要があれば施工計画を再検討し，修正・改善等の処置を講じる。

(3) 環境保全管理は，騒音，振動，粉じん等を定期または定時に測定して管理するが，工事担当者が作業に慣れてくれば測定回数を減らすことも可能である。

(4) 建設副産物管理は，作業所と本社が連携して関係法令等に従って適正に管理するだけでなく，現場での廃棄物の分別，減量化および再資源化を図る。

● 解答と解説 ●

(3) 騒音・振動・粉じん等の工事公害を防止するためには，環境保全計画を盛り込んだ施工計画に基づいて的確に管理しなければならない。騒音・振動・粉じん等は，関係者に慣れが生じ，事態を悪化させることがあるので常に測定を怠らず注意して管理する必要がある。したがって，本肢の記述は不適当である。

正解 (3)

(1) 工程管理は，単なる時間管理ではなく，工事の進捗状況を検討しながら労働力・資材・機械等の効果的な運用を図るための管理である。したがって，本肢の記述は適当である。

(2) 原価管理では，実行予算（標準原価）を基準にして原価を統制および低減するとともに，標準原価と実際原価を比較してその差異を分析・検討して，必要があれば施工計画を再検討して修正・改善を行うなどの処置を講じなければならない。したがって，本肢の記述は適当である。

(4) 建設副産物（廃棄物）は，関係法令等に従って厳正に管理する必要があるだけではなく，不適正処理をしないよう，作業所と本社が連携して管理する。現場においても，建設副産物（廃棄物）の減量化・再資源化を図るため，建設副産物（廃棄物）を混合せずに分別することが肝要である。したがって，本肢の記述は適当である。

問題20 解体工事の準備作業における，引込配管（電気，ガス，水道，下水道，電話線等）の処理に関する次の記述のうち，**最も不適当なものはどれか。**

(1) 引込配管の使用を休止または廃止する手続きは，発注者（施主）が行う。

(2) 引込配管は，その敷地内において供給を遮断する必要がある。

(3) 使用中の引込配管がある場合は，配管図等を作成し，作業員に周知徹底させる必要がある。

(4) 使用中の引込配管が解体作業の支障となる場合は，配管に切り廻しをする必要がある。

● 解答と解説 ●

(2) 引込配管（電気，ガス，水道，下水道，電話線等）への供給は，敷地外で遮断する必要がある。したがって，本肢の記述は不適当である。

正解 (2)

(1) 建物が使用されなくなった時点で，使用者は電気，ガス，水道等の各事業者に休止もしくは廃止の手続きを取り，引込配管の使用を休止または廃止する。したがって，本肢の記述は適当である。

(3) 使用されている引込配管がある場合は，工事中に損傷しないよう，配管図等を作成して，作業員全員に周知徹底させる必要がある。したがって，本肢の記述は適当である。

(4) 引込配管が解体作業に支障を及ぼす場合には，配管の切り廻しの手続き，作業を実施する。したがって，本肢の記述は適当である。

問題21 解体工事の安全衛生管理に関する次の記述のうち，**最も不適当なものはどれか。**

(1) 除去した吹付け石綿に粉じん飛散抑制剤を散布した後，専用のプラスチック袋で二重に袋詰めして密封し，特別管理産業廃棄物「廃石綿」として処理した。

(2) 労働者数が常時50人以上の事業場だったので，安全衛生推進者を選任し，その者の氏名を作業場の見やすい箇所に掲示した。

(3) 足場の高さが18ｍの枠組足場の組立てにあたり，組立てから解体までの期間が50日であったので，足場の設置計画届を労働基準監督署に提出しなかった。

(4) 開口部周りの作業において，開口部の高さが1.5ｍであったので，開口部に囲い，手すり，覆い等を設けずに作業を行った。

● 解答と解説 ●

(2) 本肢は，労働安全衛生法令が規定する安全衛生推進者を選任すべき事業場の規模について問うているものである。労働安全衛生法12条の２および労働安全衛生規則12条の２で規定する規模は，常時10人以上50人未満の労働者を使用する事業場である。したがって，本肢の記述は不適当である。

正解 (2)

(1) 本肢では，石綿障害予防規則における除去した石綿含有吹付け材の梱包方法と廃棄物処理法における取り扱いとの２点について正確に理解しているかを問われている。

第１　除去した石綿含有吹付け材の梱包方法については，石綿障害予防規則32条１項が「事業者は…（中略）…当該石綿等の粉じんが発散するおそれがないように…（中略）…または確実な包装をしなければならない」と規定している。具体的には，石綿除去作業場所で石綿含有吹付け材を薬液等を散布して湿潤化させた状態で，作業場所内で廃棄専用の密閉できるふたのある容器，プラスチック袋（厚さ0.15㎜以上）に詰め，袋内に空気が残らないよう密封（1重目）するが，石綿を詰めたプラスチック袋は，外側に多量の石綿粉じんが付着しているため，セキュリティゾーンの前室で，袋の外側を真空掃除機で吸い取り，雑巾で除染し，もう1枚の清浄なプラスチック袋に収納し，接着テープで密封する（二重目の袋詰め）方法で行う。

第2　除去された石綿含有吹付け材は，廃棄物の処理及び清掃に関する法律（廃棄物処理法）上，特別管理産業廃棄物「廃石綿」として処分することになっている（産業廃棄物法施行令2条の4第5号ト）。

したがって，本肢の記述は適当である。

(3) 労働安全衛生法88条1項は，労働安全衛生規則85条別表7の12号に定める高さ10m以上の足場の設置について，その計画を足場組立て工事開始の日の30日前までに，所轄の労働基準監督署長に届けなければならないが，労働安全衛生規則85条2号で足場の組立てから解体までの期間が60日未満に該当する場合は届け出なくてよいと規定している。したがって，本肢の記述は適当である。

(4) 労働安全衛生規則519条1項は，「事業者は，高さ2m以上の作業床の端，開口部等で墜落により労働者に危険を及ぼすおそれある箇所には，囲い，手すり，覆い等を設けなければならない」と規定しており，本肢の開口部の高さが1.5mであったから，囲い，手すり，覆い等の墜落防止措置を講じなくても違法ではない。したがって，労働安全衛生法上，不適当とまでは言えない。

問題22 解体工事の安全衛生管理に関する次の記述のうち，**最も不適当なものはどれか。**

(1) 満17歳の男性が足場の組立て作業を行った。

(2) 高さ1mの箇所で作業を行う場合に，墜落防止のための作業床を設けなかった。

(3) 満17歳の男性が，重量10kgの物を取り扱う作業に従事した。

(4) 事業者が，足場の組立て・解体の作業を行う労働者を雇い入れるとき，一般健康診断を受けさせた。

● 解答と解説 ●

本設問は労働関係法令規定を正確に理解していることを求められている。

(1) 労働基準法62条では満18歳に満たない者に，厚生労働省令（「年少者労働基準規則」を言う）8条で定める危険な業務（足場の組み立て作業があたる）に就業させることを禁じている。したがって，本肢の記述は不適当である。

正解 (1)

(2) 労働安全衛生規則518条1項で「事業者は，高さが2m以上の箇所で作業を行う場合において墜落により労働者に危険を及ぼすおそれのあるときは，足場を組み立てる等の方法により作業床を設けなければならない」と規定している。したがって，本肢の記述は適当である。

(3) 本肢は，(1)と同じ法令が適用され，年少者労働基準規則の適用条文が異なるだけである。年少者労働基準規則7条で，満16歳以上18歳未満の男の労働者に就かせることができない重量物の重量は，継続作業で20kg以上，断続作業で30kg以上である。したがって，本肢の記述は適当である。

(4) 労働安全衛生法66条，労働安全衛生規則43条により，労働者を雇い入れるときは，当該労働者に対して健康診断を行うことが定められている。したがって，本肢の記述は適当である。

問題23 解体工事の安全衛生管理等に関する次の記述のうち，**最も不適当なものはどれか。**

(1) 計画の策定にあたっては，過去の災害事例を参考に危険を予測し，安全第一，品質第二，生産第三の心構えで行う。

(2) 朝礼を実施する際は，安全体操を行い，その日の作業手順・注意すべき点を説明し，関係者の健康状態や服装の点検も行う。

(3) 安全点検は，点検責任者を選任し，工事用設備や機械器具等について点検させるとともに，現場内を巡視させる。

(4) 現場の作業手順書は，事例を基に本社や支社等で全現場共通のものを作成する。

● 解答と解説 ●

(4) 作業手順書は，当該作業のやり方を単位作業ごとに，各種の「要素作業」に分解し，作業を進めるために最も良い順序を示したものである。作業手順書は，当該現場の特性と作業員の特性に留意する必要があり，全現場共通のものではなく，個々の現場ごとに作成しなければならない。したがって，本肢の記述は最も不適当である。

正解 (4)

(1) 安全衛生管理計画を作成するにあたっては，労働災害発生状況に限らず安全衛生管理活動状況などの情報の収集を端緒として具体的な現状分析を行い，そこから問題点を探りだし計画に生かす必要がある。本肢の「安全第一」「品質第二」「生産第三」は，米国のUSスチールの社長だったエルバート・ヘンリー・ゲーリーが1906年に経営方針に取り入れたところ，労働災害の減少と生産性の向上つながったことから，「安全第一」が標語として世界に広まったものである。したがって，本肢の記述は適当である。

(2) 本肢は建設業における安全施工サイクルのうち，職場体操・安全朝礼・安全ミーティング・作業開始前点検を一括りにして実施する方法を説明しているものである。したがって，本肢の記述は不適当とはいえない。

(3) 工事用設備，機械器具などについては，それぞれに点検責任者を決めて点検させる。さらに，あらかじめ他の点検者を指名して現場を巡回させ，不安定な状態や行動を発見したときは，その場で改善するか，自分の権限外であれば上司に報告させる必要がある。したがって，本肢の記述は不適当とはいえない。

問題24　解体工事における環境保全に関する次の記述のうち，**最も不適当なものはどれか。**

(1) 発生する総体的な騒音を，敷地境界線から10m離れた位置で測定した。
(2) 特定建設作業の届出にあたり，付近見取図や工事工程表等，必要な書類を添付した。
(3) 騒音・振動の発生源をできるだけ隣接建物から離した。
(4) 粉じんの飛散を防止するために，高水圧が得られる散水機によって散水した。

● 解答と解説 ●

(1) 建設工事の総体的な騒音を測定する場合には，工事現場の敷地境界線で測定する。測定方法は，日本産業規格 JIS Z 8731「環境騒音の表示・測定方法」に定める騒音レベルの測定方法による。したがって，本肢の記述は不適当である。

正解 (1)

(2) 指定地域内において「特定建設作業」を伴う建設工事を施工しようとする者は，特定建設作業実施届出書に加えて付近見取図および工事工程表などを添付する必要がある。したがって，本肢の記述は適当である。

(3) 騒音・振動は，発生源からの距離に比例して減衰する性質がある。騒音・振動を建設現場外へ伝播することを抑制するためには，発生源を隣接建物からできるだけ離隔することが有効である。したがって，本肢の記述は適当である。

(4) 解体工事に伴って発生する粉じんの飛散を抑制するには，散水が有効であり，広い面積へ散水するには高水圧の得られる散水機を用いる。したがって，本肢の記述は適当である。

問題 25 騒音規制法における「特定建設作業」の届出に関する下表の組合せのうち，**正しいものはどれか。**

	届出先	届出者	届出期限
(1)	市町村長	建築主	作業開始の 14 日前まで
(2)	都道府県知事	元請業者	作業開始の 14 日前まで
(3)	市町村長	元請業者	作業開始の 7 日前まで
(4)	都道府県知事	建築主	作業開始の 7 日前まで

● 解答と解説 ●

騒音規制法では，建設作業のうち著しい騒音を発生する作業であって政令で定めるものを特定建設作業といい規制の対象としている。規制基準値は工事の敷地の境界線で 85dB である。

解体工事で発生する騒音には，重機やエアコンプレッサーのエンジン音，油圧シャベルや大型ブレーカなどの作業音があり，特に空気圧式のブレーカは音圧レベルが高く大多数の人が不快と感じる騒音である。

規制地域は，住宅が集合している地域，病院または学校の周辺地域，その他騒音防止を行う必要があると認める地域で市町村長の意見を聞いて都道府県が指定地域として公示することになっている。

騒音規制法では，指定区域内において「特定建設作業」を伴う建設工事を施工しようとする者は，所定の届出書を提出しなければならないことになっており，届出先は市町村長で，届出者は元請業者，届出期限は作業開始の 7 日前となっている。したがって，(3) が正解である。

正解 (3)

問題26　図は，木造軸組構法の手作業・機械作業併用による分別解体作業の一般的な流れ図である。Ⓐ～Ⓓにあてはまる作業の組合せで**正しいものはどれか**。

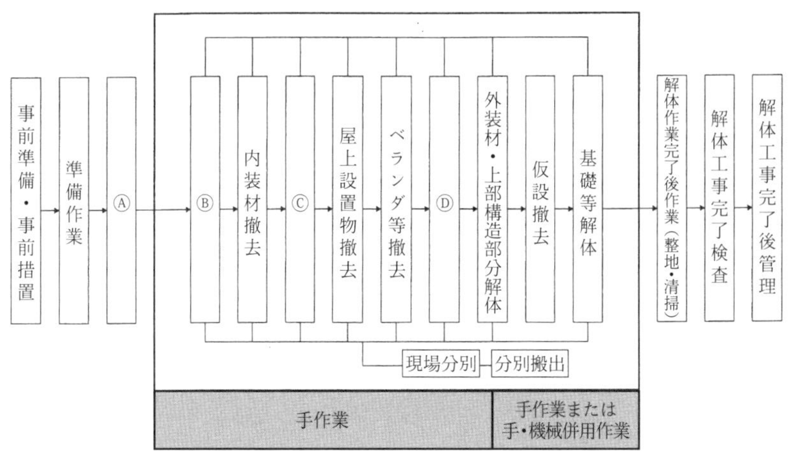

作業の内容：ア　建築設備撤去
　　　　　　イ　仮設設置
　　　　　　ウ　屋根葺材撤去
　　　　　　エ　内・外部建具撤去

	Ⓐ	Ⓑ	Ⓒ	Ⓓ
(1)	ア	イ	ウ	エ
(2)	イ	エ	ア	ウ
(3)	エ	イ	ウ	ア
(4)	イ	ア	エ	ウ

● **解答と解説** ●

図26．1は，最も一般的な作業の流れである。

①外部足場・養生シート・仮設トイレ・仮設水道などの仮設物を仮設計画に基づき設置した後，電気・ガス・水道など建築設備を撤去。

②内装材を撤去した後，畳・窓ガラス・雨戸などの内・外建具を手作業にて撤去。

③屋上設置物，ベランダ等撤去した後，屋根葺材を撤去する。

④屋根面に太陽光温水器やアンテナ等が設置されている場合は，屋根葺材の撤去に先立ち撤去する。

正解 (4)

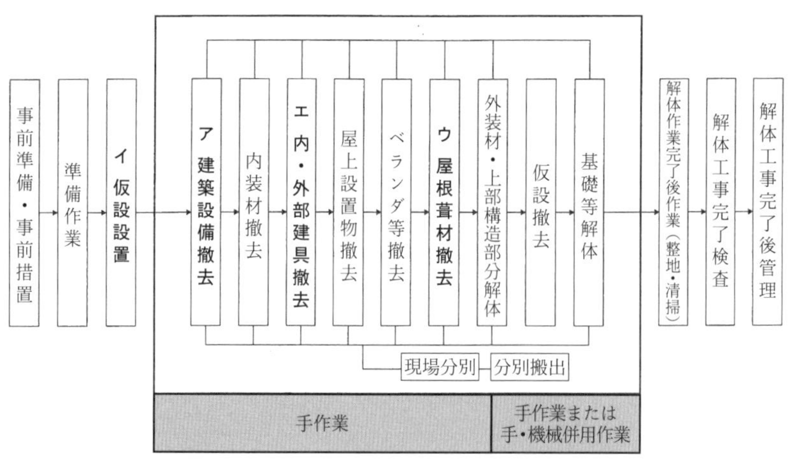

図26. 1　分別解体作業の一般的な流れ

問題27　木造建築物の解体作業に関する次の記述のうち，**最も不適当なものはどれか。**

(1) せっこうボードは，手作業で撤去して現場内で分別するが，再資源化しない場合は管理型最終処分場で処分を行う。

(2) 屋上の設置物やベランダ等の撤去は解体工法にかかわらず手作業で行うが，金属製のベランダは他の金属部分の撤去時期に合わせて行う。

(3) 仮設作業において仮設材の補強を行う際は，鉛直方向に崩落する危険性がある場合は筋かい等，水平方向に転倒する危険性がある場合はサポート類で補強する。

(4) 浄化槽を撤去する際は，事前に内部の残留物の除去や清掃を行い，必要に応じて山留等を設置して，隣接構造物等に影響のないようにする。

● 解答と解説 ●

(3) 鉛直方向に崩落する危険性がある場合はサポート類，水平方向へ転倒する危険性がある場合は筋かい等で補強する。したがって，本肢の記述は不適当である。

正解 (3)

(1) 解体工事現場から発生するせっこうボードは金物の混入，塗料やクロスの付着や水に濡れている場合が多いことなどの理由により再資源化が容易ではないため，管理型最終処分場で処分する例も少なくない。したがって，本肢の記述は適当である。

(2) 金属製屋根材などほかの金属部分の撤去時期に合わせれば，集積・搬出などの面から効率的である。したがって，本肢の記述は適当である。

(4) 浄化槽法に基づき浄化槽を撤去する際は必ず浄化槽内の清掃・消毒をする。清掃を行わずに撤去作業を進めると，汚水や汚物が地下水路などを通って周辺環境に悪臭や汚染といった影響を及ぼす。隣地との境界付近に設置されている場合は，山留等を設置して隣地構造物等に影響のないようにする。したがって，本肢の記述は適当である。

問題28 木造建築物の解体作業に関する次の記述のうち，**最も不適当なものはどれか。**

(1) ガラス付きの建具は破損しないよう撤去し，専用容器や搬出用車両の荷台の中でガラスを割る。

(2) 瓦類を屋根上からダンプの荷台などへ投下する場合は，投下設備を使用し監視人を置く。

(3) 解体作業にともなう振動等により倒壊の危険性があるときは，事前に補強しておく。

(4) 植栽を撤去する際，根が隣地境界塀や配管類の下に入り込んでいる場合は，切断せずにそのまま重機で垂直に引き抜く。

● 解答と解説 ●

(4) 根が配管類の下に入り込んでいる場合は事前に根をチェーンソー等で切断し，埋設管や隣地境界塀等が破損しないようにする。したがって，本肢の記述は不適当である。

正解 (4)

(1) ガラス付きの建具は撤去・運搬する際に破損しないようにする。ゴーグル等の保護具を着用しコンテナ等の専用容器や搬出用の車輌の荷台の中でガラスを割る。したがって，本肢の記述は適当である。

(2) 屋根葺材は，解体工法にかかわらず手作業で撤去する。この場合，屋根上での瓦類の運搬は手渡しで行い，屋根上から運搬車輌の荷台へ投下する場合，または3m以上の高さの場合は必ず，周囲に投下物が飛散しない構造の投下設備を使用する。したがって，本肢の記述は適当である。

(3) 一般的な木造建築物等の低層建築物の場合は，解体作業に際して構築物自体を補強する例は多くないが，老朽化や罹災等により，解体作業にともなう振動等により倒壊の危険性があるときは事前に補強しておく。したがって，本肢の記述は適当である。

問題29　図のようなトラス形式の鉄骨造建築物の鉄骨骨組の解体手順として，**最も適当なものはどれか。**

①鉄骨柱の切断

②合掌および陸梁の切断

③棟木・母屋材の切断

④切断した合掌材等の二次切断

(1) ② → ④ → ③ → ①

(2) ③ → ④ → ② → ①

(3) ② → ③ → ④ → ①

(4) ③ → ② → ④ → ①

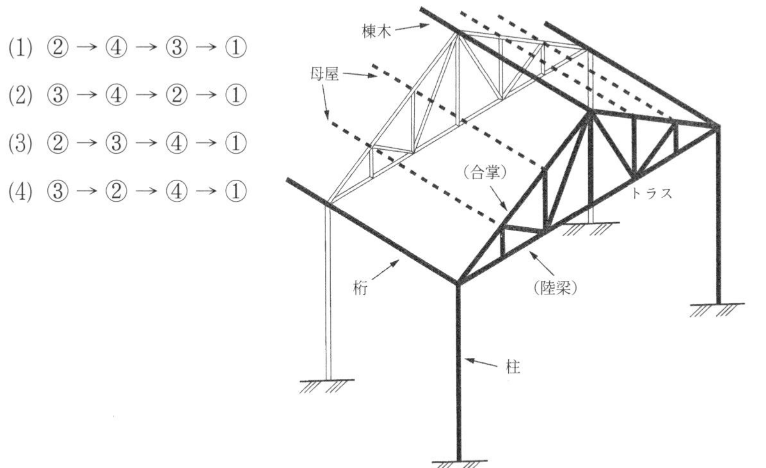

● 解答と解説 ●

トラス形式の鉄骨造建築物における鉄骨骨組の解体では，解体途中で構造体が不安定な状態にならないように施工することが重要である。解体手順としては，建築物の上部から下部に向けて順に解体を進める形式となり，問題文の選択肢では「③棟木・母屋材の切断」→「②合掌および陸梁の切断」→「④切断した合掌材等の二次切断」→「①鉄骨柱の切断」の順となる。したがって，最も適当なのは (4) である。

正解 (4)

問題30 鉄骨造建築物の解体作業に関する次の記述のうち，**最も不適当なものはどれか。**

(1) ALC板等の外装材は，原則として鉄骨躯体解体前に先行して撤去する。

(2) 鉄骨の再利用を目的とした解体では，柱や梁等の主要部分に使用されているボルトを溶断する場合は，部材本体にできる限り熱を加えないようにする。

(3) 高さ 5 m以上の鉄骨造建築物を解体する際には，「建築物等の鉄骨の解体等作業主任者」を選任する。

(4) ガス溶断器で鉄骨を解体する際には，「ガス溶接技能講習」修了者に作業させる。

● 解答と解説 ●

(3)「高さ」とは，鉄骨等の金属製の部材により構成されるものそのものの高さをいい，地上等からの高さをいうものではない。また，その高さが 5 m以上となる予定のものについては， 5 m未満であるときにも作業主任者の選任が必要である。したがって，本肢の記述は不適当である。

正解 (3)

(1) ALC 板等の外装材が付いた状態での躯体解体は，重機解体中に外装材の落下の危険や，分別を困難にする場合があるため，原則として先行撤去するのが望ましい。したがって，本肢の記述は適当である。

(2) 再利用を目的とした場合には，柱や梁等の主要部材の取付に使用されているボルトまたはリベットを溶断するときは部材本体に熱を加えて変質させないようにする。したがって，本肢の記述は適当である。

(4) 労働安全衛生法に基づく労働安全衛生規則では，可燃性ガスと酸素を用いて行う金属の溶接・溶断・加熱の作業に従事する者は，原則としてガス溶接技能講習の修了者でなければならないことになっている（労働安全衛生法第 61 条－1 より政令第 20 条 10 号　可燃性ガスおよび酸素を用いて行う金属の溶接，溶断または加熱の業務)。したがって，本肢の記述は適当である。

問題31　鉄筋コンクリート造建築物の解体作業に関する次の記述のうち，**最も不適当なものはどれか。**

(1) 圧砕機のオペレーターは，最初に作業開始面の外壁を解体し，各部材を見通せる視界を確保した。

(2) 柱を転倒させるときは，柱脚部の側面の主筋，内側の主筋の順に切断し，外側の主筋は転倒防止のため最後まで残した。

(3) 外壁を2階分残すこととしたので，外壁を支持する柱および梁を残して安定した形状とした。

(4) 騒音やコンクリート塊の飛散を抑制するために内部スパンを先行して解体し，最後に外周スパンを解体した。

● 解答と解説 ●

(2) 柱を転倒させるときは転倒防止のため転倒方向に対して内側の主筋を最後まで残す。したがって，本肢の記述は不適当である。

正解 (2)

(1) 圧砕機による地上解体は作業開始面の外壁を解体し，各部材を見通せる視界を確保することから始める。したがって，本肢の記述は適当である。

(3) 外壁を残す際は，転倒する恐れがないように，柱，梁が安定した形状で残すことが必要である。したがって，本肢の記述は適当である。

(4) コンクリート造の解体は解体開始面を除けば，一般的に内部の柱，壁，床を解体し，最後に外周スパンを解体する。したがって，本肢の記述は適当である。

問題32　鉄筋コンクリート造建築物の外周部の解体に関する次の記述のうち，**最も不適当なものはどれか。**

(1) ベランダ等の外壁の外側に張り出している部分は，先行して解体し，重心が外側にいかないようにする。

(2) 外周部の壁端部および梁端部の垂直方向縁切りを行う場合は，最初に梁筋を切断し，壁筋は上から下の順に切断する。

(3) 外壁の転倒作業前に，防じんと衝撃音抑制のためのクッション材（コンクリート塊等）を積む等の養生を行う。

(4) 外壁の転倒作業は，原則として１フロア，１スパンごとに行う。

● 解答と解説 ●

(2) 外周部の垂直方向縁切りを行う場合には，下から上に切断し，梁筋を最後に切ることで作業中の不意な転倒を防ぐ。したがって，本肢の記述は不適当である。

正解 (2)

(1) ベランダ等の外側に重心のかかる躯体は先行して解体することで意図しない外側への転倒を防ぐ。したがって，本肢の記述は適当である。

(3) 躯体と躯体が直接衝突するとその衝撃と振動で近隣に影響が出る可能性があるため，外壁転倒時には転倒する場所にあらかじめクッション材を積んで衝撃を抑制する。したがって，本肢の記述は適当である。

(4) 外壁は意図しない方向への転倒を防ぐため，また転倒時の衝撃等も考慮して，１フロア１スパンごとに行うのが原則である。したがって，本肢の記述は適当である。

問題33　鉄筋コンクリート造建築物の解体作業に関する次の記述のうち，**最も適当なものはどれか。**

(1) 重機を，積み上げたコンクリート塊の上に乗せる場合は，積み上げたコンクリート塊の勾配や締まり具合に十分注意する。

(2) 階上解体工法による場合は，床のサポートの本数は経験に基づき決定する。

(3) 油圧孔拡大機工法とは，基礎などにブレーカで孔をあけ油圧拡大機を挿入し，油圧で孔を拡大させ解体する工法である。

(4) 圧砕作業を行う場合は，外部養生足場と外壁との間隔をできるだけ狭くする。

● 解答と解説 ●

(1) 敷地状況などからやむを得ず重機をコンクリート塊の上に乗せる場合には，できる限り平らにし，コンクリートの締まり具合にも十分注意して作業する。したがって，本肢の記述は適当である。

正解 (1)

(2) 階上解体工法を行う場合，揚重する重機の重量，躯体の構造などを考慮し，構造計算等を行ってサポートの位置・本数を決定する。したがって，本肢の記述は不適当である。

(3) 油圧孔拡大機のための穴は一定の大きさでなければならないため，ブレーカではなく削岩機を使って孔をあける。したがって，本肢の記述は不適当である。

(4) 圧砕作業を行う場合，外部養生と外壁との間隔は圧砕機が作業できる程度の適度な間隔（300～500㎜）をあけることが望ましい。したがって，本肢の記述は不適当である。

問題34 構造物の解体作業に関する次の記述のうち，**最も不適当なものはどれか。**

(1) 既製コンクリート基礎杭をスパイラルケーシングによって引き抜く工法は，作業効率は高いが，騒音・振動が大きい。

(2) 鉄筋コンクリート造煙突をハンドブレーカやハンドクラッシャで解体する工法では，一般的に，煙突上部で発生したコンクリート塊は煙突の内側に投下する。

(3) 橋台の解体作業を行う場合は，背面土砂の崩落等の危険性があるので，施工計画で予定した高さ以上の解体を行わない。

(4) 擁壁をハンドブレーカで解体する場合は，先行してハンドブレーカ作業用の安全な足場を架設する。

● **解答と解説** ●

(1) スパイラルケーシングはオーガマシンの回転音だけの低騒音・低振動工法である。したがって，本肢の記述は不適当である。

正解 (1)

(2) 発生したコンクリート塊は煙突内部に投下し，煙突下部に設置した開口部からコンクリート塊を搬出する。したがって，本肢の記述は適当である。

(3) １回に解体する高さは施工計画書に指示された所定の高さまでとし，予定量以上の解体作業をしてはならない。また背面土砂の動きや地下水について異常を発見した場合には，速やかに適切な処置を講ずる。したがって，本肢の記述は適当である。

(4) ハンドブレーカ作業用の足場は，通常の場合傾斜した足場となるので，単管本足場などを先行して設置する。したがって，本肢の記述は適当である。

問題35　海外で事例があるいわゆる爆破解体が日本で行われない理由として，**最も不適当なものはどれか。**

(1) 解体材の飛散による事故の恐れ

(2) 騒音・振動・粉じん等の環境問題

(3) 日本の爆破解体施工技術力の不足

(4) 地域封鎖時の防犯問題

● 解答と解説 ●

解体における日本の総合技術は高く，周辺技術の高さと業としての技術力の高さからすれば，適用実績そのものがないものの，世界有数の高い耐震性能を有する構造物への対応を図る必要があるが，条件さえそろえば爆破解体は難しくはないといえる。

しかしながら，適用以前の問題として，日本は人口密度が高く，解体材の飛散，有害物質等の環境問題，周囲を封鎖することの経済的損失・保証，封鎖時の防犯の観点から，爆破解体のメリット以上にデメリットが大きいことは明らかであり，現在の日本の状況では，爆破解体の採用について議論の余地が少ないといえる。したがって，最も不適当なものは(3)である。

正解 (3)

問題36 解体作業に関する次の記述のうち，**最も不適当なものはどれか。**

(1) 高さ10mのコンクリート製電柱を撤去する際には，「コンクリート造の工作物の解体等作業主任者」の選任が必要である。

(2) ケーシングをセットした杭抜き機によって基礎杭を引き抜く際には，「車両系建設機械運転技能講習（解体用）」の修了者の選任が必要である。

(3) ブレーカを使用する作業を行う際には，「コンクリート破砕器作業主任者」の選任は必要ない。

(4) 鉄筋コンクリート造橋の解体を行う際には，「コンクリート橋架設等作業主任者」の選任は必要ない。

● 解答と解説 ●

本問は，労働安全衛生法令が定める技能講習修了者を就かせる作業または業務の有無を問うものである。

(2) 本肢では，杭抜き機の機体重量が明示されていないが，3t以上の杭抜き機によって基礎杭を引き抜く際には，「車両系建設機械運転技能講習（基礎工事用）」の修了者の選任が必要であって「車両系建設機械運転技能講習（解体用）」の修了者は該当しないので間違いである。

一方，機体重量が3t未満の杭抜き機については，労働安全衛生法59条3項，労働安全衛生規則36条9号に該当し，特別教育修了者に就かせることができる。

なお，「車両系建設機械運転技能講習（解体用）」修了者の選任を必要とする機械は，労働安全衛生法施行令20条12号別表7第6号および労働安全衛生規則151条の175に規定する①ブレーカ　②鉄骨切断機　③コンクリート圧砕機　④解体用つかみ機の運転の業務である。

正解 (2)

(1) 労働安全衛生法14条で，労働安全衛生法施行令6条15号の5に規定する「コンクリート造の工作物（その高さが5m以上であるものに限る）の解体または破壊の作業」については作業主任者を選任しなければならない」と規定している。厚生労働省の解釈例規によると，「コンクリート造」には，解体する部分にコンクリートが用いられているものを含むとし，「工作物」とは，土地に固定した人工的なものをいうと解していることから，「コンクリート製電柱」の解体は，「コンクリ―ト造の工作物」にあたる。したがって，本肢の記述は適当である。

(3) ブレーカの運転は，労働安全衛生法施行令13条3項9号別表七第6－1に掲げる**解体用機械**であり，労働安全衛生規則43条別表第三により，その技能講習修了の資格が必要となる。一方，コンクリート破砕器作業主任者は，労働安全法14条で労働安全衛生法施行令6条8号の2に規定する**コンクリート破砕器**を用いて行う破砕作業を行う場合に選任されるものである。したがって，本肢の記述は適当である。

(4) 鉄筋コンクリート造橋の解体工事は，労働安全衛生法施行令6条15号の5の「コンクリート造の工作物の解体または破壊の作業」にあたり，「コンクリート橋架設等作業主任者」の選任が必要となるのは同施行令6条16号規定の「橋梁の上部構造であって，コンクリート造の架設または変更」の作業で解体工事とは無関係である。したがって，本肢の記述は適当である。

問題37 解体工事現場より排出される次の産業廃棄物のうち，廃棄物処理法等の規定により，**安定型最終処分場に埋め立てできないものは，次のうちどれか。**

(1) 断熱材等のガラス繊維くず

(2) 発泡スチロール

(3) ブリキ・トタンくず

(4) 絨毯（じゅうたん）

● 解答と解説 ●

安定型最終処分場は，遮水構造を有せず，水処理施設も設置されない埋立処分場である。そのため，地下水に影響を与えない安定型産業廃棄物である廃プラスチック類，ゴムくず，金属くず，ガラスくず・コンクリートくず（工作物の新築，改築または除去に伴って生じたものを除く）および陶磁器くず，がれき類のみが埋め立てできる処分場である。

(4) 絨毯（じゅうたん）は一般的に羊毛，綿，麻等で織り込まれており廃棄物の種類としては「繊維くず」に該当するので，安定型最終処分場に埋め立てできない。

正解 (4)

(1) 断熱材等のガラス繊維くずは，ガラスくず・コンクリートくずおよび陶磁器くずに該当し，安定型最終処分場に埋立処分できる。

(2) 発泡スチロールは，廃プラスチック類に該当し，安定型最終処分場に埋立処分できる。

(3) ブリキ・トタンくずは，金属くずに該当し，安定型最終処分場に埋立処分できる。

問題38 建設資材や設備等に使用されている有害物質に関する次の記述のうち，**最も不適当なものはどれか。**

(1) せっこうボードには，ヒ素やカドミウムが使用されたものがある。

(2) 煙突用断熱材には，水銀が使用されたものがある。

(3) 非常用電源の蓄電池には，鉛やカドミウムが使用されたものがある。

(4) 大型冷凍機には，フロンガスが使用されたものがある。

● 解答と解説 ●

(2) 煙突用断熱材には石綿が含有されたものがあるが，水銀が使用されたものはない。したがって，本肢の記述は不適当である。

正解 (2)

(1) 石こうボードには，原料となる副生せっこうにヒ素やカドミウムが混入していたことがあり，これらを含有している石こうボードがある。したがって，本肢の記述は適当である。

(3) 蓄電池には，鉛蓄電池，ニカド蓄電池等があり，鉛やカドミウムが電極として使用されている。したがって，本肢の記述は適当である。

(4) 大型冷凍機には，冷媒としてフロンガスが使用されているものがある。したがって，本肢の記述は適当である。

問題39 建設資材廃棄物の再資源化等に関する次の記述のうち，**最も不適当なものはどれか。**

(1) コンクリート塊を路盤材等に加工するために搬入する再資源化施設は，「がれき類」を許可品目とする産業廃棄物処分業の許可を受けている施設でなければならない。

(2) ガラス系建設資材廃棄物の再資源化は，リサイクルコストも安価であるため，板ガラスや瓶ガラスにリサイクルされることが多い。

(3) プラスチック系建設資材廃棄物の再資源化には，マテリアル，ケミカル，サーマルなどの方法があり，セメント原燃料，固形燃料（RPF）油化などの形態がある。

(4) 瓦，タイル，サイディングなどの窯業系建設資材廃棄物は，リサイクル技術がまだ確立されておらず，安定型最終処分場に埋立処分することが多い。

● 解答と解説 ●

(2) ガラス系建設資材廃棄物は，分別して回収すれば技術的には再資源化が可能ではあるが，現状は大部分を産業廃棄物として安定型最終処分場で埋立処分されている。種類ごとの高度な分別が必要なこと，回収ルートが未整備であること，原料が安くリサイクルコストが割高になっていることなどから，再資源化が課題となっている。したがって，本肢の記述は不適当である。

正解 (2)

(1) コンクリート塊は，一般的に売却できないために，産業廃棄物として「がれき類」に分類され，搬入する再資源化施設は産業廃棄物処分業の許可（がれき類）が必要となる。したがって，本肢の記述は適当である。

(3) 社団法人プラスチック処理促進協会の 2016 年発行の統計によると，廃プラスチックは排出量の80%以上が再資源化されている。その実情は，本肢の記述通りである。したがって，本肢の記述は適当である。

(4) 窯業系建設資材廃棄物の処理の実情は，本肢の記述通りである。したがって，本肢の記述は適当である。

問題40　解体工事現場から発生する産業廃棄物の再資源化に関する次の記述のうち，**最も不適当なものはどれか。**

(1) CCA処理木材については，CCAが注入されている可能性がある部分を分離・分別するのが困難なため，すべてをCCA処理木材として焼却処分を行った。

(2) ガラスくずについては，分別して回収すれば技術的に再資源化は可能であるが，種類ごとの高度な分別や回収ルートが未整備等の課題があり，現状は産業廃棄物として安定型最終処分場に埋立処分することが多い。

(3) アスファルト・コンクリート塊については，再資源化等の処理施設まで他人に運搬を委託する場合は，がれき類の収集運搬の許可を持った産業廃棄物収集運搬業者に委託する必要がある。

(4) プラスチックの全排出量の約4分の3が再資源化されないまま，焼却や埋立処分されている。

● 解答と解説 ●

(4) 社団法人プラスチック処理促進協会の2016年発行の統計によると，廃プラスチックは排出量の80%以上が再資源化されており，セメント原燃料，固形燃料（RPF），油化などの形態で行われている。したがって，本肢の記述は不適当である。

正解 (4)

(1) CCA処理木材は，有害なクロム（Cr），銅（Cu）ヒ素（As），を主成分とする防腐剤を浸透させている。不用意に焼却すると，ヒ素を含む有害な排気ガスが出るほか，焼却灰に有害なクロム，銅が含まれることになる。適切な排ガス処理装置を備えるなどの処理基準に適合した（許可を得た）廃棄物焼却炉で焼却することが必要になる。したがって，本肢の記述は適当である。

(2) ガラスくずについては，本肢の記述通りである。したがって，本肢の記述は適当である。

(3) アスファルト・コンクリート塊は一般には売却できず，処理施設で再資源化するために処理費を支払っているため，産業廃棄物となる。よって，運搬の委託にあたっては，許可を有する産業廃棄物収集運搬業者と廃棄物処理委託契約書を取り交わすことが必要となる。したがって，本肢の記述は適当である。

問題41　石綿含有建材の取り扱いに関する次の記述のうち，**最も適当なものはどれか。**

(1) 建物の竣工年が昭和55年以降であれば，石綿含有建材が使用されている可能性はない。

(2) 木造住宅の解体工事で発生する0.1m³以下の少量の石綿含有建材は，他の廃棄物と混合して処分することができる。

(3) 石綿含有量が１％（重量比）以下の建材は，一般の産業廃棄物として扱うことができる。

(4) 石綿等を取り扱う作業場では，作業者の喫煙，飲食を禁止し，その旨を掲示する。

● 解答と解説 ●

(4) 石綿障害予防規則第33条において，本肢に記述の通り定められている。したがって，本肢の記述は適当である。

正解 (4)

(1) 石綿を重量で0.1%を超えて含有している建材が規制対象となる石綿含有建材である。平成18年９月の改正労働安全衛生法施行令において，この石綿の製造，使用が禁止された。それ以降に施工された建築物には石綿含有建材が使用されていない。したがって，本肢の記述は不適当である。

(2) 廃棄物処理法において，廃石綿等および石綿含有産業廃棄物はその量にかかわらず他の廃棄物と混合しないように処分することが求められている。したがって，本肢の記述は不適当である。

(3) 廃棄物処理法において，石綿含有量が重量で0.1%を超えるものが石綿含有産業廃棄物として他の廃棄物と区分して取り扱うことが定められている。したがって，本肢の記述は不適当である。

問題42　解体工事の主任技術者として，令和３年４月以降には，**認められない者は次のうちどれか。**

(1) 平成27年度以前に，とび技能士（１級）に合格しているが，登録解体工事講習（建設業施行規則に基づく国土交通大臣登録講習）は受講していない者

(2) 平成27年度以前に，一級建築士に合格し，登録解体工事講習（建設業施行規則に基づく国土交通大臣登録講習）を受講した者

(3) 平成27年度以前に，（公社）全国解体工事業団体連合会の実施する解体工事施工技士試験に合格しているが，登録解体工事講習（建設業施行規則に基づく国土交通大臣登録講習）は受講していない者

(4) 平成27年度以前に，２級土木施工管理技士（土木）に合格し，登録解体工事講習（建設業施行規則に基づく国土交通大臣登録講習）を受講した者

● 解答と解説 ●

「解体工事業」の新設を受けて，既に「とび・土工工事業」の許可を受けている業者については，引き続き解体工事業の許可を受けずに解体工事を施工することが可能とされた，法律上の経過措置は，令和元年５月31日をもって終了している。

その一方で，解体工事業の技術者については，改正省令第７条の３により，**表42. 1**のように定められたが，この試験が実施された令和２年12月６日時点では，**令和３年３月31日**までの間は，既存のとび・土工工事業の技術者に限り，法律上の経過措置が認められていた。

令和３年４月１日以降は，**表42. 1**に示された要件を満たすことが必須であるが，**表42. 1**中の※１の資格の平成27年度までの合格者については，「解体」が試験範囲にされていないことから，解体工事に関する実務経験１年以上また

は登録解体工事講習の受講が必要であった。また，表 42.1 中※２技術士（建設部門または総合技術監理部門（建設））合格者については，当面の間合格年度に限らず，解体工事に関する実務経験１年以上または登録解体工事講習の受講が必要であった。

なお，令和２年 12 月６日の試験終了後，新型コロナウイルス感染症の拡大による登録解体工事講習の受講機会の減少等を受け，国土交通省不動産・建設経済局建設業課から令和３年３月 24 日に公布の「とび・土工工事業の技術者を解体工事業の技術者とみなすこととする経過措置期間の延長について」の通達により，**令和３年６月 30 日まで**，とび・土工工事業の技術者を解体工事業の技術者として認めるとする経過措置が延長されている。

(2) 試験実施日においては，一級建築士は，既存のとび・土工工事業の技術者に限り，令和３年３月までは，解体工事業の技術者として，監理技術者としても，主任技術者としても認められていたが，その後３カ月の経過措置延長はあったものの，令和３年７月以降は，合格年，登録解体工事講習の受講の有無に限らず，「一級建築士」の資格は，解体工事業の監理技術者としても，主任技術者としても認められなくなった。したがって，本肢が正解である。

正解 (2)

(1) とび技能士（１級）に合格している者は，**表 42．１**によれば，合格年度によらず，解体工事の主任技術者要件を満たす。

(3) （公社）全国解体工事業団体連合会の解体工事施工技士試験は，**表 42．１**における「登録技術試験（種別：解体工事）」に該当し，合格者は，(1) のとび技能士（１級）に合格者同様，合格年度によらず，解体工事の主任技術者要件を満たす。

(4) 平成 27 年度以前の２級土木管理技士（土木）合格者は，**表 42．１**によれば，登録解体工事講習を受講すれば，解体工事業の主任技術者としても認められる。

表 42. 1　解体工事業の技術者要件（改正省令第7条の3）

●監理技術者要件
次のいずれかの資格等を有する者 ・1級土木施工管理技士※1 ・1級建築施工管理技士※1 ・技術士（建設部門又は総合技術監理部門（建設））※2 ・主任技術者としての要件を満たす者のうち，元請として4,500万円以上の解体工事に関し2年以上の指導監督的な実務経験を有する者
●主任技術者要件
次のいずれかの資格等を有する者 ・監理技術者の資格のいずれか ・2級土木施工管理技士（土木）※1 ・2級建築施工管理技士（建築又は躯体）※1 ・とび技能士（1級） ・とび技能士（2級）合格後，解体工事に関し3年以上の実務経験を有する者 ・登録技術試験（種目：解体工事） ・大卒（指定学科※3）3年以上，高卒（指定学科※3）5年以上，その他10年以上の実務経験 ・土木工事業及び解体工事業に係る建設工事に関し12年以上の実務の経験を有する者のうち，解体工事業に係る建設工事に関し8年を超える実務の経験を有する者 ・建築工事業及び解体工事業に係る建設工事に関し12年以上の実務の経験を有する者のうち，解体工事業に係る建設工事に関し8年を超える実務の経験を有する者 ・とび・土工工事業及び解体工事業に係る建設工事に関し12年以上の実務の経験を有する者のうち，解体工事業に係る建設工事に関し8年を超える実務の経験を有する者

※1 平成27年度までの合格者に対しては，解体工事に関する実務経験1年以上又は登録解体工事講習の受講が必要。
※2 当面の間，解体工事に関する実務経験1年以上又は登録解体工事講習の受講が必要。
※3 解体工事業の指定学科は，土木工学又は建築学に関する学科。

問題43 労働安全衛生法令に関する次の記述のうち，**最も不適当なものはどれか。**

(1) 小型移動式クレーンのつり上げ荷重が2.95トンであったので，運転の業務をクレーン運転に関する特別教育修了者に行わせた。

(2) フルハーネス型安全帯を使用する高所作業を，フルハーネス型安全帯を用いて行う業務に関する特別教育修了者に行わせた。

(3) 高さ90cmの脚立を2点支持で足場にして作業をすることになったので，足場の組立て，解体等の作業に係る業務に関する特別教育修了者に行わせた。

(4) 石綿含有建材の除去作業があったので，石綿等が使用されている建築物または工作物の解体等の作業に係る業務に関する特別教育修了者に行わせた。

● **解答と解説** ●

(1) 労働安全衛生法61条1項において「クレーンの運転その他の業務で，政令の定めるものについては，都道府県労働局長の当該業務に係る免許を受けた者または都道府県労働局長の登録を受けた者が行う当該業務に係る技能講習を修了した者その他厚生労働省令で定める資格を有する者でなければ，当該業務に就かせてはならない」と規定され，これを受けて労働安全衛生法施行令20条7号において「つり上げ荷重が1t以上の移動式クレーンの運転」と規定されている。したがって，クレーンの特別教育修了では就くことができないので，最も不適当である。

正解 (1)

(2) 労働安全衛生法59条3項の委任命令である労働安全衛生規則36条41号では，特別教育修了が必要な業務として「高さが2m以上の箇所であって，作業床を設けることが困難なところにおいて墜落制止用器具のうちフルハーネス型のものを用いて行う作業に係る業務」と規定している。したがって，本肢の記述は適当である。

(3) 労働安全衛生法令で「足場」とは，「建設部物の高所部に対する塗装，部材の取付けまたは取りはずし等の作業において，労働者を作業箇所に接近させて作業させるために設ける仮設の作業床およびこれを支持する仮設物」と定義されており，脚立を2点支持や3点支持などで使用する場合は，足場となる。労働安全衛生法59条3項，労働安全衛生規則36条39号で「足場の組立て，解体または変更の作業に係る業務については，特別教育修了者を就かせなければならない」と規定されており，足場の高さに関係なく特別教育修了者にさせなければならない。したがって，本肢の記述は適当である。

(4) 労働安全衛生規則36条37号で石綿障害予防規則4条1項に規定されている①石綿等が使用されている建築物，工作物または船舶の解体等作業②石綿等の封じ込めまたは囲い込みの作業に係る業務などについては特別教育修了者にさせなければならないとしている。したがって，本肢の記述は適当である。

なお，令和3年4月1日より石綿障害予防規則4条1項が改正施行されたため，労働安全衛生規則36条37号1項に掲げる作業に係る業務が，『石綿等が使用されている「解体等対象建築物等」（当該解体対象となる建築物，工作物または船舶で解体等の作業に係る部分に限る）の解体または改修（封じ込めまたは囲い込みを含む）等の作業（「石綿使用建築物等解体作業」）に係る業務』となる。「解体等対象建築物等」には，石綿等が使用されているものとみなされるものも含まれる点に留意しなければならない。

問題44 労働安全衛生法令等に関する次の記述のうち，**最も不適当なものはどれか。**

(1) 労働保険は，労働災害補償保険と雇用保険の総称である。

(2) 建設現場における安全衛生管理および災害防止の義務は，労働者にある。

(3) 使用者には，雇用契約を結んだ労働者に対して，雇用計画に基づく作業において職業病が発生しないようにする安全配慮義務がある。

(4) 使用者には，労働者の業務上の災害について補償する責任がある。

● 解答と解説 ●

(2) 安全管理・災害防止の必要性は，心理的，倫理的，経済的といった様々な視点から説明できるが，特に重要なことは法的には，労働安全衛生法などが，事業者の責任として職場の安全を維持することを義務付けていることである。したがって，本肢の記述は不適当である。

正解 (2)

(1) 本肢は，労働保険の保険料の徴収等に関する法律２条１項で「労働保険とは，労働者災害補償保険法による労働者災害補償保険と雇用保険法による雇用保険を総称する」と定義している。したがって，本肢の記述は適当である。

(3)「安全配慮義務」とは，使用者は労働契約に伴い，労働者がその生命，身体等の安全を確保しつつ労働することできるよう必要な配慮をすること（労働契約法５条）である。したがって，本肢の記述は適当である。

(4) 労働基準法は，業務上の負傷，疾病，障害，死亡という災害を被った労働者または遺族に対して使用者が負うべき災害補償責任を定めている（同法75条から88条までの14条）。したがって，本肢の記述は適当である。

＜補足＞

労働基準法における災害補償制度の補償義務者は使用者である。使用者が無資力の場合は，補償が行われないことが危惧されることから，労働基準法制定と同年に災害補償責任を保険化し，政府が保険者となって，労働者を使用する事業を適用事業として労災保険制度を運営することとし今日に至っている。

問題45 廃棄物処理法に関する次の記述のうち，**最も不適当なものはどれか。**

(1) 産業廃棄物の処理は，排出事業者が自らの責任において適正に処理することを基本理念とする。

(2) 排出事業者が産業廃棄物の処理を委託する場合には，産業廃棄物管理票（マニフェスト）を交付し，管理することが義務付けられている。

(3) 産業廃棄物管理票（マニフェスト）を交付した事業者は，当該マニフェストの写し（いわゆるＡ票）を交付した日から２年間保存しなければならない。

(4) 産業廃棄物の運搬受託者または処分受託者は，産業廃棄物管理票（マニフェスト）の交付を受けずに産業廃棄物の引き渡しを受けてはならない。

● 解答と解説 ●

(3) 産業廃棄物管理票を交付した事業者は，当該マニフェストの写し（いわゆるＡ票）を運搬終了通知（いわゆるＢ２票），処分終了通知（いわゆるＤ票），最終処分終了通知（いわゆるＥ票）とともに５年間保存することが義務付けられている。したがって，本肢の記述は不適当である。（廃棄物処理法施行規則第８条の21の２）

正解 (3)

(1) 廃棄物処理法第11条に，本肢の通り定められている。本肢の記述は適当である。

(2) 本肢の記述は適当である。（廃棄物処理法第12条の３）

(4) 本肢の記述は適当である。（廃棄物処理法第12条の４第２項）

問題46 建設リサイクル法に関する次の記述のうち，**最も不適当なものはどれか。**

(1) 特定建設資材に指定されているものとしては，PC版，コンクリート平板，ALC板，セメント瓦，普通れんが，軽量コンクリート，合板，木質系セメント板，などがある。

(2)「木材が廃棄物となったもの」は，指定建設資材廃棄物に指定されており，再資源化に制約のある場合には縮減を行うことができる。

(3) 建設資材廃棄物の縮減とは，焼却，脱水，圧縮その他の方法により建設資材廃棄物の大きさを減ずる行為である。

(4) 発注者から直接解体工事を請け負う業者は，発注者に対して解体する建物等の構造や分別解体の計画など，法で定められた事項の書面を交付して説明する必要がある。

● 解答と解説 ●

(1) 特定建設資材とは，コンクリート，アスファルト・コンクリート，木材および鉄とコンクリートからなる資材とされている（建設リサイクル法施行令第1条）。したがって，ALC板，セメント瓦，普通れんが，木質系セメント板は特定建設資材とはならない。したがって，本肢の記述は不適当である。

正解 (1)

(2) 本肢の記述は適当である。（建設リサイクル法第16条，同施行令第4条）

(3) 本肢の記述は適当である。（建設リサイクル法第2条第7項）

(4) 本肢の記述は適当である。（建設リサイクル法第12条）

問題47 建設リサイクル法における対象建設工事に**該当しないものは，次のうちどれか。**

(1) 延べ床面積520 m²のアパートで，工事金額9,000万円の新築工事

(2) 延べ床面積1,400 m²の事務所ビルで，工事金額３億円の新築工事

(3) 延べ床面積10,000 m²の集合住宅で，工事金額１億2,000万円の修繕工事

(4) 延べ床面積70 m²の戸建て住宅で，工事金額100万円の解体工事

● 解答と解説 ●

建設リサイクル法における，分別解体および再資源化等の実施義務の対象となる建設工事の規模に関する基準は以下の通りである。

①建築物の解体工事では床面積 80 m²以上

②建築物の新築または増築の工事では床面積 500 m²以上

③建築物の修繕・模様替え等の工事では請負代金が１億円以上

④建築物以外の工作物の工事（土木工事等）は請負代金が 500 万円以上

新築工事の基準は，床面積 500 m²以上のため，(1)(2) は該当する。

修繕工事の基準は，工事金額１億円以上のため，(3) は該当する。

解体工事の基準は，床面積 80 m²以上のため，(4) は該当しない。

したがって，本問の正解は (4) となる。

正解 (4)

問題48　建設リサイクル法に関する次の記述のうち，**最も不適当なものはどれか。**

(1) 存置された基礎・基礎杭のみを解体する工事で，元の建築物の床面積が不明であったが請負金額が450万円であったため，分別解体を行わなかった。

(2) 建設業法の解体工事業許可を取得していたので，隣県での解体工事を請け負う際に建設リサイクル法による隣県の知事の登録を受けなかった。

(3) 木造倉庫の解体工事で，木製コンクリート型枠が残置されていたので，発注者に処分を依頼した。

(4) 隣接する敷地に建っているそれぞれ延べ床面積が80㎡である２つの建築物の解体工事に際し，公衆の見やすい場所１カ所に，自社の商号，名称または氏名，登録番号その他事項を記載した標識を掲げた。

● 解答と解説 ●

(4) それぞれの建築物が延べ床面積80㎡であり，それぞれを建設リサイクル法に則って解体工事する必要があり，標識は１カ所ではなく，それぞれの建築物について１カ所ずつ（合計２カ所）に掲げる必要がある。したがって，本肢の記述は不適当である。

正解 (4)

(1) 上部の建物が既にない基礎・基礎杭の解体工事は，建物の一部を解体する工事であり，当該工事に係る部分の延べ面積の合計が基準にあてはまる場合について，建設リサイクル法の対象建設工事となる。元の建築物の床面積は不明であるため，本肢の記述は不適当とはいえない。ただし，どんな場合でも分別解体を行う方が望ましい。

(2) 建設業法の解体工事業許可を取得している場合は，建設リサイクル法による隣県の知事の登録は不要である。したがって，本肢の記述は適当である。

(3) 建物と一体でない残置物は，事前措置として発注者が搬出しなければならない。したがって，本肢の記述は適当である。

問題49　建設リサイクル法に関する次の記述のうち，**最も不適当なものはどれか。**

(1) 建設業を営む者は，廃棄物の再資源化により得られた建設資材を使用するよう努めなければならない。

(2) 発注者は，分別解体および廃棄物の再資源化等に要する費用について，適正な負担をしなければならない。

(3) 建設リサイクル法の対象建設工事では，解体した特定建設資材を当該現場内で分別作業することが義務付けられている。

(4) 建設リサイクル法の対象建設工事の発注者は，工事に着手する日の５日前までに分別解体等の計画等を都道府県知事に届け出なければならない。

● 解答と解説 ●

(4) 建設リサイクル法第10条において，工事に着手する日の７日前までに都道府県知事に届け出なければならないと定められている。したがって，５日前とする本肢の記述は不適当である。

正解 (4)

(1) 建設リサイクル法第５条において，建設業を営む者の責務として定められている。したがって，本肢の記述は適当である。

(2) 建設リサイクル法第６条において，発注者の責務として定められている。したがって，本肢の記述は適当である。

(3) 建設リサイクル法第９条において，分別解体等の実施義務が定められている。したがって，本肢の記述は適当である。

問題50　大気汚染等に関する次の記述のうち，**最も不適当なものはどれか。**

(1) 粉じん対策として，解体する建築物の周囲に，騒音対策を兼ねた養生材（防音パネル，防音シート等）を隙間なく設置するのがよい。

(2) 浮遊粉じんは，粒径が小さく肺胞に沈着する可能性があり，喘息（じん肺），肺炎などの疾病を発症させることがある。

(3) 発注者からフロン類の回収の委託を受けた特定解体工事元請業者は，「第一種フロン類引渡受託者」となり，発注者から「委託確認書」の交付を受け，自らフロン類の回収を実施する。

(4) フロン類は，オゾン層を破壊し，温室効果も大きい物質であり，生産・輸入が規制されている。

● 解答と解説 ●

(3) フロン排出抑制法により，発注者から解体工事を請け負った解体業者には，特定解体工事元請業者（以下，単に「元請業者」という。）としてフロン類を使用している業務用エアコン等（第１種特定製品）の有無を調査し，書面で発注者に説明することが義務付けられている。フロン類の第１種フロン類充填回収業者（以下，「回収業者」という）への引き渡しは，発注者（第１種特定製品廃棄等実施者）が自ら「回収依頼書」を交付して行うのが基本である。ただし，発注者がフロン類の回収業者への引き渡しを元請業者に委託することができ，その場合，元請業者は，発注者から「委託確認書」の交付を受け「第１種フロン類引渡受託者」となり，フロン類の回収業者への引き渡しを行う。フロン類の回収は，都道府県知事の登録を受けた「第１種フロン類充填回収業者」でないとできない。したがって，本肢の記述は最も不適当である。

正解 (3)

(1) 本肢の記述は適当である。

(2) 浮遊粉じんは，喘息（じん肺）などの疾病を発症させることはあるが，肺炎は感染症であり，浮遊粉じんとは関連がない。したがって，本肢の記述は適当ではないが，(3)と比較して最も不適当とは言えない。

(4) フロン類には，CFC，HCFC，HFCなどがあるが，全ての物質が高い温暖化係数をもつ温室効果ガスである。また，そのうちCFCなど特定フロンとされるものはオゾン層を破壊するガスでもある。そのため，生産・輸入が規制されている。したがって，本肢の記述は適当である。

［記述式問題］

［問題1］ 下記の建築物の解体工事を発注者から直接請け負った。あなたが責任者として，工事着工から完了まで現場を管理するとして，次の問1－1から問1－5までの問いに答えなさい。

【解体する建物の概要】

(1) 敷地面積　：134.5㎡
(2) 建築面積　：61.3㎡
(3) 延べ床面積　：105.2㎡（1階　61.3㎡，2階　43.9㎡）
(4) 構　　造　：木造2階建て（在来軸組構法）
　　基礎はコンクリート造布基礎
(5) 用　　途　：住宅（1980年竣工）
(6) 外部仕上げ　：外壁　窯業系サイディング（石綿含有建材ではない）
　　屋根　住宅屋根用化粧スレート（石綿含有建材）
　　屋根ふき面積は70㎡。
(7) 内部仕上げ　：天井・壁はせっこうボード下地にクロス仕上げ

【立地・作業条件】

(1) 近隣は住宅が密集した住居地域である。
(2) 駐車禁止地区であるため，車両は道路に止められない。
(3) 作業時間は，午前8時から午後5時までとする。

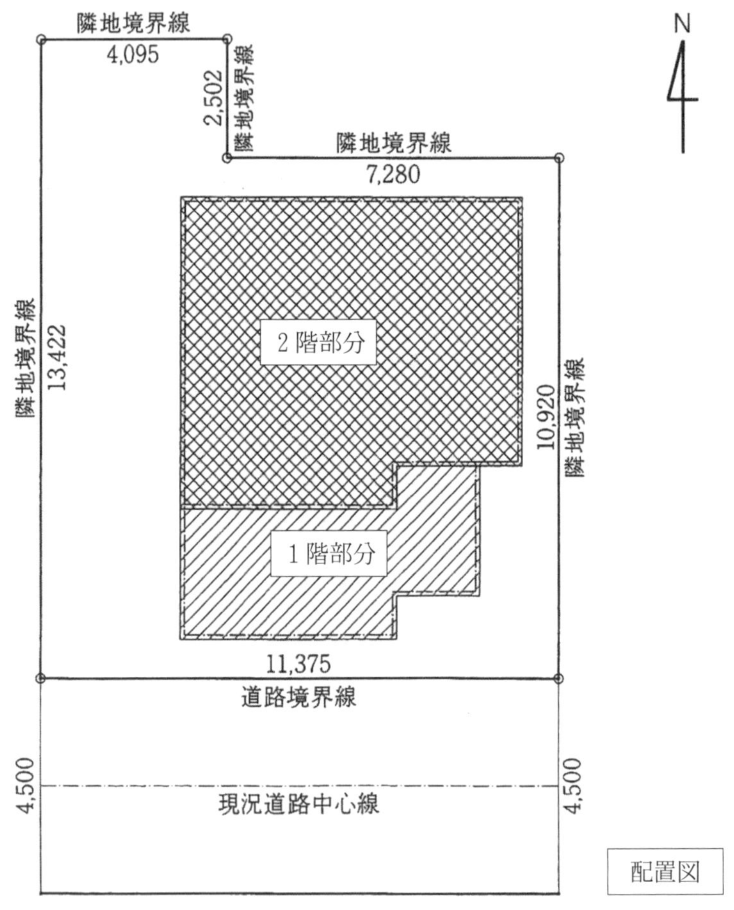

隣地境界線
4,095
2,502
隣地境界線
隣地境界線
7,280
N
隣地境界線
13,422
2 階部分
1 階部分
10,920
隣地境界線
11,375
道路境界線
4,500
現況道路中心線
4,500
配置図

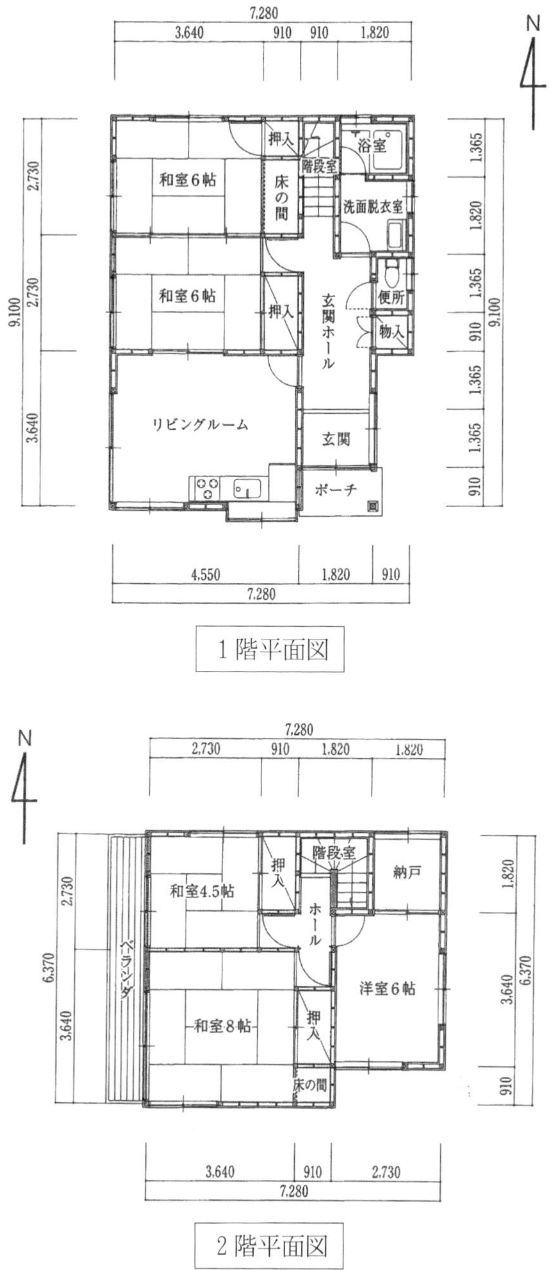
7,280
3,640
910
910
1,820
N
押入
浴室
階段室
和室６帖
床の間
洗面脱衣室
和室６帖
押入
玄関ホール
便所
物入
リビングルーム
玄関
ポーチ
2,730
2,730
3,640
9,100
1,365
1,820
1,365
910
1,365
1,365
910
9,100
4,550
1,820
910
7,280
N
7,280
2,730
910
1,820
1,820
押入
階段室
納戸
和室4.5帖
ホール
ベランダ
洋室６帖
和室８帖
押入
床の間
2,730
3,640
6,370
1,820
3,640
6,370
910
3,640
910
2,730
7,280

１階平面図

２階平面図

西立平面図

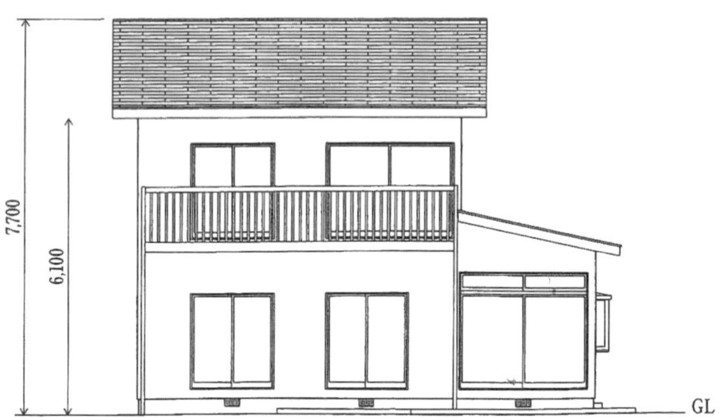

南立平面図

問１－1 当該解体工事の事前調査を行うとき，特に必要と思われる調査事項を次の欄に３つ記述しなさい。

(1) ＿＿＿＿＿＿＿＿＿＿

(2) ＿＿＿＿＿＿＿＿＿＿

(3) ＿＿＿＿＿＿＿＿＿＿

問１－2 当該解体工事現場に関する事前の届出等について，次の［　　］の中に適切な語句・数値を記入しなさい。

建設リサイクル法の対象となる解体工事の規模基準は延べ床面積［　　］m²であり，この建築物の解体工事は建設リサイクル法の届出対象となるので，［　　］者は，工事に着手する［　　］日前までに［　　］へ届出が必要である。

問１－3 内装材（せっこうボード）の撤去作業および保管・搬出作業について，その方法と留意点を具体的に記述しなさい。

(1) 取外し作業：＿＿＿＿＿＿＿＿＿＿

(2) 保管・搬出作業：＿＿＿＿＿＿＿＿＿＿

問１－4 「住宅屋根用化粧スレート（石綿含有建材）」の取外し作業について，必要な資格・装備・飛散防止対策を具体的に記述しなさい。

(1) 資格について：＿＿＿＿＿＿＿＿＿＿

(2) 装備について：＿＿＿＿＿＿＿＿＿＿

(3) 飛散防止対策について：

問１－5　当該建築物を分別解体して発生する「木くず」および「住宅屋根用化粧スレート」のおよその排出量を記入しなさい。

(1) 木くず：約（　　）トン

(2) 住宅屋根用化粧スレート：約（　　）トン

● 解答と解説 ●

問１－1の解答例（以下のいずれかを３つ回答する）

・用途，履歴，老朽度や構造形式・規模あるいは設備などの当該建物に関する情報の確認

・有害物・危険物，地中埋設物等の建物に付属するものの確認

・隣地建物や近隣施設の状況（病院，学校等），周辺道路の状況などの敷地周囲に関する情報の確認

・資機材や廃材など，重機・車両等の搬出入経路の確認

・副産物の種類と量，廃棄物処理施設の所在地・能力などの副産物の処理に関する情報の確認

問１－2の解答例

建設リサイクル法の対象解体工事の規模基準は延べ床面積（**80**）m²であり，この建築物の解体工事は建設リサイクル法の届け出対象となるので，（**発注※**）者は，工事に着手する（**７**）日前までに（**都道府県知事**）へ届出が必要である。

※「**発注者および自主施工（者）**」でも正解。

問１－3の解答例

(1) 取外し作業：

・手作業による分別解体が原則となる。

(2) 保管，搬出作業：

・石膏ボードは，水分を含まないように保管し，異物と混じらないように搬出する。

問１－4の解答例

(1) 資格について：

・石綿作業主任者を選任し，石綿作業従事者特別教育修了者に作業させる。

(2) 装備等について：

・レベル3の適切な呼吸用保護具（マスク），ヤッケなどの石綿粉塵の付着しにくい作業服などの装備が必要である。

(3) 飛散防止対策について：

・作業者の安全に配慮したうえで，こまめに湿潤化するとともに，できるだけ原形のまま取り外し，袋詰め等を行う。

問１－5の解答例

(1) 木くず約9.5トン

木くずの排出量原単位（延べ床面積あたり）は，全解工連調査：約87kg/㎡，国交省H12センサス：約98kg/㎡とされており，おおよそ9.2～10.3tと計算される。

87kg/㎡×105.2㎡＝9152.4kg＝9.2 t，98kg/㎡×105.2㎡＝10309.6kg＝10.3 t

(2) 住宅屋根用化粧スレート約1.4トン

化粧スレートの排出量原単位（屋根面積あたり）は約20kg/㎡であり，おおよそ1.4tと計算される。

20kg/㎡×70㎡＝1400kg＝1.4 t

※廃棄物の排出量原単位は，建物によって多少異なるため，上記の±15%程度でも正解と考えられる。

［問題２］ 下記の鉄筋コンクリート造建築物の解体工事を発注者から直接請け負った。地上解体工法により解体工事を行うとした場合，あなたが責任者になって工事着工から完了まで現場を管理するとして，次の問２－１から問２－５までの問題に答えなさい。

【解体する建築物の概要】

(1) 敷地面積　　：1,450.02㎡　敷地内の高低差なし

(2) 構　　造　　：鉄筋コンクリート造
　　基礎は，既製コンクリート杭打ちフーチング基礎

(3) 建築規模　　：４階建て
　　建築面積　253.89㎡
　　軒高　11.53 m

(4) 延床面積　　：1,185.03㎡

(5) 用　　途　　：共同住宅（24戸）

【立地・作業条件】

(1) 当該敷地は角地にあり，敷地の南面，東面には集合住宅が建っている。

(2) 敷地西側市道の幅員は8.4 m，北側市道の幅員は9.2 mである。

(3) 県道の車道及び歩道の交通量は多い。

(4) 作業時間は，午前８時から午後５時までとする。

(5) 敷地境界には高さ３mの万能鋼板の仮囲いを設置し，解体建物外周３面には枠組足場と防音パネルを軒高より1.5 m上まで設置する。

(6) 基礎の杭は存置し，フーチング基礎までを撤去する。

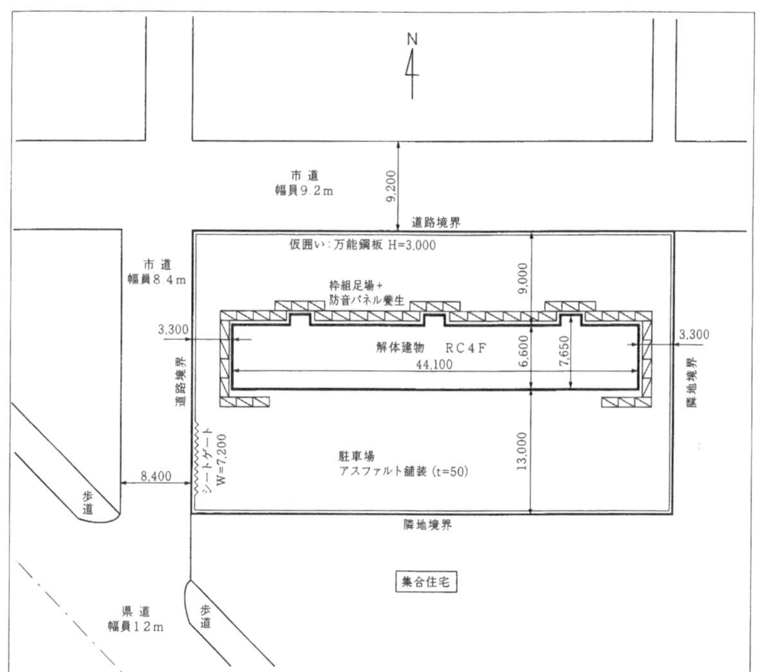

問２－１　この建物には下記のような仕上材が使用されている。

このうち，事前に石綿含有分析調査が必要と思われるものには○，必要ないと思われるものには×をつけなさい。

（　）外壁：仕上塗装　　（　）屋上：アスファルト防水

（　）台所：床長尺シート　　（　）バルコニーの戸境壁：ケイ酸カルシウム板

（　）リビング：木製フローリング

問２－２　着工前に必要な許可申請手続きまたは届出の名称，および選任・配置が必要な作業主任者の名称を記入しなさい。

(1) 許可申請手続きまたは届出の名称

①

②

③

(2) 選任・配置が必要な作業主任者の名称

①

②

問２－３　当該解体工事において安全面からの注意が必要と思われる事項を，４つ記述しなさい。

①

②

③

④

問２－４　当該工事により発生するコンクリート及び鉄筋のおよその量を記入しなさい。

コンクリートの発生量：約（　　）トン

鉄筋の発生量　　　　：約（　　）トン

問２－５　主として「圧砕工法」で施工し，下記の条件により，着工から完了までの実稼働日数を70日として，バーチャート工程表を作成しなさい。

【条件】

(1) 解体範囲　：建物は基礎フーチングまで解体（杭は存置）し，敷地内駐車場のアスファルト舗装は撤去する。

(2) 使用重機　：0.7m³バックホウ・ロングブーム（15ｍ）　１台
0.7m³バックホウ　２台

(3) 運搬車両　：隣接道路には重量による通行規制はない。

(4) 気象条件　：悪天候その他のトラブルはない。

(5) 事前措置　：近隣挨拶，各種許可等の手続，既存設備の休廃止等は完了している。

(6) その他　　　：各戸のトイレの天井に使用されているケイ酸カルシウム板は石綿含有建材であり，総面積は24㎡である。

【工　程　表】 ※横向き

日数	1	2	3	4	5	6	7	8	9	10	11	12	13	14	15	16	17	18	19	20	21	22	23	24	25	26	27	28	29	30	31	32	33	34	35	36	37	38	39	40	41	42	43	44	45	46	47	48	49	50	51	52	53	54	55	56	57	58	59	60	61	62	63	64	65	66	67	68	69	70
仮囲																																																																						
石綿含有建材撤去																																																																						
内部造作撤去																																																																						
建物養生																																																																						
上屋解体																																																																						
基礎フーチング解体																																																																						
駐車場舗装撤去																																																																						
発生材処理																																																																						
整地・片付																																																																						

● 解答と解説 ●

問２－１の解答

アスベストが含有している可能性のあるものを選ぶ。問題以外に含有の可能性がある建材をあげると，天井ヒル石吹付，台所吊戸棚下部フレキシブルボード，壁ビニル巾木，等がある。

（○） 外壁：仕上げ塗装 （○）屋上：アスファルト防水

（○） 台所：床長尺シート （○）バルコニーの戸境壁：ケイ酸カルシウム板

（×）リビング：木製フローリング

問２－２の解答例

それぞれ，作業に必要な許可・届出および作業主任者の名称を記入する。

(1) 許可申請手続きまたは届出の名称

＊リサイクル法に関する届出，特定建設作業の届出（騒音・振動），特殊車両通行許可，等

(2) 選任・配置が必要な作業主任者の名称

＊コンクリート工作物の解体等作業主任者，足場の組立等作業主任者，等

問２－３の解答例

自身の経験を踏まえて，鉄筋コンクリート造の地上解体工事において注意しなければならない事項を記入する。

＊重機作業範囲内を立入禁止にする，車両の入出場時は誘導員の指示に従う，壁解体時は残す足場の控えを十分に取る，壁解体時には必要に応じて控えワイヤーを取る，等

問２－４の解答例

建設廃棄物発生量を予測するための原単位には，いくつか公表されているものがあるが，本設問にあるコンクリートと鉄筋の両方の原単位が掲載されているものは少ない。そこで，全国解体工事事業団体連合会の解体工事施工技術講習テキストに掲載のある新築工事に投入される資材量から推計すると以下となる。

コンクリートの発生材量：約（2,079.6）トン

鉄骨の発生量　　　　　：約（89.5）トン

一般的なコンクリート造建築物（マンション）の場合，単位床面積当たりの資材投入量は，コンクリートが約0.763㎥／㎡，鉄筋が約0.0755t／㎡とされる。（「構造種別・用途別の単位床面積当たりの資材投入量」より）。

延べ床面積は1185.03㎡なので，コンクリートの発生量は1185.03×0.763=904.2㎥，コンクリートの密度2.3（t／㎥）を掛けて2079.6tとなる。

鉄筋の発生量は1185.03×0.0755=89.5tとなる。

なお，廃棄物の発生量は建物ごとに異なるので，上記の±15%であれば正解と考えられる。

問２－５の解答例

＊仮囲はすべての作業に先んじて行う。

＊指定された日数（70日）に合わせた工程とする。

＊石綿建材撤去作業は内部造作撤去より先に行う。

＊各工事のバランス等を考慮した工程を作成する。

以上を考慮してバーチャート工程表を作成する。解答の例を**図２．１**に示す。

図２．１ 【工　程　表】※横向き

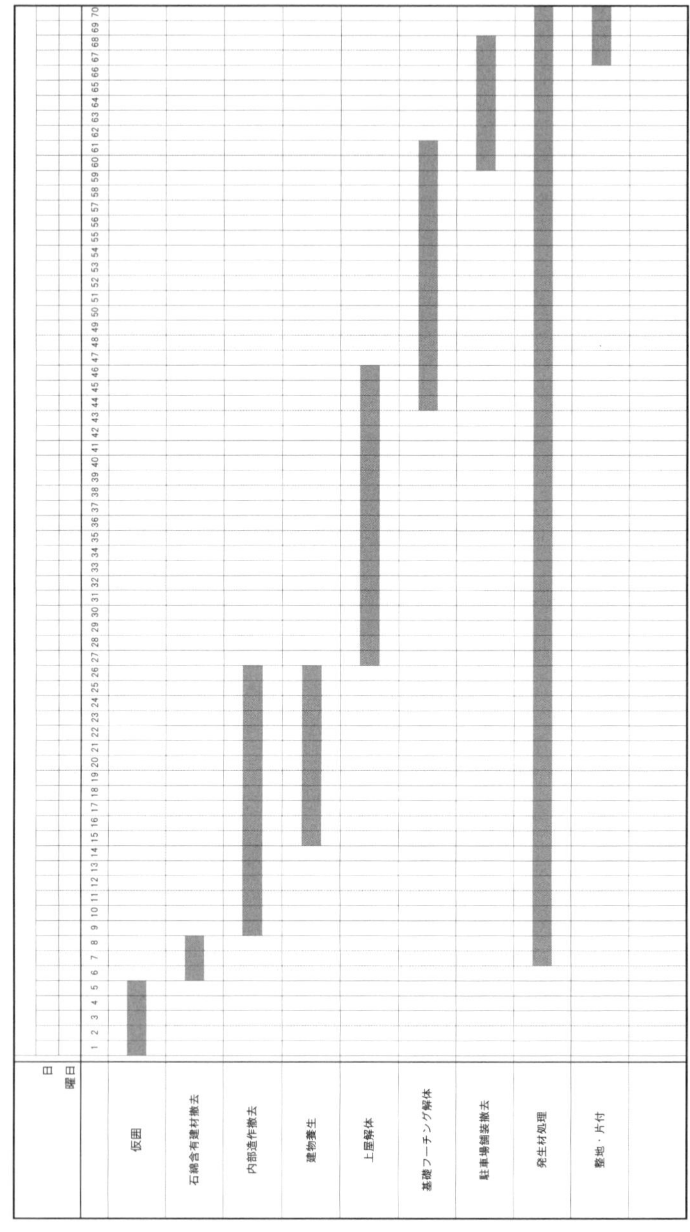
日
曜日
仮囲
石綿含有建材撤去
内部造作撤去
建物養生
上屋解体
基礎フーチング解体
駐車場舗装撤去
発生材処理
整地・片付

［**問題３**］ 集中豪雨による洪水で，１階部分が完全に水没し，内部に土砂，流木等が流入して半壊状態にある木造住宅を解体する場合，留意すべき点を３つ記述しなさい。

①
②
③

● 解答と解説 ●

解答例

① 半壊状態にある木造住宅であり、解体作業にともなう振動などにより倒壊する危険性があるので、解体作業実施の前に補強を行う必要がある。補強方法を決めるための事前調査を実施する。

② 半壊状態にあるため、解体前に建物内部に入って残存物品を処理することができない。このため、解体作業により発生する廃棄物の中に必要なものが含まれている可能性が高いので、仮置きして所有者に必要の有無を判断して貰う。

③ １階部分が水没し、内部に土砂、流木が流入している状態であるので、解体に伴い発生する廃棄物の処理を考える必要がある。そのため、ミンチ解体以外の解体工法を選定する。

［問題４］ 解体工事において，熱中症の危険が予想される作業内容を３つ記述しなさい。また，作業前・作業中・作業後に分けて，熱中症の予防・安全対策について記述しなさい。

危険が予想される作業内容
①
②
③

予防・安全対策	
①　作業前	
②　作業中	
③　作業後	

● 解答と解説 ●

外気温が高くなると体内の熱が外気に放出されにくくなることに加え，汗の蒸発が不十分となり気化熱が体温を下げる働きが弱まる。その結果，体内の水分や塩分などのバランスが崩れ，体内の調節機能が破綻して熱中症を発症する。その症状は，めまい・失神，頭痛，吐き気・嘔吐，意識障害・痙攣などであるが，重症化すると死に至る危険がある。昨今の夏場の異常気象が頻発する状況において，解体工事は屋外での作業が中心となるため作業者の熱中症対策に従前以上に配慮する必要がある。以上を踏まえて，以下の事項を参考に回答するとよい。

危険が予想される作業内容については，以下のような事項が挙げられる。

・直射日光があたるスラブ上での解体作業

・通風のない屋内での内装材の解体作業

・直射日光のあたる屋根上での解体作業

作業の各段階における予防・安全対策については，以下のような事項が挙げられる。

①作業前

・現場の気象状況を調べ暑さ指数（WBGT値）を把握し，その情報を関係者に周知する。

・作業者の健康状態を確認する。

・作業者が通気性や透湿性のよい作業着を着用していることを確認する。

・休憩場所の整備。

②作業中

・水分や塩分をこまめに補給し，状況に応じて冷却用品などで作業者の体温の上昇を抑制する。

・日除けや通風をよくするための設備を設置し，作業中は適宜散水する。

・熱中症予防情報メールサービスなどにより，作業中の気象状況（温湿度，暑さ指数など）を把握し，作業休止時間や休憩時間を適切に確保する。

・作業者の健康状態に異常が無いか，適宜巡視する。

③作業後

・スポーツドリンクなどで水分や塩分を補給する。

・作業者の健康状態を確認する。

・空調設備のある屋内にて身体を適度に冷やす。

・休憩や睡眠を充分に取る。

[**問題5**] 解体工事における感染症（コロナ：covid-19）対策について，解体工事の施工管理者（解体工事施工技士）として留意すべき事項を300字以内で記述しなさい。

横書きしてください

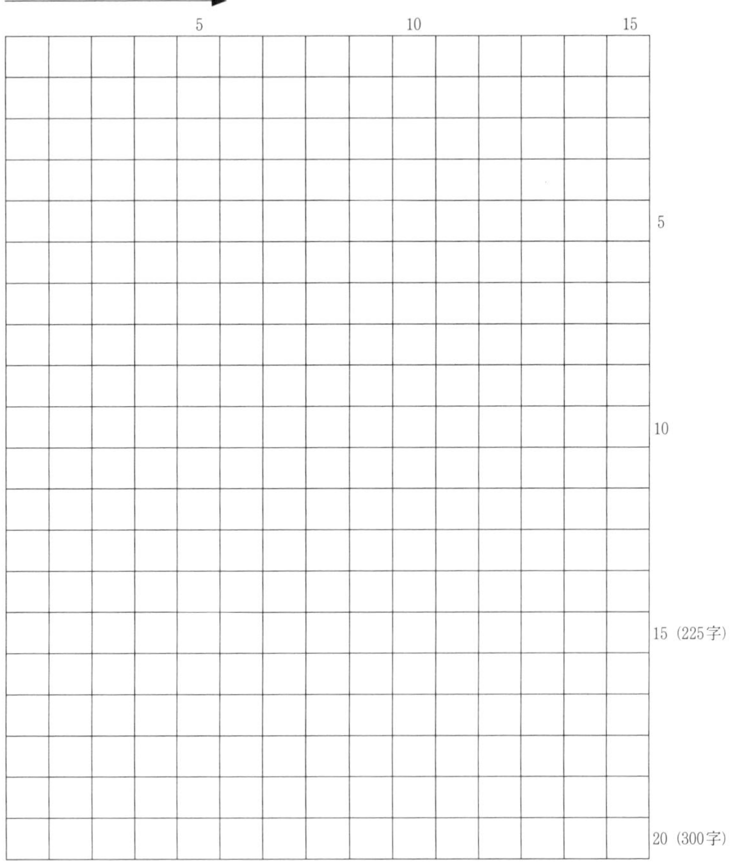

● 解答と解説 ●

小論文の出題では，解体工事施工技士として，解体に関して最新の話題・情報を常に理解し，自分なりの見解が日頃の業務を踏まえて整理されているか，またそれを文章でまとめ他人に伝える能力があるかが試されている。出題テーマ・内容にはずれる記述をしても点は取れないと理解しておく必要がある。

その上で，この手の小論文問題の解答上のポイントは以下の通りである。

①大きな観点での問題が出題される場合，自分なりに具体的なテーマを設定する。

その際，問題の範囲内であることを前提に，解体工事を取り巻く話題に対し自分の経験や日頃強く思っていることをテーマとして取り上げるとよい。なお，あらかじめ勉強して用意してきたからといって，問題とは外れるテーマでどんなにすばらしい文章を構築しても点は全く得られない。

②指定された字数に見合った内容で，小論文の構成を考える。

指定された字数の範囲は守るべきである。そしてその字数であれば，何をどこまで触れ，自分の意見や考えをまとめるべきかを考える。ストーリーを考えて構成して書き始めるとよいだろう。

③取り上げたテーマの単純な説明ではだめ。自分の手に負える範囲で，自分の経験などからの意見や考えを自分の言葉で展開させる。

小論文では，自らの意見や考え方を展開する必要がある。取り上げたテーマについて一般的なおざなりの説明では出題に答えているとはいえない。なお，何らかの模擬解答を暗記し対応するのは全く意味がなく，点は得られない。

④一般的に「漢字」を使うべきところは「ひらがな」ではだめ。

現代ではあえて難しい漢字を使わない文化，むしろ「ひらがな」とし趣を表現する文化が定着しているといえるが，一般的に「漢字」とするべき語句は漢字にすべきである。「一般的に」の基準は新聞における漢字の使い方と考えるとよい。

⑤新聞，テレビのニュースで時事問題に触れ，日頃から自分の意見を持つ。

小論文問題では，大きな観点でのテーマ設定が多いので，日頃の時事問題に触れ，意見をもっていれば，素直に対応が可能であると思える。解体工事に直接関係があることはもちろんのこと，災害におけるニュースや社会情勢なども自分がかかわる解体工事業のあり方とともに考える姿勢が大切である。

令和２年度は，コロナ禍における解体工事のあり方について，解体工事の施工管理者として留意すべき事項を問われた。令和２年において，解体工事に関わる万人を最も悩ませたテーマといえ，“時事問題について自分の考えを文章にする”という出題スタイルにあっては，極めて妥当な問題であり，多くの受験者が予想もできたと思える。受験のためにも日頃から社会的な問題に自らの考えを持っておくことが重要である。

出題されておかしくない“時事問題”の多くは，国土交通省のホームページなどで，受験のためだけでなく，現場の実務にとって入手すべき情報が提示されている。今回出題されたテーマについては「建設工事　コロナ」で検索をすれば大変多くの情報が掲載されている。受験前の小論文対策に，国土交通省のホームページ掲載の時事問題はチェックしておきたいものである。

出題意図を察すると，下記が採点のポイントとなろう。

①テーマ設定

- 話題とするテーマ設定がよいか悪いか。
- 無関係のことを論じてごまかしてはいないか。

②情報収集度

- 日頃の関心度が文章から伺えるか。日頃入手した情報が触れられていることはポイントである。もちろん取り上げたテーマの単純な感覚的な説明ではだめ。

③内容の程度・正確さ・意識の高さ

- 内容の程度設定が適切か。

・情報が正確か。
・経験談など取り込むなどして，自分の意見・見識が表現されているか。

④文章構成能力・国語力

・適度に文章が分かれ，メリハリのある構成か。一文で論じるのは避けるべきである。
・文章量が適切か（「300字以内」という指定に対して，300字ジャスト程度がベストで，225字以下では低い評価になると思われる）
・漢字の誤りがないか。また一般的に漢字とすべきところをひらがなで済ませていないか。

⑤全体を通しての印象

・採点者に，内容に，とにかくインパクトを受けたと思われたらプラス評価。
・採点者に，受験者から現場の生のいい情報をもらったと思われたらプラス評価。
・採点者に，内容に，つまらない，たいしたことない，あっさり，パンチがないと思われたらマイナス評価。
・採点者に，その場で考えただけと思える薄っぺらな上辺だけの展開，自分の言葉がないと思われたらマイナス評価。
・採点者に，受験者の解答態度がいいかげん，読みにくい，文字およびその配列が汚いと思われたらマイナス評価。

令和元年度の問題と
その解答例・解説

問題1　鉄骨構造の特徴に関する次の記述のうち，**最も不適当なものはどれか。**

(1) 鉄骨構造は，H形や箱形などの断面形状の鋼材を組み合わせて構成されている。

(2) 鉄骨のハイテンションボルト接合は，高力鋼製ボルトで締め付け，板材間の摩擦力で力を伝達し部材を接合する方法である。

(3) 鉄骨構造は，材料の強度が高く，火災等による高温下でも強度の低下が少ないため，高い耐火性を有している。

(4) 鉄骨構造は，大空間，超高層の耐震性に優れた構築物を造ることができる。

● 解答と解説 ●

(3) 鉄骨構造に使用される鋼材は，**図1．1**に示すように受熱温度が300℃を超えると急に引張強さが減少し，火災時に受ける1,000℃になると引張強さはゼロになる。このため，鉄骨構造では耐火材料で被覆を行わなければ耐火構造として認められていない。したがって，本肢の記述は不適当である。

正解 (3)

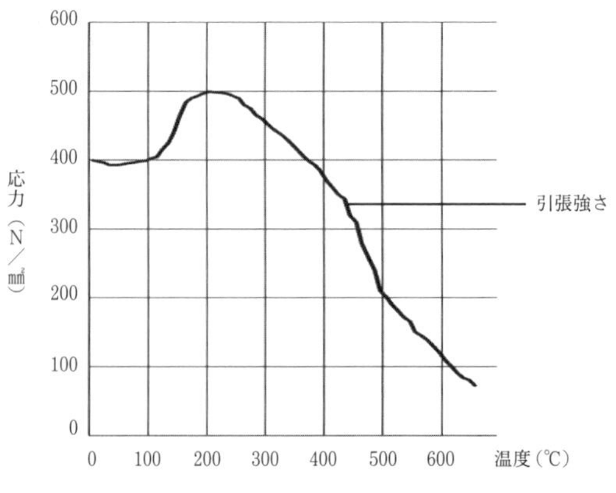

図1．1　鋼材の耐熱性

(1) 鉄骨構造に使用される鋼材は，**図1．2**に示すように断面形状によって等辺山形鋼，溝形鋼，I形鋼，H形鋼，レール，鋼管などがある。したがって，本肢の記述は適当である。

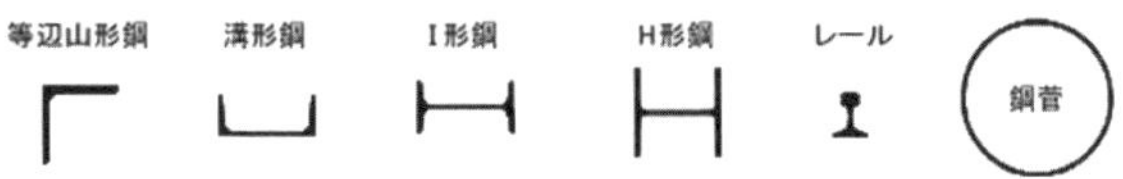

図1．2　鉄骨構造に使用される鋼材の形状

(2) 鉄骨構造の接合方法には，溶接，高力ボルト接合（ハイテンションボルト接合），ボルト接合がある。この内，高力ボルト接合とは，**図1．3**に示すように，高張力鋼で製造したボルトを用いて高圧で締め付け，その時接合する鋼材間に生じる摩擦力で接合する方法である。したがって，本肢の記述は適当である。

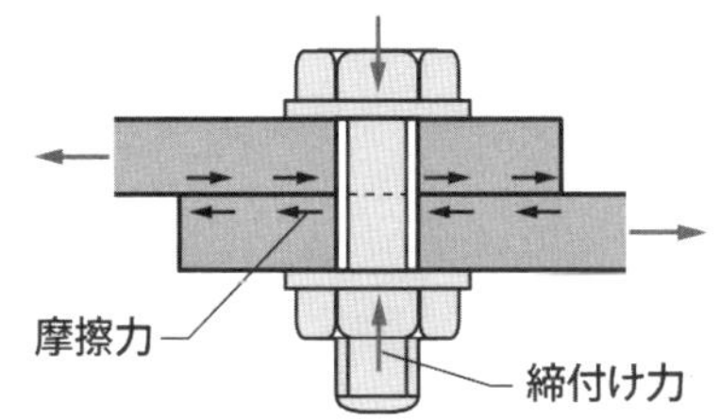

図1．3　高力ボルト接合（摩擦接合）

(4) 鉄骨構造は，部材強度が大きいので断面を小さくでき，弾性的性質と大きな変形能力があり耐震性に優れていることから大空間や超高層の建物に使用されている。したがって，本肢の記述は適当である。

問題 2　図に示す単純梁ABに10kNの集中荷重が作用するとき，A点とB点に生じる反力V_A及びV_Bの大きさの組み合わせのうち，**正しいものはどれか。**

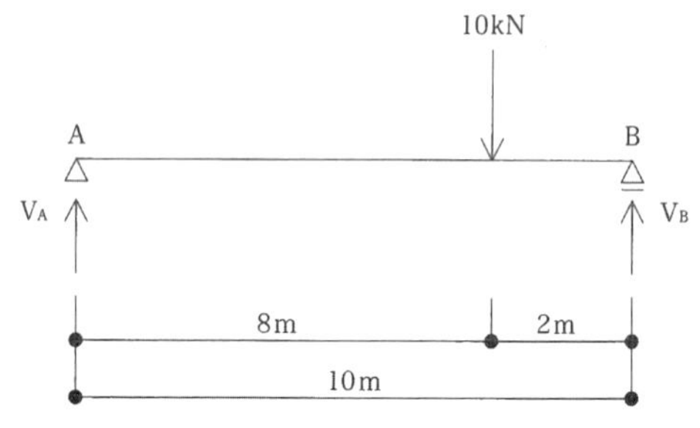

	V_A	V_B
(1)	2.5kN	7.5kN
(2)	8kN	2kN
(3)	2kN	8kN
(4)	7.5kN	2.5kN

● 解答と解説 ●

右回りのモーメントをプラスとして，梁の片側から解く。ここでは支点Aから解いた例を示す。支点Aには梁に作用する下向きの荷重10kNと，支点Bに作用する上向きの反力V_Bによるそれぞれの曲げモーメントが作用する。両者が釣り合った状態にあるため次式が成り立つ。

$\Sigma M_A=10\text{kN}\times 8\text{m}-V_B\text{kN}\times 10\text{m}=0$

よって，$V_B=8\text{kN}$となる。

続いて，各支点に作用する上向きの反力V_AおよびV_Bの和と，梁に作用する下向きの荷重10kNが釣り合うことからV_Aは次式によって求められる。

$V_A=10\text{kN}-V_B\text{kN}$より$V_A=2\text{kN}$となる。

正解 (3)

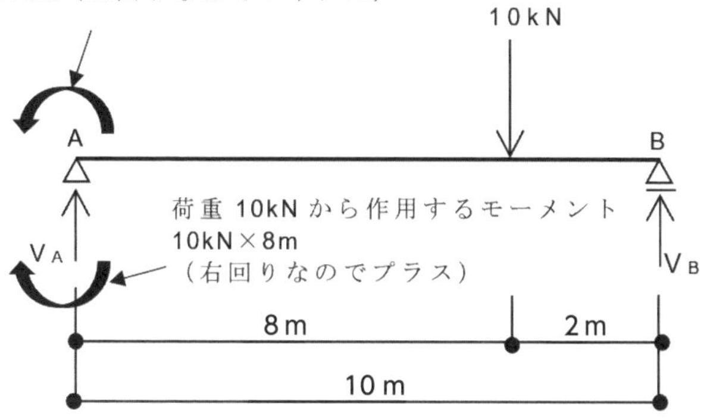

図2．1　支点Aに作用する曲げモーメントの概念図

問題 3　建築材料に関する次の記述のうち，**最も不適当なものはどれか。**

(1) ALCパネルは，細かくした木材チップに合成樹脂接着剤を加えて高温・高圧成形したもので，床や壁の下地材として使用される。

(2) せっこうボードは，主原料の石こうを芯として特殊な板紙で包んだ板状のもので，内壁や天井の下地材などに使用される。

(3) ポリ塩化ビニル樹脂は，熱可塑性があり加工も容易で，床材や壁紙などの軟質シートや管継手のような硬質の建材にも使用される。

(4) 複層ガラスは，2枚のガラスの間に乾燥空気層を設けたもので，冷暖房のエネルギー消費量を抑制できる。

● 解答と解説 ●

(1) ALCパネルは，珪石，セメント，生石灰，発泡剤のアルミ粉末を主原料とし，高温高圧蒸気養生により製造する軽量気泡コンクリート建材である。軽さと強度，断熱性を有する材料である。問題の文章は，パーティクルボードの説明である。したがって，記述は不適当である。

正解 (1)

(2) せっこうボードは，石こうを芯材として両面をせっこうボード用原紙で被覆成形した建築用内装建材である。防火性，遮音性，寸法安定性，工事の容易性などの特徴を持つ。建築物の壁，天井などに広く用いられる。したがって，記述は適当である。

(3) ポリ塩化ビニル（PVC）樹脂は，ビニルや塩ビと呼ばれる材料である。ポリ塩化ビニルは加熱すると柔らかくなり成形することができる熱可塑性樹脂であり，加工方法により軟質の床材や壁紙，硬質の管継手などの建材に使用される。したがって，記述は適当である。

(4) 複層ガラスは，スペーサと呼ばれる金属部材で2枚のガラスの間に中間層を持たせたガラスである。2枚のガラスの間に乾燥空気を封入することにより，断熱性を向上させている。冷暖房効果の低下，結露の発生などの問題を解決する。したがって，記述は適当である。

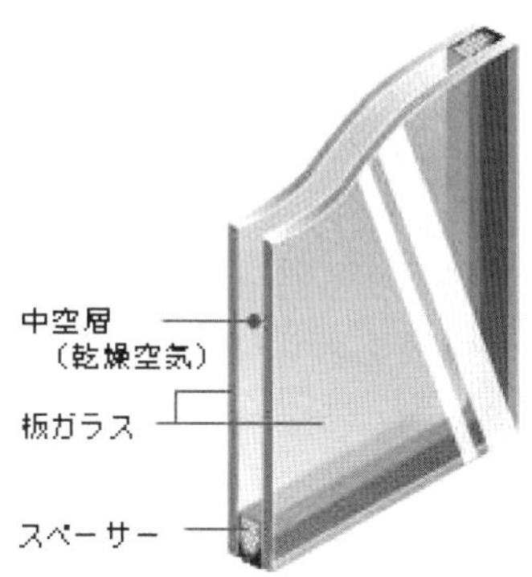

図３．１　複層ガラスの構造

問題 4　木造住宅の部位・部材に関する用語の説明で，**最も不適当なものはどれか。**

(1) 小屋組・・・・・・屋根を支える骨組の総称

(2) 土台・・・・・・・木造建築物などの柱の脚部を固定する水平材

(3) 筋かい・・・・・・柱や梁などで作った4辺形の構面に入れる斜材

(4) 胴縁・・・・・・・床組において，床板を受ける横架材

● 解答と解説 ●

(4) 胴縁は，木造や鉄骨造の壁下地材として用いられる（**図 4．1**）。胴縁と似た部材に「母屋」「根太」がある。母屋は屋根を受ける部材で，根太は床を受ける部材である。問題の表記は，根太の説明である。したがって，本肢の記述は不適当である。

正解 (4)

図 4．1　胴縁の例

(1) 小屋組とは，屋根を支えるための骨組となる屋根構造である。主要部分の柱に桁や梁をかけ，梁の上に束をたてて，その上の母屋と棟木で斜面を形成し，棰木を取り付けて野地板を設置して屋根をつくる。したがって，本肢の記述は適当である。

(2) 土台とは，問題の記述の通り木造建築物などの柱の脚部を固定する水平材で（**図4．2**），柱から伝えられる荷重を基礎に伝える役割を果たす。したがって，本肢の記述は適当である。

(3) 筋かいとは，建物の変形を防ぐために柱と桁や梁に斜めにかけ渡す構造の部材をいう（**図4．2**）。したがって，本肢の記述は適当である。

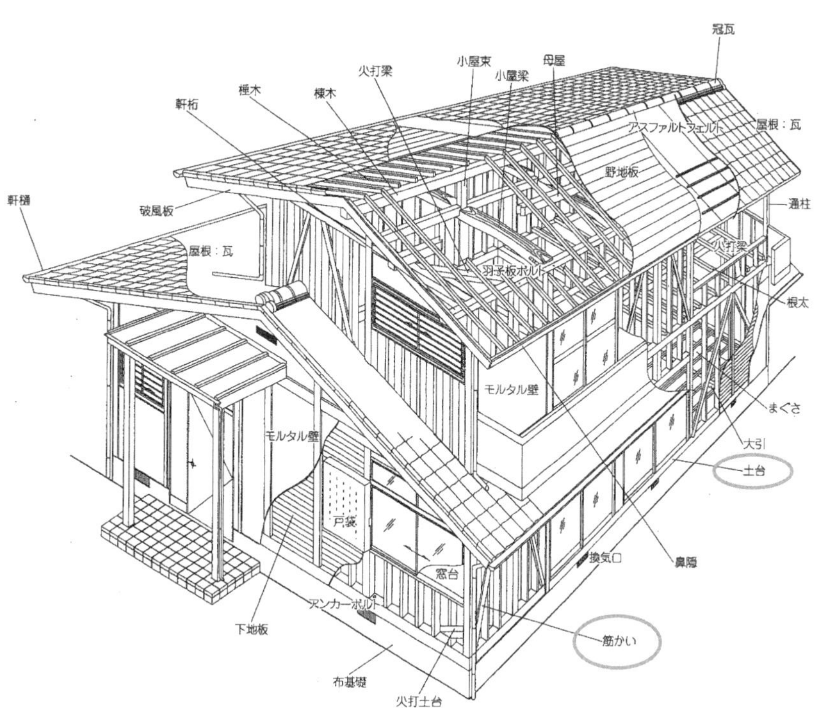

図4．2　在来軸組工法（和小屋）

問題５　鉄筋コンクリート造構造物の劣化に関して，劣化現象と劣化因子の組み合わせのうち，**不適当なものはどれか。**

	劣化現象	劣化因子
(1)	凍害	氷点下の温度
(2)	中性化による鉄筋腐食	空気中の二酸化炭素
(3)	塩害	海塩粒子
(4)	アルカリ骨材反応	アルカリ性の強い骨材

● 解答と解説 ●

長期間使用された建物の劣化は，解体時の作業安全性にかかわる問題である。コンクリート構造物の劣化現象は必要最低限理解しておきたい。

(4) アルカリ骨材反応（アルカリシリカ反応）による劣化は，骨材中の不安定なシリカ鉱物と，セメントや混和材料等のアルカリ（Na^{+}やK^{+}）が化学反応を起こし，その生成物が水分を吸収・膨張し，ひび割れが多数発生する現象である（**写真５．４**参照）。劣化名にある「アルカリ」はセメントや混和材料等のアルカリ性由来であり，骨材がアルカリ性ではない。したがって，本肢の劣化現象と劣化因子との組み合わせは不適当である。

正解 (4)

(1) 凍結融解作用による劣化は，コンクリート中の水分が氷点下の気温で凍ったり日照により気温が上昇し融けたりすることで体積変化が生じ，その繰り返しでコンクリートが膨張・収縮して剥落やスケーリングを生じる現象である（**写真５．１**参照）。したがって，本肢の劣化現象と劣化因子との組み合わせは適当である。

(2) 中性化による劣化は，ヒトや工場から排出される大気中の二酸化炭素がコンクリート中に侵入し，コンクリートがアルカリから中性になることによって，酸素と水があれば鉄筋が腐食し，更に鉄筋の腐食による膨張圧により，かぶりコンクリートが剥落する現象である（**写真５．２**参照）。したがって，本肢の劣化現象と劣化因子との組み合わせは適当である。

(3) 塩害は，骨材や混和材（剤）など材料によって導入された塩化物イオン，あるいは海水（海塩粒子）もしくは道路の凍結防止剤に由来する塩化物イオンが外部からコンクリートに侵入することによって鉄筋表面が腐食しやすい環境となり，酸素と水があれば鉄筋が腐食・膨張し，更にかぶりコンクリートが剥落する現象である（**写真５．３**参照）。したがって，本肢の劣化現象と劣化因子との組み合わせは適当である。

写真５．１

写真５．２

写真５．３

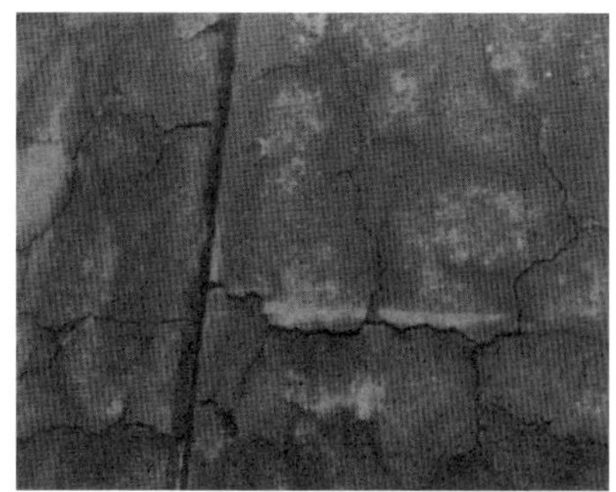

写真５．４

問題6　解体工事用機器に関する次の記述のうち，**最も不適当なものはどれか。**

(1) 鉄骨切断機に装着する「鉄骨切断具」は，下部フレーム内に開閉シリンダーと切断アームが組み込まれており，開閉シリンダーを伸縮することによって切断アームの開閉を行う。

(2) 解体用つかみ機に装着する「外部シリンダー式つかみ具」は，下部フレームにつかみアームを開閉させるための開閉シリンダー及びリンク機構が内蔵されている。

(3) コンクリート圧砕機に装着する「小割り用圧砕具」は，大割用圧砕具で一次破砕したものをさらに細かく二次破砕する場合などに使用する。

(4) 油圧ブレーカは，ベースマシンの油圧を利用して，ピストンをチゼルに衝突させ，そのときの衝撃力をチゼル先端に集中させて対象物を破砕する。

● 解答と解説 ●

(2) つかみ具には，外部シリンダー式つかみ具（機械式）と内部シリンダー式つかみ具（油圧式）の2種類がある。外部シリンダー式つかみ具は，油圧ショベルのバケットシリンダーの伸縮運動によりアームを開閉させる機構のため，つかみ具内に開閉シリンダーやリンク機構などの油圧機器類が存在しない。したがって，本肢の記述は不適当である。

正解 (2)

(1) 鉄骨切断具は，2本の取付ピンによって油圧ショベルに装着する。下部フレーム内に開閉シリンダーと切断アームが組み込まれており，開閉シリンダーを伸縮することにより切断アームの開閉を行う構造となっている。切断アームの開閉方式には，1個の開閉シリンダーで1個の切断アームを開閉させる単動型（**写真6．1**），1個または2個の開閉シリンダーで1対の切断アームを開閉させる複動型（**写真6．2**）がある。したがって，本肢の記述は適当である。

写真6．1　単動型鉄骨切断具

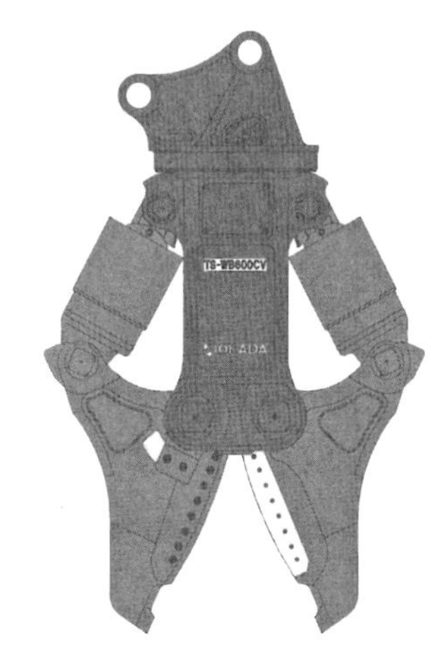

写真6．2　複動型鉄骨切断具

(3) 小割用圧砕具は，大割用圧砕具で大割（一次破砕）したものをさらに細かく小割（二次破砕）する場合，鉄筋とコンクリートを分離する場合などに使用する。したがって，本肢の記述は適当である。

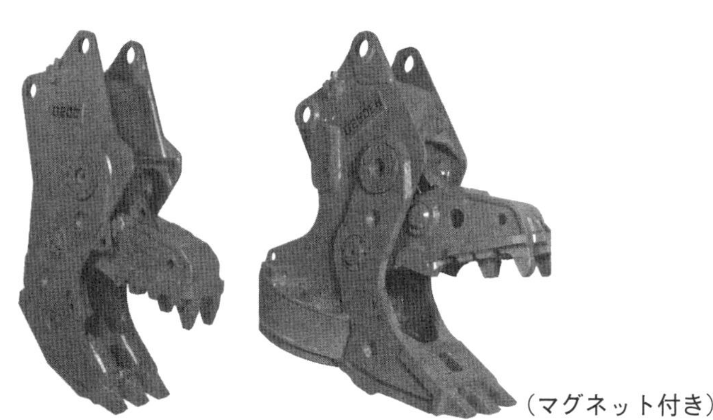

（マグネット付き）

写真6．3　小割用圧砕具の例

(4) 油圧ブレーカは，油圧を動力源としてチゼル（ロッド）に伝達させた衝撃力により対象物を破砕する機構である。チゼルは作業の用途に合わせたものを選定する。したがって，本肢の記述は適当である。

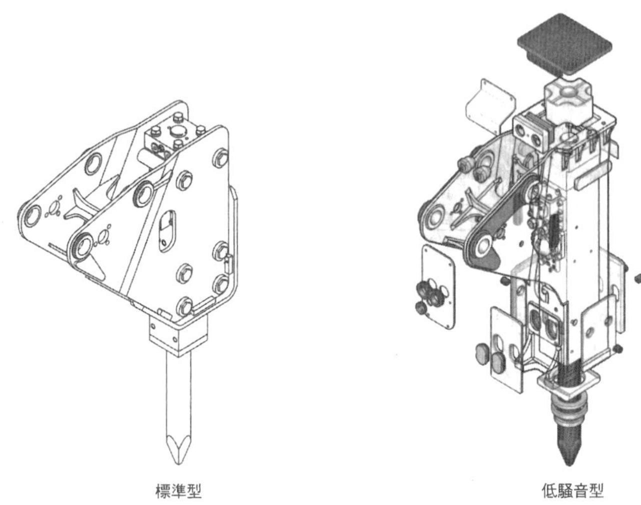

図６．１　大型ブレーカの構造比較例

問題7　解体用機器に関する次の記述のうち，**最も不適当なものはどれか。**

(1) 解体用重機のアタッチメントを交換したときは，オペレータの見やすい位置にアタッチメントの重量を表示しなければならない。

(2) フォークグラブは木材をつかむためのアタッチメントで，主に木造の解体作業で使用される。

(3) アタッチメントを交換するときは，アタッチメントが不意に動くことにより腕や指を挟まれる危険を防止するため，専用架台又は敷角等を使用しなければならない。

(4) 解体用機械に，構造上定められた重量を超えるアタッチメントを取り付ける場合は，作業指揮者が作業手順を決定し交換作業を指揮する。

● 解答と解説 ●

(4) ベースマシンに最大装着が可能な重量の範囲内のアタッチメントを使用する。アタッチメントの重量が定められた重量よりも過大となる場合は安定性が悪く危険である。したがって，本肢の記述は不適当である。交換作業は経験豊富な作業指揮者のもとに行う。

正解 (4)

(1) アタッチメントを取り替えたときは，オペレータの見やすい位置にアタッチメントの重量（バケット容量または最大積載重量を含む）を表示する。また，オペレータがアタッチメントの重量を確認できる書面を運転席周辺に備えておく。したがって，本肢の記述は適当である。

(2) フォークグラブは，主として木材をつかむためのアタッチメントで，つかみ具やグラップルとも称される。したがって，本肢の記述は適当である。

(3) 取り外したアタッチメントの転倒を防止するために，敷角や架台などを設置する。したがって，本肢の記述は適当である。

問題8 鉄筋コンクリート造構造物の解体工法に関する次の記述のうち，**最も不適当なものはどれか。**

(1) ハンドブレーカ工法は，大型機械に比べ細かい作業が可能であるため，他の工法の補助的な工法として利用される。

(2) 大型ブレーカ工法は，対象物の寸法や形状にかかわらずに適用可能であるが，破砕された部材が飛散しやすい。

(3) カッタ工法は，振動や粉じんが発生せず，部材別に切断することができるが，切断時に低周波音が発生する。

(4) ワイヤソー工法は，振動，騒音及び粉じんの発生が少なく，切断速度は他の工法よりも速いが，段取りに時間がかかる。

● 解答と解説 ●

(3) カッタ工法は，ダイヤモンドを埋め込んだ円盤状の切刃（ブレード）を高速回転させてクレーン等で仮吊りしながら鉄筋コンクリート部材等を切断する解体工法である。振動や粉じんが発生せず，部材別に整然と切断・搬出することができるが，切断時に高周波音が発生する。したがって，「切断時に低周波音が発生する」とした本肢の記述は不適当である。

正解 (3)

(1) ハンドブレーカ工法は，圧縮空気または油圧，あるいは電動で内部のスプリングを動かして，その力で先端のノミを連続して上下させて対象に打撃を加えてコンクリートを削る（斫る）解体工法である。手持ち式機械で小型のものは5～7kg程度でありチッパ（ピックハンマ）と呼ばれ，大型の15～40kgのものをハンドブレーカと呼ぶ。道路が狭く重機が搬入できない場合や敷地が狭く機材の設置スペースがない場合に用いられたり，他の工法の補助的な工法として利用されたりする。ハンドブレーカは，作業者の振動障害の予防対策として1日当たりの使用時間が規制値（日振動ばく露限界値）を超えないように事業者が適切に対応することが必要である。

このほか，ハンドブレーカ工法の特長は，重機に装着したブレーカにより繊細な作業ができる，狭い場所でも作業ができる，などである。その半面，騒音が大きく粉じんがかなり発生する。したがって，本肢の記述は適当である。

(2) 大型ブレーカ工法は，ベースマシン（油圧ショベル）に装着した大型ブレーカユニットで解体する工法である。近年，ブレーカユニットは，環境配慮の観点から騒音・振動が大きな問題となっていたが，低騒音型のアタッチメントが開発されたことで再び多用されるようになっている。

大型ブレーカ工法の特長は，対象物の大きさや形に関係なくすべての部材に適用できる，作業効率が高い，などである。その半面，破砕されたコンクリート片が飛散しやすいので養生や周囲の状況確認が重要である。したがって，本肢の記述は適当である。

(4) ワイヤソー工法は，対象物に環状に巻き付けたダイヤモンドワイヤソーを駆動機でエンドレスに高速回転させて鉄筋コンクリート部材等を切断する解体工法である。大断面部材，地下構造物，水中構造物などの切断解体に適している。

ワイヤソー工法は，低騒音・低振動であり，粉じんも少なく環境特性に優れているが，ガイドプーリ，ホールインアンカ等の段取りに時間がかかるという短所がある。したがって，本肢の記述は適当である。

問題9　解体工法に関する次の記述のうち，**最も不適当なものはどれか。**

(1) アブレシブウォータージェット工法は，コンクリート部材の切断に有効である。

(2) 静的破砕剤工法は，有筋の大容量コンクリート部材の解体に有効である。

(3) 大型ブレーカ工法は，振動・騒音が大きいため，住宅密集地での解体には適していない。

(4) 圧砕工法は，粉じんが発生しやすいため，解体箇所に散水を行い，粉じんの飛散を抑制する必要がある。

● 解答と解説 ●

(2) 静的破砕剤工法は，酸化カルシウム（CaO）と水が反応するときに発現する膨張圧を利用して，コンクリートを破砕する解体工法である。公害が少なく，安全性の高い工法として社会的な評価が定着している。最近では破砕時間を大幅に短縮した速効タイプの破砕剤など用途に応じた製品が開発されている。特徴は，①破砕時の騒音や振動がなく，飛散物がない，②削孔の配列により破砕をある程度コントロールできる，など。無筋コンクリート構造物の解体に適しているものの，有筋の大断面コンクリート（マスコンクリート）部材の解体には適さない。したがって，本肢の記述は不適当である。

正解 (2)

(1) アブレシブウォータージェット工法は，超高圧水（200～300MPa）に研磨剤（アブレシブ材）を混合してノズルの先端から噴射し，その圧力等で鉄筋コンクリート等を切断する解体工法である。ウォータージェットだけでもコンクリートを切断することができるが，研磨材を入れることで鉄筋も同時に切断できる。アブレシブウォータージェット工法は，切断面の材質や形状を問わず広範囲に適用できるが，システムを構成する装置や部品の数が多く選定すべきパラメーター（例えば水圧，流量，アブレシブ材の種類・供給量，ノズル移動速度など）の数も多い。しかも切断対象物によって仕様も異なるので，有効に使いこなすには高度の専門知識と経験・ノウハウが必要となる。したがって，本肢の記述は適当である。

(3) 大型ブレーカ工法の長所は，①対象物の大きさや形にかかわらず，すべての部材に適用可能である，②マスコンクリート（大型部材）の解体に適している，③作業効率が高い，などである。短所は，①騒音・振動・粉じん（圧砕機よりは少ない）が発生しやすい，②破砕された部材が飛散しやすい，③２次破砕（小割）が必要である，④高所作業には不向きである，など。これらから「振動，粉じんの発生が大きいため住宅密集地での使用は避けるべきである」と言える。したがって，本肢の記述は適当である。

(4) 圧砕工法は，油圧ショベルから送られる作動油を自装する油圧シリンダーでパワーアップして圧砕アームに伝え，圧砕アームでコンクリートを圧砕する解体工法（機械）である。鉄筋も切断できる大型の油圧式圧砕具も開発されており，他の工法に比べて作業効率が高い。また，振動や騒音の発生も大型ブレーカよりかなり低く市街地での解体工事に適している。ただし，地下構造物や大型部材の解体には不向きで，他の工法との併用が必要となる。このほか短所は，①粉じんが発生しやすいため多量の散水が必要であり，コンクリート塊などの飛散に注意が必要である，②鉄筋を切断する切刃（ブレード）は摩耗が激しいため，定期的なメンテナンスが必要である，③圧砕具の重量が比較的大きい，などである。したがって，本肢の記述は適当である。

問題10 解体工事の仮設等に関する次の記述のうち，**最も不適当なものはどれか。**

(1) 電線を直接防護して，感電や停電事故を防止するための架空線養生は，管轄する市役所に依頼する。

(2) 養生シートには普通シートと防音シートがあり，飛散物，粉じんなどの飛散を防ぐのに有効である。

(3) 防護棚としての朝顔は，足場の高さが地盤面から10 m以上の場合は1段以上，20 m以上の場合は2段以上取り付ける。

(4) 高所作業車の運転（道路走行を除く）は，作業床の高さが10 m未満の場合は特別教育修了者が，10 m以上の場合は技能講習修了者が行う。

● 解答と解説 ●

(1) 架空線には電気，電話，有線放送などがある。接触，切断事故を起こせば感電，停電，電話や有線放送のケーブルの不通などの被害が発生するので，管理者と事前に十分打ち合わせを行い措置する。電線を直接防護する場合は，電力会社等に依頼して防護管などを装着してもらう。したがって，「管轄する市役所に依頼する」とする本肢の記述は不適当である。

正解 (1)

写真 10. 1　架空線工事

(2) 養生シートには普通シートと防音シートがあり，飛散物や粉じんなどの飛散を防ぐのに有効である。足場などへの取付けにあたっては風荷重を十分に考慮する必要がある。したがって，本肢の記述は適当である。

(3) 防護棚としての朝顔は，足場の高さが10 m以上の場合は1段以上，20 m以上の場合は2段以上取り付ける。最下段の取り付け位置は10m以下とする。したがって，本肢の記述は適当である。

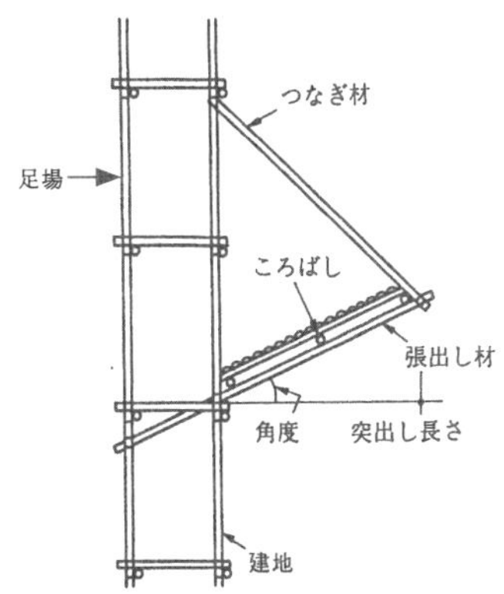

図 10. 1　朝顔の構造例

(4) 高所作業車は，短時間の高所作業において，あるいは移動式足場の代わりに使用されることが多い。その運転（道路走行を除く）は，作業床の高さが10 m未満であれば特別教育修了者，10 m以上の場合は技能講習修了者でなければ行ってはならない。したがって，本肢の記述は適当である。

問題11　解体工事の仮設に関する次の記述のうち，**最も不適当なものはどれか。**

(1) 防音パネルに隙間があると防音効果が低下するため，粘着テープなどで隙間をなくす措置が必要である。

(2) 高さ5m以上の移動式足場（ローリングタワー）を組立・解体・変更する場合は，作業指揮者の指名が必要である。

(3) 安全ネットは，墜落により作業員に危害を及ぼす箇所に水平に張るもので，網目の一辺の長さは10㎝以下とする。

(4)「しのびがえし」とは，上部から落下するコンクリート塊等を途中で受け，建物内部に落とし込む防護棚のことをいう。

● 解答と解説 ●

(2) 移動式足場の組立，解体又は変更の作業に従事する作業員（地上における補助作業を除く）には特別教育が必要であり，高さが5m以上になる場合には，足場組立て等作業主任者を選任しなければならない。したがって，「作業指揮者の指名が必要」とする本肢の記述は不適当である。

正解 (2)

(1) 防音パネルは，工事騒音を低減するためのもので，標準の枠組足場に取り付けることができる。ただし，防音パネルは隙間があると音が洩れ，防音効果を著しく低下させることがあるので，隙間をなくす工夫が必要である。したがって，本肢の記述は適当である。

(3) 安全ネットは，開口部，作業床の端部や隙間，梁下部等で，作業者が墜落するおそれがある箇所に張り，墜落災害を防止するためのものである。網地，つり網等から構成され，一般にナイロン，ビニロン，ポリエステル等の化学繊維の材料が使用される。仮設工業会の安全ネットの基準によると，網目の構造は角目と菱目として，一辺の長さは10㎝以下となっている。したがって，本肢の記述は適当である。

(4)「しのびがえし」とは，上部から落下してくるコンクリート塊を途中で受け建物内部に落とし込む防護棚である。外壁に開口がある建物などの解体では有効である。したがって，本肢の記述は適当である。

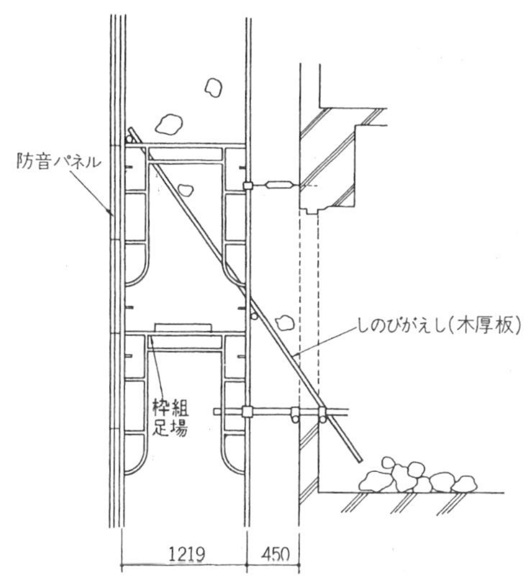

図11. 1　しのびがえしの一例

問題12 石綿（アスベスト）除去工事を伴う解体工事の事前調査に関する次の記述のうち，**最も不適当なものはどれか。**

(1) 解体工事の受注者及び自主施工者は，石綿（アスベスト）使用の有無について事前に調査しなければならない。

(2) 解体工事の受注者及び自主施工者は，事前調査結果について解体工事の場所に掲示しなければならない。

(3) 解体工事の受注者は，発注者に対して事前調査結果を書面で説明しなければならない。

(4) 解体工事の受注者は，届出義務者である発注者が調査した場合に限り，事前調査をしなくてもよい。

● 解答と解説 ●

(4) 石綿障害予防規則第８条に「解体工事の発注者は当該工事の受注者に対し，当該工事の建築物，工作物における石綿等の使用状況等を通知するように努めなければならない。」と定められているが，その通知によって事前調査が不要との定めはない。また，石綿障害予防規則第3条第1項においては，事業者が解体等の作業を行うときは，事前調査を義務付けている。発注者が過去に調査を行ったとしても，事業者の事前調査は原則として免除されない。したがって，本設問の「受注者は，発注者が調査した場合に限り，事前調査をしなくてよい」との記述は不適当である。

正解 (4)

(1) 石綿障害予防規則第3条第1項に「事業者は建築物，工作物の解体等の作業を行うときは石綿等による労働者の健康障害を防止するため，あらかじめ当該建築物，工作物について石綿等の使用の有無を設計図書等により調査し，その結果を記録しておかなければならない。」と定めがある。したがって，本設問の記述は適当である。

⑵ 石綿障害予防規則第3条第3項に「事業者は建築物，工作物の解体等の作業を行う作業場には，作業に従事する労働者が見やすい箇所に調査年月日，調査方法及び結果を掲示しなければならない。」と定めがある。したがって，本設問の記述は適当である。

⑶ 大気汚染防止法第18条の7第1項に「解体工事の受注者は当該解体工事が特定工事に該当するか否か調査を行うとともに，当該解体工事の発注者に対し当該調査結果について書面を交付して説明しなければならない。」と定めがある。特定工事とは「特定建築材料（吹付け石綿，その他の特定粉じんを発生し，又は飛散させる原因となる建築材料）が使用されている建築物，その他の工作物を解体し，改造し，又は補修する作業」を指す。したがって，本設問の記述は適当である。

問題13 解体工事における事前調査に関する次の記述のうち，**最も不適当なものはどれか。**

(1) 工事施工時期が入学試験時期と重なるため，近隣に受験生が存在するかを確認した。

(2) 建設副産物の種類と発生見込み量を，設計図書によって算定した。

(3) 現場に隣接する商店街に出向き，工事内容の説明を行うとともに，各店舗の営業時間や商品の配達時間を調査した。

(4) 産業廃棄物の処理委託契約前に，産業廃棄物処理業許可証を確認するとともに，実際に処理施設に行って処理品目や処理能力について確認した。

● 解答と解説 ●

(2) 建設副産物の種類と発生見込み量は，設計図書・施工図及び増改築記録などで確認することが必要である。ただ設計図書等があったとしても実際の構造物とは差異がある場合が多く，設計図書等の記録の確認とともに実際の構造物を外観目視調査等を行って算定することが必要である。したがって，本設問の記述は最も不適当である。

正解 (2)

(1) 解体工事で発生しやすい公害は騒音，振動，粉じんである。近隣住民に病人，老人，幼児，夜間労働者および受験生などがいる場合，工事に伴う騒音や振動などの苦情が持ち込まれることがある。こうした近隣とのトラブルを避けるために事前に近隣の住民などについて調査しておく必要がある。したがって，本設問の記述は適当である。

(3) 解体工事の実施に際して，工事に影響を与える近隣施設の人・物の流れについて，混雑する時間帯等を事前に調査し必要な措置を講じる必要がある。したがって，本設問の記述は適当である。

(4) 産業廃棄物処理法では「排出事業者が自らの責任において産業廃棄物を適正に処理すること」と定めており，その処理を他人に委託する場合には「収集運搬業者又は処分業者等に委託しなければならない」とある。また収集運搬業者又は処分業者等に処理を委託する場合には委託契約書に，①廃棄物の種類・数量，②処理業者の事業の範囲，③運搬の最終目的地の所在地，④処分（または再生）場所の所在地，その方法及び施設の処理能力，⑤最終処分の場所の所在地，その方法及び施設の処理能力，などの事項を記載しなければならない。処理委託契約前に，産業廃棄物処理業許可証を確認するとともに実際に処理施設に行って委託契約書にある処理品目や処理能力などの事項について調査・確認する必要がある。したがって，本設問の記述は適当である。

問題14　解体工事の見積りに関する次の記述のうち，**最も適当なものはどれか。**

(1) 解体工事の事前調査により，以前の建物の基礎が埋め残してあることが判明したので，その費用を「見積り除外項目」として見積書に記載した。

(2) 発注者から請求があったので，表紙，内訳書及び条件書で構成される見積書を作成した。

(3) 横断歩道橋の解体工事で，発生するコンクリート塊の処理費用を共通仮設費で見積もった。

(4) 人通りが多い道路に面した建物の解体工事で，交通誘導員費用を見積もらなかった。

● 解答と解説 ●

(1) 解体工事の依頼を受けて現地調査を行った上で見積書を発行する。ただし，対象物件の外見だけでは工事の全容を把握できないことがあり，このような不確定要素を見越して見積書に「除外項目」を設けている。とくに建物を除去した後に敷地の下に撤去すべき廃棄物や地中障害物等が確認される場合があり，その撤去費用は「見積り除外項目」として見積書に記載する必要がある。したがって，本設問の記述は適当である。

正解 (1)

(2) 見積書には，工事の項目及び細目，数量，金額等を記載する。内訳書や明細書に見積総額の裏付けを明示して，発注者が理解できる見積書を作成することが重要である。見積書は通常，表紙，内訳書，明細書の3種類で構成される。したがって，本設問の記述は不適当である。

(3) 解体工事費は，大きく工事原価と一般管理費で構成される（**図14. 1**参照)。このうち工事原価は，純工事費と現場管理費に分けられ，純工事費は直接工事費と共通仮設費からなる。現場から発生する副産物（廃棄物）の処理費用は，直接工事費に含まれる。したがって，本設問の記述は不適当である。

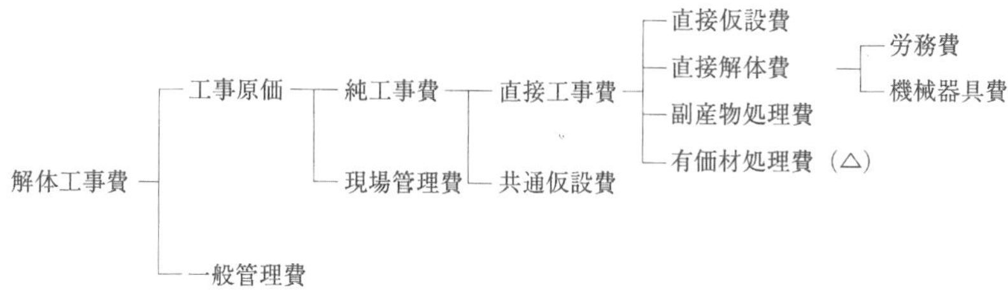

図 14. 1　解体工事費の構成例

(4) 人通りが多い道路に面した解体工事の場合，原則交通誘導員を配置し，一般車両の通行を優先するとともに，公衆の通行に支障がないようにしなければならない。交通誘導員の費用は，現場管理費として見積もる。したがって，本設問の記述は不適当である。

問題15 解体工事の歩掛りに関する次の記述のうち，**最も不適当なものはどれか。**

(1) 散水のための労務は，とりこわし歩掛りに含まれる。

(2) とりこわし後の整地の費用は，地下及び基礎部分のとりこわし費用に含める。

(3) とりこわし機械に使用する軽油の単価は，ドラム缶渡し価格とする。

(4) 低騒音・低振動型建設機械を用いる場合の損料は，通常の機械損料に対し，10%程度の割増しを行う。

● 解答と解説 ●

歩掛りとは，単位工事量に対する所要材料の数量あるいは労務数量のことをいう。

(2) 建物のとりこわし作業では，敷地の状況や施工性・経済性等を検討して工法（機械），作業方法を選択する。とくに地下部及び基礎部のとりこわしの作業は難易度が高いため歩掛りで費用を計算する。また，とりこわし後の整地の費用は，別途考慮することになっている。したがって，本設問の記述は不適当である。

正解 (2)

(1) 散水のための労務は，直接解体費のとりこわし歩掛りに含まれる。労務費は，時間帯当たりの歩掛りで労務単価を算出する。したがって，本設問の記述は適当である。

(3) 軽油の単価は，ドラム缶渡し，ローリー・ミニローリー渡し，パトロール給油＝都市内需要者指定場所渡しの単価がある。軽油の持ち運びや保管に利用できる容器には，金属製のガソリン携行缶やドラム缶の他に軽油用ポリタンク容器などがある。それぞれの缶（容器）は，保管可能な容量や保管方法が決められている。したがって，本設問の記述は適当である。

(4) 低騒音・低振動型建設機械を用いる場合の損料は，通常の機械損料に対し10%程度の割増しを行う。したがって，本設問の記述は適当である。

問題16　解体工事契約に関する次の記述のうち，**最も不適当なものはどれか。**

(1) 前払い方式で請負代金を受け取ることとしたが，施主から保証人を立てるように請求された。

(2) 解体工事を委託契約として請負ったが，この工事には建設業法が適用される。

(3) 同一敷地内にあるそれぞれ床面積が60㎡の2つの建築物を，ひとつの契約により請負う解体工事には，建設リサイクル法は適用されない。

(4) 契約締結以前に施主から使用する建機の購入先を指定されたが，これを受託して契約を締結した。

● 解答と解説 ●

(3) 建設リサイクル法に係る解体工事については，当該建築物の床面積の合計が80㎡以上であるものと定められている。同一敷地内の2棟の建築物の解体工事をひとつの契約で請け負う場合に床面積の合計が120㎡（60㎡×2）であれば建設リサイクル法が適用される。したがって，本設問の記述は不適当である。

正解 (3)

(1) 解体工事の請負契約において，請負代金の全部または一部を前払いとする場合，注文者は建設業者に対して前金払をする前に，建設業法第21条に基づき保証人を立てることを請求することができる。したがって，本設問の記述は適当である。

(2) 解体工事を委託契約として請負った場合においても建設業法が適用される。したがって，本設問の記述は適当である。

(4) 契約締結において「注文者（発注者，元請負人，下請負人を含む）は請負契約の締結後，自己の取引上の地位を不当に利用して，その注文した建設工事に使用する資材若しくは機械器具又はこれらの購入先を指定し，これらを請負人に購入させて，その利益を害してはならない」(建設業法第19条の4）とある。下請契約を締結した後に使用資材や購入先を指定されると，すでに購入した資材が無駄になったり資材の購入額変更が迫られたり下請負人にとって不利益が発生する場合があり，下請負人保護の観点から下請契約後における使用資材等の指定が禁止されている。しかし，下請契約の締結前であれば，下請負人としてはそれに従って適正な見積が行えるので建設業法上の問題とはならない。

ただし，使用資材やその購入先の指定が下請け契約の締結前に行われたとしても，元請負人が自己の取引上の地位を不当に利用して，その指定により下請負人の利益を不当に害するような下請契約を強要することは禁止されている。本問では，契約締結以前に購入先を指定されており，「元請負人が自己の取引上の地位を不当に利用した」とまでは記述していないので不適当ではない。したがって，本設問の記述は適当である。

問題17　解体工事における許可申請・届出に関する次の記述のうち，**最も不適当なものはどれか。**

(1) 大型ブレーカ作業を継続的に行う必要があるため，特定建設作業実施届を管轄の労働基準監督署へ提出した。

(2) 道路上に運搬車両を止めて積込作業を行うため，道路使用許可申請を管轄の警察署へ提出した。

(3) 高さ35 mの建物を解体するため，建設工事計画届を管轄の労働基準監督署へ提出した。

(4) 20トンを超える車両の運搬が必要であるため，特殊車両通行許可申請書を経路上の道路管理者へ提出した。

● 解答と解説 ●

解体工事における許可申請・届出は**表17. 1**の通りである。

(1) 特定建設作業実施届の提出先は管轄の労働基準監督署ではなく，市区町村である。したがって，本肢の記述は不適当である。

正解 (1)

(2) 道路使用許可申請は使用の3～7日前までに管轄する警察署に届け出なければならない。したがって，本肢の記述は適当である。

(3) 高さ31 m超の建物を解体する場合は，建設工事計画届を工事開始14日前までに管轄する労働基準監督署に届け出なければならない。したがって，本肢の記述は適当である。

(4) 特殊車両通行許可申請書は通行の20～30日前までに道路管理者に届け出なければならない。したがって，本肢の記述は適当である。

表 17. 1　解体工事における許可申請・届出の一覧

分類	許可申請・届出	届出先等	届出等期間	関係法令	備考
環境	特定建設業作業実施届	市区町村	開始7日前	騒音規制法第14条 振動規制法第14条	騒音，振動
道路	道路使用許可申請	警察署	使用3～7日前	道路交通法第77条	
安全衛生	建設工事計画届	労働基準監督署	開始14日前	労働安全衛生法第88条	31m超の建物
道路	特殊車両通行許可申請	道路管理者	通行20～30日前	道路法第47条	車両制限令第3条

問題18　解体工事の施工計画に関する次の記述のうち，**最も適当なものはどれか。**

(1) 解体する建物の内部に残された物品は，原則として元請の責任で処分する。

(2) 大型ダンプ等の出入のために道路交通法上の交通標識を取り外したい場合は，市区町村に申請し許可を受ける。

(3) バーチャート式工程表は，各作業の関連性と優先順位を示すことができるので，解体工事に適している。

(4) 現場周辺の諸施設の調査に併せて，交通量の多い曜日や一日の時間的変動も把握しておく必要がある。

● 解答と解説 ●

(4) 排出現場から処理施設までの運搬所要時間は，工程管理や工事予算に大きく影響する。往路・復路の時間帯ごとの渋滞度，走行距離，交通規制，道路工事の有無などを実際に車を走らせて調査するとよい。したがって，本肢の記述は適当である。

正解 (4)

(1) 解体する建築物等の内部に残された物品は，原則として所有者の責任で処理する。したがって，本肢の記述は不適当である。

(2) 大型建設機械や大型ダンプトラックなどの出入りの障害となるガードレール，道路標識，街路灯などは，事前に撤去または移設する必要がある。これらは道路管理者に申請して許可を受けなければならないが，規制標識などの交通標識については警察署に申請し許可を受けなければならない。したがって，本肢の記述は不適当である。

(3) バーチャート工程表は，**図18. 1**に示すように縦軸に工種，横軸に工期を表示したものである。作業の日程，日数はわかりやすく解体工事には適しているが，各作業の関連性は把握しづらい。したがって，本肢の記述は不適当である。

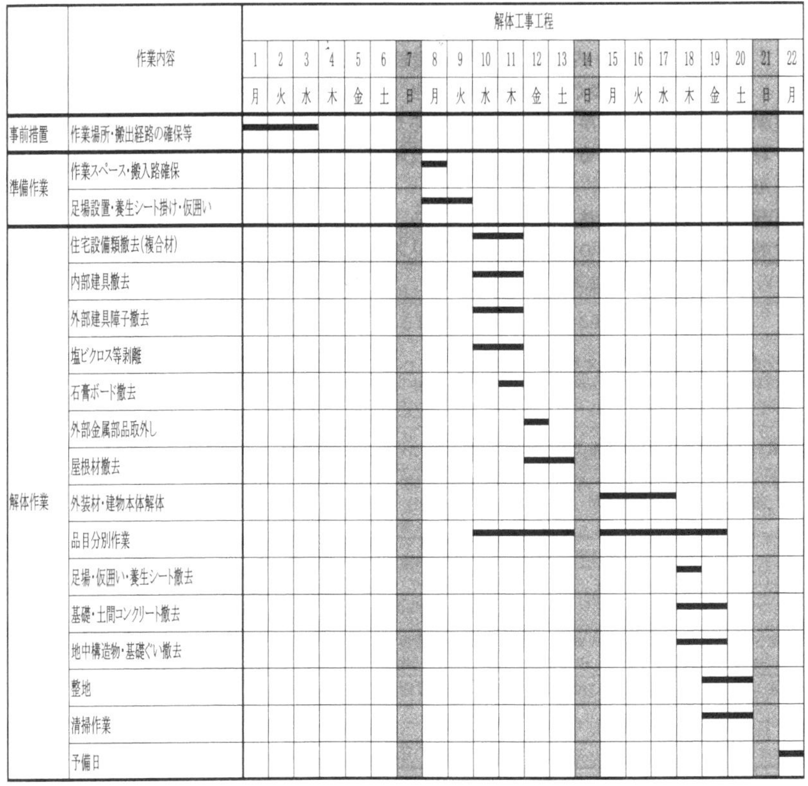

	作業内容	解体工事工程																					
		1	2	3	4	5	6	7	8	9	10	11	12	13	14	15	16	17	18	19	20	21	22
		月	火	水	木	金	土	日	月	火	水	木	金	土	日	月	火	水	木	金	土	日	月
事前措置	作業場所・搬出経路の確保等	━	━	━																			
準備作業	作業スペース・搬入路確保								━														
	足場設置・養生シート掛け・仮囲い								━	━													
解体作業	住宅設備類撤去(複合材)										━	━											
	内部建具撤去										━	━											
	外部建具障子撤去										━	━											
	塩ビクロス等剥離										━	━											
	石膏ボード撤去											━											
	外部金属部品取外し												━										
	屋根材撤去												━	━									
	外装材・建物本体解体															━	━	━					
	品目分別作業										━	━	━	━		━	━	━	━	━			
	足場・仮囲い・養生シート撤去																		━				
	基礎・土間コンクリート撤去																		━	━			
	地中構造物・基礎ぐい撤去																		━	━			
	整地																			━	━		
	清掃作業																			━	━		
	予備日																						━

図 18. 1　解体工事のバーチャート工程表の例

問題19 解体工事における施工計画に関する次の記述のうち，**最も不適当なものはどれか。**

(1) 施工計画は，現場責任者と経験豊富な技術者の総合的知見に基づき策定したので，経営管理責任者（本社）の承認は受けなかった。

(2) 工程計画を策定するに当たり，工期内に工事が円滑に完了できるよう，施工条件や各作業の優先順位など工事の全体を把握して計画した。

(3) 安全衛生管理計画では，現場の管理者や作業主任者の意見を尊重し，関係者全員の安全に対する意識の向上を図れるよう策定した。

(4) 仮設計画では，公衆災害防止や労働災害防止の観点を念頭に，全工程を把握して設置，撤去，転用等も考慮して計画した。

● 解答と解説 ●

(1) 解体工事を安全に，経済的に，かつ短期間で実施するためには，適切な施工計画を策定し，それに基づいて管理しながら施工する必要がある。施工計画の良否によって企業の収益にも大きな影響を与えるので，経営責任者の承認は必要である。したがって，本肢の記述は不適当である。

正解 (1)

(2) 工程は，契約等の施工条件を加味して工事全体を把握した上で，各作業の優先順位および必要日数を算定して，工事が工期内に完了できるように計画する。工程計画が不完全な場合は，工期の遅れなどにより工事費がかさみ，不利益を被る場合がある。したがって，本肢の記述は適当である。

(3) 安全衛生管理計画の目的は，公衆災害および労働災害の防止にある。計画を策定するにあたっては，現場の管理者や作業主任者などの意見を十分聞きかつ尊重することが重要である。関係者全員が自分の安全は自分で守る自覚を持たせることが最も重要である。したがって，本肢の記述は適当である。

(4) 仮設計画は，全工程を把握して設置，撤去，転用等も考慮するなど，現場の状況・施工性・経済性等を検討の上，労働災害防止（安全の確保）および公衆災害防止の関係法令を十分考慮して計画する。したがって，本肢の記述は適当である。

問題20 解体工事の施工管理に関する次の記述のうち，**最も不適当なものはどれか。**

(1) 建設機械の管理では，点検・保守・管理を確実に行い，稼働率の向上，機械による災害防止などに留意する必要がある。

(2) 原価管理においては，実行予算と実際原価との差異を分析・検討して，必要であれば施工計画を再検討する。

(3) 建設廃棄物の排出に際しては，排出事業者は廃棄物の種類及び運搬先ごとに産業廃棄物管理票（マニフェスト）を交付し，建設廃棄物を適正に管理する。

(4) 法定福利費は，発注者及び元請業者が適正に負担し，下請業者及び労働者が必要な保険料を確保できるよう，解体工事費の中に含めて表示する。

● 解答と解説 ●

(4) 法定福利費は，労災・健康・雇用保険料及び厚生年金保険料の費用であり，現場管理費の一部である。法定福利費は，発注者及び元請業者が適正に負担し，下請業者及び労働者が必要な保険料を確保できるように，見積書においては工事費とは別枠で表示する必要がある。したがって，本肢の記述は不適当である。

正解 (4)

(1) 建設機械は，工程に合わせて的確な機種を適正な台数を確保し配置する。点検・保守・管理を確実に行い，故障を少なくし，稼働率を上げるようにするとともに，機械による災害の防止にも留意する。したがって，本肢の記述は適当である。

(2) 原価管理とは，原価発生の原因や責任を明確にし，実行予算の範囲内で工事を完了させるための経営的管理業務である。原価管理においては，実行予算（標準原価）を基準にして原価を統制および低減するとともに，標準原価と実際原価を比較してその差異を分析・検討して，必要であれば施工計画を再検討する。したがって，本肢の記述は適当である。

(3) 建設副産物（廃棄物）の排出に際して，排出事業者は廃棄物の種類及び運搬先ごとに産業廃棄物管理票（マニフェスト）を交付し，建設副産物（廃棄物）を確実に管理しなければならない。したがって，本肢の記述は適当である。

問題21 下図に示すPDCA管理サイクルに基づいて行う工程管理において，PDCAに当てはまる(イ)～(ニ)の手順の組み合わせとして，**正しいものはどれか。**

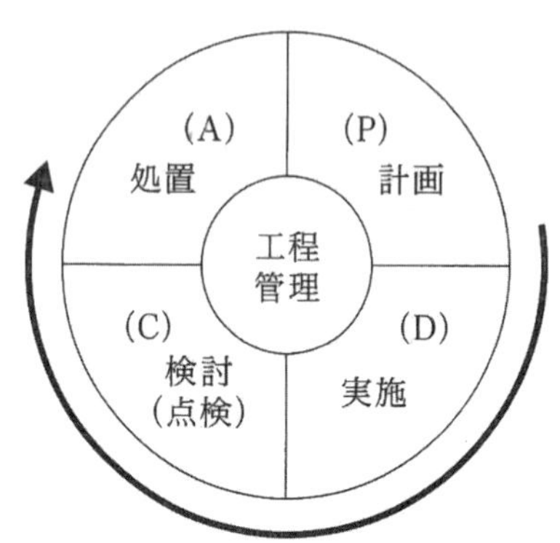

(イ) 解体工事の工程表の作成

(ロ) 解体作業方法の再検討及び計画の修正

(ハ) 解体工事の指示・監督及び作業員の教育

(ニ) 工事の作業量・手配進度のチェック

	(P) 計画	(D) 実施	(C) 検討	(A) 処置
(1)	(イ)	(ニ)	(ハ)	(ロ)
(2)	(イ)	(ハ)	(ニ)	(ロ)
(3)	(ニ)	(ロ)	(ハ)	(イ)
(4)	(ニ)	(イ)	(ロ)	(ハ)

● 解答と解説 ●

目的を達成するためには，PDCAの4つのステップに分けて組織的な管理活動を確実に回すことが重要である。このことをPDCAの管理サイクルを回すと言う。

①計画（plan）：目的を決め，達成に必要な計画を設定する

②実施（do）：計画どおり実施する

③検討（check）：実施の結果を調べ評価する

④処置（action）：必要により適切な処置をとる

このPDCAのサイクルを解体工事に当てはめて考えて見ると

①計画に相当するのは，（イ）解体工事の工程表の作成である

②実施に相当するのは，（ハ）解体工事の指示・監督及び作業員の教育である

③検討に相当するのは，（ニ）工事の作業量・手配進度のチェックである

④処置に相当するのは，（ロ）解体作業方法の再検討及び計画の修正である

したがって，正しい組み合わせは，(2)である。

正解 (2)

問題22 解体工事の安全衛生管理に関する次の記述のうち，**最も不適当なものはどれか。**

(1) 元請事業者や複数の下請事業者の労働者が，同一現場に混在している現場においては，労働災害を防止するために安全衛生協議会を設置・運営し，作業内容についての連絡や調整を行う。

(2) 作業所安全衛生計画は，その現場のリスク低減措置（安全対策）を決定し，労働災害を防止しようとする活動計画である。

(3) 安全ミーティングは，元請業者の職員が中心となって，その日の作業内容・作業方法・作業手順・健康状態等の事項について，確認・指示・連絡調整を行う活動である。

(4) 安全施工サイクルは，工事の施工に当たって，毎日・毎週・毎月の単位で，計画・実施・検討・処置を継続して繰り返し，安全管理を組織的かつ効率的に行う活動である。

● **解答と解説** ●

本問は，解体工事における安全衛生管理の計画・活動に関する知識を問うものである。

(3)「安全ミーティング」は，同一職種及び関連作業の関係作業員が集まり，当日の作業内容や作業方法，作業手順，安全衛生上の注意事項等について指示，連絡及び調整を行い，作業を円滑かつ安全に実施することを目的とするもので，元請業者の職員が中心となる活動ではない。したがって，本肢の記述は不適当である。

正解 (3)

(1) 労働安全衛生法の第30条では，「特定元方事業者は，その労働者及び関係請負人（外注先等）の労働者の作業が同一の場所において行われることによって生ずる労働災害を防止するため，次の事項に関する必要な措置を講じなければならない」と定めている。ここで言う次の事項は，①協議組織の設置及び運営を行うこと，②作業間の連絡及び調整を行うこと，③作業場所を巡視すること，④関係請負人が行う労働者の安全又は衛生のための教育に対する指導及び援助を行うこと，などを挙げている。したがって，本肢の記述は適当である。

(2)「作業所安全衛生計画」は，工事を安全に進めるために，どのような行動や心がけが必要かを示し，起こり得る危険を把握してリスクを評価，そのリスクの低減効果を明記することで労働災害を防止する活動計画である。したがって，本肢の記述は適当である。

(4)「安全施工サイクル」は，①安全朝礼，②安全ミーティング，③作業開始前点検，④安全工程打ち合わせ，⑤持ち場の後片付け，⑥終業時の確認，などの日々の安全活動をパターン化して繰り返すことで作業員の安全意識を高め，現場での労働災害を防ぐものである。必ずしもPDCAサイクル（計画・実施・検討・処置の継続的な実施）を推進することまでは求められていないが，不適当とは言えない。したがって，本肢の記述は適当である。

問題23　解体工事の安全衛生管理に関する次の記述のうち，**最も不適当なものはどれか。**

(1) 車両系荷役運搬機械のアタッチメントの装着を行うに当たって，車両系荷役運搬機械等作業指揮者を選任した。

(2) 労働者数が20人の事業場にあって，安全衛生についての業務を担当するために安全衛生推進者を選任した。

(3) 高さ10 mの足場の組立て作業において，足場の組立て等作業主任者を選任した。

(4) 鉄筋コンクリート部材の圧砕機による圧砕作業において，コンクリート破砕器作業主任者を選任した。

● 解答と解説 ●

(4) 少量の火薬を使用するコンクリート破砕器を使用する解体作業では，コンクリート破砕器作業主任者を選任・配置しなければならない。圧砕機を使用して鉄筋コンクリート部材を圧砕する作業は，コンクリート破砕機を使用する作業とは全く異なり，コンクリート破砕器作業主任者の選任の必要はない。したがって，本肢は不適当である。

正解 (4)

(1) 労働安全衛生規則第151条の15で「事業者は，車両系荷役運搬機械等の修理又はアタッチメントの装着若しくは取り外しの作業を行うときは，当該作業を指揮する者を定め，その者に次の事項を行わせなければならない」と規定している。次の事項として，同条1号で「作業手順を決定し，作業を直接指揮すること」，同条2号で「安全支柱，安全ブロック等の使用状況を監視すること」とある。したがって，本肢は適当である。

(2) 安全衛生推進者を選任すべき事業場の規模については，労働安全衛生規則第12条の2で「常時10人以上50人未満の労働者を使用する事業場」と規定している。したがって，本肢は適当である。

(3) 足場の作業主任者の選任については，労働安全衛生法施行令第6条15号で「つり足場，張出し足場又は高さ5メートル以上の構造の足場の組立て，解体又は変更の作業」と規定している。したがって，本肢は適当である。

問題24 労働安全衛生規則に定めている特別の教育を必要とする危険有害業務として，**誤っているものはどれか。**

(1) 石綿が使用されている建築物又は工作物の解体等の作業に係る業務

(2) 作業床の高さが10メートル未満の高所作業車の運転の業務

(3) つり上げ荷重が5トン未満の移動式クレーンの運転の業務

(4) ゴンドラの操作の業務

● 解答と解説 ●

特別教育を必要とする業務は，労働安全衛生規則第36条に規定されている。

(3) 特別教育を必要とする移動式クレーンの運転の業務は，同規則第36条16号で「つり上げ荷重が1トン未満」と規定されている。したがって，「つり上げ荷重が5トン未満」とする本肢の記述は誤っている。

正解 (3)

(1) 特別教育を必要とする石綿作業に係る業務については，同規則第36条37号で「石綿障害予防規則第4条1項に掲げる作業」と規定している。石綿障害予防規則第4条は「石綿等が使用されている建築物，工作物又は船舶の解体等の作業を行うときは，石綿等による労働者の健康障害を防止するため，あらかじめ作業の計画を定め，かつ当該作業計画により作業を行わなければならない」と規定している。したがって，本肢の記述は正しい。

(2) 特別教育を必要とする高所作業車の運転に業務は，同規則第36条10の5号で「作業床の高さが10メートル未満の高所作業車の運転の業務」と規定されている。したがって，本肢の記述は正しい。

(4) 特別教育を必要とする業務として同規則第36条20号で「ゴンドラの操作の業務」と規定されている。したがって，本肢の記述は正しい。

問題25 大気汚染防止法における石綿飛散防止対策に関する次の記述のうち，**誤っているものはどれか。**

(1) この法律は，解体工事のみならず全ての事業活動を対象にしており，人の健康被害に対する事業者の損害賠償の責任についても定めている。

(2) 吹付け材，断熱材，保温材，耐火被覆材のうち石綿が質量の0.1重量%を超えて含まれるものは，特定建築材料に該当する。

(3) 石綿含有状況の調査のサンプリングは特定粉じん排出等作業に該当しないが，作業に当たっては大気への飛散防止を配慮しなければならない。

(4) 特定粉じん排出等作業については，作業開始の14日前までに届け出る必要があるが，集じん・排気装置の設置工事は特定粉じん排出等作業には含まれない。

● 解答と解説 ●

(4) 大気汚染防止法第18条の15に「特定粉じん排出等作業を伴う建設工事の発注者は，特定粉じん排出等作業開始の日の14日前までに，環境省令で定めるところにより，都道府県知事に届け出なければならない。」と定めがある。この届出における作業開始とは，特定粉じんの除去等に係る一連の作業間開始日を指している。一連の作業には，集じん・排気装置の設置等を含んでおり，本肢の記述は誤りである。

正解 (4)

(1) 大気汚染防止法第1条に「この法律は，工場及び事業場における事業活動並びに建築物等の解体等に伴うばい煙，揮発性有機化合物及び粉じんの排出等を規制し，水銀に関する水俣条約（以下「条約」という。）の的確かつ円滑な実施を確保するため工場及び事業場における事業活動に伴う水銀等の排出を規制し，有害大気汚染物質対策の実施を推進し，並びに自動車排出ガスに係る許容限度を定めること等により，大気の汚染に関し，国民の健康を保護するとともに生活環境を保全し，並びに大気の汚染に関して人の健康に係る被害が生じた場合における事業者の損害賠償の責任について定めることにより，被害者の保護を図ることを目的とする。」と定められている。したがって，本設問の記述は適当である。

(2) 大気汚染防止法施行令第3条の3に特定建築材料として，吹付け石綿，石綿を含有する断熱材，保温材及び耐火被覆材と定めがある。なお，石綿等の規制対象となる物の石綿含有率は，環境局長通達（H18.9.5）によると0.1%重量超えである。したがって，本設問の記述は適当である。

(3) 大気汚染防止法施行令第3条の4に特定粉じん排出等作業は，次に掲げる作業としている。「一　特定建築材料が使用されている建築物その他の工作物（以下「建築物等」という。）を解体する作業」「二　特定建築材料が使用されている建築物等を改造し，又は補修する作業」

上記から調査のサンプリングは含まれていないが，作業に当たっては飛散防止等の配慮は必要である。したがって，設問の記述は適当である。

問題26 解体工事の環境保全に関する次の記述のうち，**最も不適当なものはどれか。**

(1) 低騒音型建設機械は，国土交通省により具体的な機種・型式等が公表されている。

(2) 解体工事の総体的な騒音を測定する場合には，通常，工事作業現場から7，15，30メートルの距離で測定する。

(3) 特定建設作業の騒音及び振動に関する規制基準では，1日あたりの作業時間を第1号地域では10時間，第2号地域では14時間までとしている。

(4) 騒音規制法に基づく指定地域内において特定建設作業を行う元請業者は，作業開始の7日前までに届け出なければならない。

● 解答と解説 ●

(2) 建設機械の騒音を測定する場合と建設工事の総体的な騒音を測定する場合とでは測定点が異なる。解体工事における総体的な騒音を測定する場合は，工事現場の敷地境界線で測定するのが通常である。建設機械の騒音を測定する場合は，音源となる機械をできるだけ静かで広い場所に設置し，機械から7，15，30メートルの距離で測定する。したがって，本肢は不適当である。

正解 (2)

(1)「低騒音型・低振動型建設機械の指定に関する規程」(平成9年7月31日建設省告示第1536号) 2条4項で「国土交通大臣が，低騒音型建設機械の指定を行ったときは，型式指定を行った建設機械の型式の機種，名称及び諸元並びに申請書の商号又は名称を告示する」ものとしている。したがって，本肢は適当である。

(3) 騒音規制法15条及び「特定建設作業に伴って発生する騒音の規制に関す

る基準（昭和 46 年 11 月 27 日厚生省・建設省告示第 1 号)」によると「1 日あたりの作業時間は，第 1 号地域では 10 時間，第 2 号地域では 14 時間」と定められている。したがって，本肢は適当である。

(4) 騒音規制法 14 条 1 項で「指定地域内において特定建設作業を伴う建設工事を施工しようとする者は，当該特定建設作業の開始の日の七日前までに，環境省令で定めるところにより，次の事項を市町村長に届け出なければならない」と規定している。次の事項とは，①氏名又は名称及び住所並びに法人にあっては，その代表者の氏名，②建設工事の目的に係る施設又は工作物の種類，③特定建設作業の場所及び実施の期間，④騒音の防止の方法，⑤その他環境省令で定める事項，とある。したがって，本肢は適当である。

問題27 木造建築物の解体作業に関する次の記述のうち，**最も不適当なものはどれか。**

(1) 屋根上での瓦類の搬出は手渡しで行い，トラックの荷台に投下する場合は，投下設備を使用し監視人を置く。

(2) 建築物の建設された年代によって接合部の仕様が異なり，接合金物の種類・使用量は竣工年代が新しくなるにつれて多くなる傾向にある。

(3) 土台・大引き等のCCA処理木材は，他の木材と分別して集積し，焼却施設または安定型処分場へ搬出する。

(4) 断熱材は空隙率が大きいので，可能な限り容積が小さくなるように，ひも等で結束し搬出する。

● 解答と解説 ●

(3) CCA処理木材は，木材の防腐・防蟻を目的としてCCA（クロム・銅・ヒ素化合物系木材防腐剤）を木材内部に加圧注入処理したもので，昭和40年代初期から電柱や家屋の土台などに使用されてきた。このため今後は建築物の解体等によって，これまで使用されたCCA処理木材が廃棄物として大量に排出されることが予想される。CCA処理木材は，それ以外の部分と分離・分別して適正に焼却又は埋め立てを行う必要があり，処分する施設は焼却施設または管理型最終処分場である。したがって，本肢の記述は不適当である。

正解 (3)

(1) 低層の木造建築物等の屋根葺材としては，瓦類（粘土瓦，セメント瓦），住宅屋根用化粧スレート板類（多くは石綿含有建材），金属類（トタン類，銅板類）がある。屋根葺材は，解体工法に関わらず手作業で撤去する。この場合，屋根上での瓦類の運搬は手渡しで行い，屋根上からトラックの荷台などへ投下する場合（３m以上の高さの場合は必ず）は，ダクトやパイプをシュートにした投下設備を使用し飛散防止を図り，立入禁止区域を設定し監視人を置かなければならない。したがって，本肢の記述は適当である。

(2) 木造軸組構法では，建設された年代によって接合部の仕様が異なり，建設された年代が古いものは接合金物の使用量が少なく，かつ金物の取り外しが容易なものが多い。しかし，接合金物は年代が新しくなるにつれて耐震基準の改正により種類や使用量が多くなる。取り外しには，バールやドライバー，スパナ，ハンマ等の工具を使用する。インパクトレンチを使用すると作業効率が高まる。作業は，上から順次下に向かって行う。したがって，本肢の記述は適当である。

(4) 天井や床，外壁等には断熱材が使用されている。断熱材として吹付け石綿や石綿含有ロックウールが使用されている場合は，事前調査の段階で確認して石綿則等の法令に基づいて取り外す。グラスウールが使用されている場合は，可能な限り原形のまま取り外して，容積を小さくすると同時に運搬車輌からの飛散を防止する目的でひも等で結束する。したがって，本肢の記述は適当である。

問題28 木造建築物の解体作業に関する次の記述のうち，**最も不適当なものはどれか。**

(1) 解体作業を行うに当たり，主任技術者とは別に，作業上必要な作業主任者や作業指揮者を配置して計画に沿った工法・手順で施工した。

(2) 上部構造部分の解体において，騒音や粉じん対策として，外周部は解体作業の最終段階まで壊さずに残した。

(3) 敷地内の樹木をパワーショベルで撤去する際，敷地側をパワーショベルで掘削し，的確に抜根まで行った。

(4) 外部建具は手作業で撤去しなければならないが，ガラスがはめられていない内部建具は手作業で撤去する必要はない。

● 解答と解説 ●

(4) 内・外部建具は，解体工法やガラスの有無にかかわらず手作業で撤去し分別しなければならない。内部建具は，障子や襖，室内ドアや戸などを指す。外部建具には，ドアや窓，雨戸などがある。これらは，木，木質系ボード，金属，ガラス等を組み合わせて造られている場合が多い。ガラス付きの建具類は，破損しないように撤去し，コンテナ等の専用容器や搬出用車両の荷台の上でガラスを割る。したがって，本肢の記述は不適当である。

正解 (4)

(1) 建設業法の規定により総額4000万円未満の工事を受注した元請業者ならびに下請負に入る建設業者は，直接雇用する技術者の中から主任技術者を配置しなければならない。総額4000万円以上の元請負の現場には主任技術者に代えて監理技術者を配置する必要がある。

主任技術者は，施工契約を作成し工事全体の工程の把握・管理，品質確保を行うとともに当該建設工事の施工に従事する者の技術上の指導監督などを行う。また，作業指揮者は，**表 28. 1** に示す作業に関し十分な技能を有する者から専任する。主任技術者と監理技術者の資格要件は**表 42. 1**（99 ページ）に掲載している。したがって，本肢の記述は適当である。

(2) 外周部の構造体は，最後まで取り壊さずに残しておく必要がある。外周部を残すことで倒壊の危険性を小さくし，騒音や粉じんに対する養生の効果が期待できる。残しておいた外周部は，転倒工法で建物の基礎・土台の内側に倒し込み，その後残っている接合金物や部材を取り外す。転倒の際は，衝撃による部材の跳ね返りや粉じん飛散の防止措置を講じる。したがって，本肢の記述は適当である。

(3) 樹木等の撤去は，チェーンソー等を使用して切り倒して根をパワーショベル等の重機で引き抜くか，または最初から全体を重機で引き抜くようにする。重機で引き抜く場合には隣地境界塀や地中埋設物等を損壊しないように注意して行う。したがって，本肢の記述は適当である。

表 28. 1　作業指揮者を選任すべき業務

業務の名称	業務内容
車両系荷役運搬機械等作業指揮者	車両系荷役運搬機械等を用いて行う作業（運行経路，作業方法等についての作業計画に基づき行うこと）
車両系荷役運搬機械等修理作業指揮者	車両系荷役運搬機械等の修理又はアタッチメントの装着，取り外し作業
不整地運搬車の荷の積卸し作業指揮者	ひとつの荷で 100 kg以上のものを不整地運搬車に積卸しする作業
構内運搬車の荷の積卸し作業指揮者	ひとつの荷で 100 kg以上のものを構内運搬車に積卸しする作業
貨物自動車の荷の積卸し作業指揮者	ひとつの荷で 100 kg以上のものを貨物自動車に積卸しする作業
車両系建設機械修理等作業指揮者	車両系建設機械の修理又はアタッチメントの装着，取り外し作業
コンクリートポンプ車の輸送管等の組立等作業指揮者	輸送管等の組立・解体の作業
くい打（抜）機又はボーリングマシンの組立等作業指揮者	くい打機，くい抜機又はボーリングマシンの組立，解体，変更又は移動の作業
高所作業車作業指揮者	高所作業車を用いて行う作業（作業場所の状況，積類・能力等についての作業計画に基づき行うこと）
高所作業車作業の修理等作業指揮者	高所作業車の修理又は作業床の装着若しくは取り外しの作業
危険物取扱作業指揮者	危険物を製造し，又は取り扱う作業
導火線発破作業指揮者	導火線発破作業（ただし，免許が必要）
電気発破作業指揮者	電気発破作業（ただし，免許が必要）
停電，活線又は活線近接作業指揮者	停電作業又は高圧，特別高圧の電路の活線若しくは活線近接作業
ガス導管防護作業指揮者	明り掘削作業により露出したガス導管のつり防護，受け防護等の防護作業
ずい道内ガス溶接作業指揮者	ずい道等の内部で可燃性ガス及び酸素を用いて行う金属の溶接，溶断又は加熱の作業
貨車の荷の積卸し作業指揮者	ひとつの荷で 100 kg以上のものを貨車に積卸しする作業
墜落防止作業指揮者	建築物，橋梁，足場の組立て，又は変更の作業で墜落の危険のある作業（ただし，作業主任者の選任を要する作業を除く。）
天井クレーン等の点検等作業指揮者	天井クレーン等に近接する建物，機械，設備等の点検，補修，塗装等の作業
クレーンの組立等作業指揮者	クレーンの組立又は解体の作業
移動式クレーンのジブの組立等作業指揮者	移動式クレーンのジブの組立又は解体の作業
デリックの組立等作業指揮者	デリックの組立又は解体の作業
エレベーター組立等作業指揮者	屋外に設置するエレベーターの昇降路塔又はガイドレール支持塔の組立又は解体の作業
建設用リフト組立等作業指揮者	建設用リフトの組立又は解体の作業
廃棄物焼却炉等解体工事作業指揮者	廃棄物焼却炉，集じん機等の設備の解体等の作業

問題29 鉄骨造建築物の解体作業に関する次の記述のうち，**最も不適当なものはどれか。**

(1) 床版のALCパネルは，床仕上げ材を除去した後に接合している鉄筋や留具を切断してから取り外す。

(2) ガス溶断器で梁を解体する場合には，移動式クレーンで仮吊りした後に部材を溶断して吊り降ろす。

(3) 石綿含有外装材は，高所作業車または外部足場から手作業により取り外す。

(4) ボルトを外して解体する場合には，解体する部材に連続する他の部材のボルトも緩めておいて解体する。

● 解答と解説 ●

(4) 鉄骨造建築物の屋根葺材の取外しや鉄骨骨組の主な解体工法には，ガス溶断器で溶断する工法と鉄骨カッタで切断する工法があり，作業の手順や注意点はほぼ同じである。ボルトを外して解体する場合は，解体箇所のボルトのみ緩め，ほかのボルトは本締めのままにしておくのが基本である。したがって，本肢の記述は不適当である。

正解 (4)

(1) ALC床版を鉄骨から取り外した後に床仕上げ材を除去するのは，事前に除去するより困難な場合が多い。このためALC床版を取り外す前に床仕上げ材を除去することが必要である。とくに鉄筋や留具をガス溶断する場合には，カーペットなどの床仕上げ材に引火する危険性があるので注意が必要である。したがって，本肢の記述は適当である。

(2) 梁や桁など部材の質量が大きい場合は，移動式クレーンで仮吊りして溶断し降ろす。溶断は基本的に断面の下から上の順序で行い，継ぎ手部分を避けて母材部分を溶断する。玉掛け及び溶断作業は適宜高所作業車，移動式作業足場を使用する。したがって，本肢の記述は適当である。

(3) 石綿含有外装材を撤去する際は散水による湿潤化及び防じんマスクの使用など，法令に基づいた措置を講じて，石綿含有外装材を破砕，落下させないよう手作業で撤去する。石綿の飛散にはとくに留意する。したがって，本肢の記述は適当である。

問題30　鉄骨造建築物の解体作業に関する次の記述のうち，**最も不適当なものはどれか。**

(1) 妻側から１スパンごとに，母屋材，胴縁等を溶断する。

(2) 鉄骨の再使用を目的とする場合は，梁，柱等をガス溶断器で切断する。

(3) 外壁は，屏風状にならないようＬ字又はコの字の形に残しながら解体する。

(4) 解体作業の進捗に応じて，外部足場を撤去する。

● 解答と解説 ●

(2) 鉄骨の再使用を目的とする場合は，柱や梁など部材本体に熱を加えて変質させないよう注意して，柱や梁等の主要部材の取付けに使用されているボルト，リベットをガス溶断機で溶断する。ボルトやリベットを溶断した後は穴に仮ボルトをさしておき，最後に順次取り外してクレーン等で吊り降ろす。溶接されている胴縁，窓台，跳出し根太，デッキプレートなどを溶断する際も部材本体に熱を加えて変質させないようにする。したがって，本肢の記述は不適当である。

正解 (2)

(1) 鉄骨骨組の解体は，ガス溶断器，鉄骨カッタのどちらを使用する場合も作業手順や留意点はほぼ同じで，基本的に妻側から１スパンごとに母屋材，胴縁，小屋組を解体する。したがって，本肢の記述は適当である。

(3) 外壁は倒壊を防止するため１枚壁（屏風状）にならないようＬ字又はコの字形に残す。やむを得ず１枚壁（屏風状）で残す場合は，転倒防止のためのワイヤを張るなどして倒壊を防止する。したがって，本肢の記述は適当である。

(4) 解体の進捗に応じて外部足場を撤去する。盛り替え（足場の移設）をする場合は確実に控え材を設置する。したがって，本肢の記述は適当である。

問題31 鉄筋コンクリート造構造物の解体作業に関する次の記述のうち，**最も適当なものはどれか。**

(1) 高さ12m以上の高所で，外壁を転倒工法で解体することは，法令で禁止されている。

(2) 静的破砕剤を使用して，だるま落としの要領で1階から順に破砕する工法がある。

(3) 上階で発生したコンクリート塊は，床に設けた開口部等を利用して1階床まで投下する。

(4) 床の開口部の上で作業を行う場合は，厚手の合板又は鉄板を敷いて開口部を閉鎖する。

● 解答と解説 ●

(3) 上階で発生したコンクリート塊は，床に開けた開口部等，できればエレベーターシャフトをダストシュートとして下階まで投下する。したがって，本肢の記述は適当である。

正解 (3)

(1) 転倒工法は，建築物の壁や柱，あるいは煙突や塔などを脚部をはつって（斫って），自重で転倒させたり上部を重機やワイヤーロープ・ウィンチで引き倒したりする工法である。法令上工法の適用に関する高さ制限はなく，鉄筋コンクリート造建築物の上層階の外壁解体では，圧砕するとコンクリート塊が外部に飛散する可能性が高いので，転倒工法の方が安全と考えられる場合がある。したがって，本肢の記述は不適当である。

(2) 鹿島建設㈱が開発した「だるま落とし工法」は，正式には「鹿島カットアンドダウン工法」と呼び，鉄骨造の鉄骨柱を下階でガス溶断，その後支えていたジャッキで建物全体を下降させる工法である。高層ビルの解体における環境配慮型解体工法の一つである。一方，静的破砕剤工法は，酸化カルシウム（CaO）と水が反応するときに発現する膨張圧を利用してコンクリートを破砕する工法で，橋脚や橋台，基礎，擁壁，無筋の厚板等のマスコンクリートの解体に適している。ビルなどを下の階からだるま落としの要領で解体するのには適していない。したがって，本肢の記述は不適当である。

(4) 床の開口部に厚手の合板または鉄板を敷いたからといって，その質量・形状等との関係から，作業の内容によっては位置がずれる場合などがあり，床の開口部上での作業は極めて危険である。したがって，本肢の記述は不適当である。

問題32 鉄筋コンクリート造構造物の解体作業に関する次の記述のうち，**最も不適当なものはどれか。**

(1) ハンドブレーカにより外壁を解体する場合は，両端部の柱を先に解体し，その後に壁を解体する。

(2) 地上解体を行う場合は，圧砕機は原則としてコンクリート塊の上に乗せず，平坦部に据えて作業を行う。

(3) 階上解体を行う場合は，揚重する圧砕機の重量に対しコンクリートスラブの強度が不足する場合には，サポート等でスラブを補強する。

(4) 階上作業は，［上部スラブ及び内柱・内壁解体］→［外柱・外壁解体］→［下部スラブ解体］，→［重機を下階に移動］，の繰り返しで行う。

● 解答と解説 ●

(1) ハンドブレーカにより外壁を解体する際は，柱を残して壁部分から先に解体を行い，最後に柱を解体する。したがって，本肢の記述は不適当である。

正解 (1)

(2) 重機は原則として平らな地盤の上で作業を行う。軟弱な地盤の上，地下室やコンクリート塊の上など不安定な地盤での作業は重機が転倒する恐れが増す。したがって，本肢の記述は適当である。

(3) 階上解体を行う際はコンクリートスラブの崩壊を防ぐため，重量サポート等で補強を行った上で重機を揚重する。したがって，本肢の記述は適当である。

(4) 階上作業は本肢に記述する通りの順で解体を進行する。したがって，本肢の記述は適当である。

問題33 鉄筋コンクリート造建築物の解体作業に関する次の記述のうち，**最も不適当なものはどれか。**

(1) 高さ5メートル以上のコンクリート造工作物の解体では，コンクリート造の工作物の解体等作業主任者を選任する。

(2) 圧砕機をコンクリート塊のスロープを利用して下階に移動させる場合は，積み上げたコンクリート塊の勾配や締まり具合に十分注意する。

(3) 圧砕作業に際しては，外部養生足場と外壁の間はできるだけ狭くする。

(4) 散水作業員と圧砕機のオペレーターとは，常に相手を確認できる位置関係を保つ。

● 解答と解説 ●

(3) 外壁解体の際，外部養生足場と外壁との間が狭すぎると，作業中に圧砕機によって足場を押してしまう危険があるため，適度な間隔（300～500 mm）を取る必要がある。したがって，本肢の記述は不適当である。

正解 (3)

(1) 高さ5 m以上のコンクリート造工作物（電柱・煙突・塔等を含む）を解体する際には，「コンクリート造の工作物の解体等作業主任者」を選任しなければならない。したがって，本肢の記述は適当である。

(2) 階上作業では解体したコンクリート塊を足場にして下階に移動するが，重機が転倒しないよう緩やかな勾配で安定したスロープを設ける必要がある。また積み上げたコンクリート塊の締まり具合を確認することが必要である。したがって，本肢の記述は適当である。

(4) 散水等の作業員は常に重機の視界に入る位置で作業を行う必要がある。オペレーターの死角に入ってしまうと，挟まれ，巻き込まれ等の事故が起きる危険性がある。したがって，本肢の記述は適当である。

問題34　下図は，鉄筋コンクリート造のよう壁を，切土しながら解体する工法の概略図である。図中の①から⑥は作業の順序を示す番号で，①③⑤は切土作業（掘削作業）を，②④⑥はよう壁の解体作業を示す。

この解体作業における留意事項に関する次の記述のうち，**最も不適当なものはどれか。**

(1) ハンドブレーカ作業用足場は，傾斜した足場となるので，単管足場などが適している。

(2) ハンドブレーカ作業者は，防じんマスク，防じんめがね，防振手袋，耳栓などを使用し，長時間の連続作業にならないよう注意する。

(3) 解体作業と掘削作業とは上下作業とならないような作業手順とする。

(4) 1回に解体するよう壁の高さは，背面の土砂の動きを確認しながら，ハンドブレーカ作業者の判断でその都度決定する。

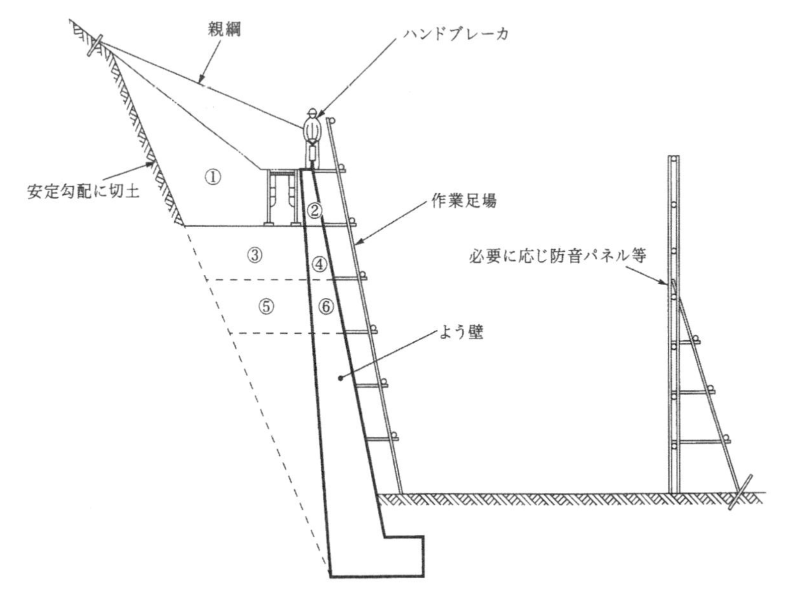

● 解答と解説 ●

(4) 背面土砂の状態確認とよう壁の解体範囲の判断は作業員ではなく現場責任者が行い，作業員に指示を出す。したがって，本肢の記述は不適当である。

正解 (4)

(1) よう壁の傾斜に沿った足場を架ける際，枠組足場では施工が難しく，単管足場が適している。したがって，本肢の記述は適当である。

(2) ハンドブレーカ作業者は粉じんを吸い込まないようマスクやメガネを着用し，振動による障害を防止するために防振手袋をし，かつ長時間の連続作業を避ける。したがって，本肢の記述は適当である。

(3) 本作業に限らず全ての作業において，落下物による事故の危険があるため上下作業は避ける。したがって，本肢の記述は適当である。

問題35 鉄筋コンクリート造建築物の地下室（地下１階）を解体する場合の，次の①～⑥の解体作業の手順として，**最も適当なものはどれか。**

①作業用桟橋及び一段切梁の架設

②山留壁や桟橋の支持杭や棚杭等の打込み

③中央部基礎の解体

④１階の床，梁及び地下１階の内部立ち上がり部分の解体

⑤残った地下１階外壁と外周基礎の解体

⑥一段切梁までの地下１階外壁の解体

(1) ② → ④ → ③ → ⑥ → ① → ⑤

(2) ④ → ② → ① → ⑥ → ③ → ⑤

(3) ④ → ② → ③ → ⑤ → ① → ⑥

(4) ② → ④ → ③ → ⑤ → ① → ⑥

● 解答と解説 ●

建築物の地下室の解体は，構築物の地上部分の解体に比較して次に示すような異なる要素が入ってくるので注意が必要である。

①建築物の解体作業独自の作業ではなく，地山の掘削作業や土止め支保工の組立解体作業などと並行した作業になる場合が多いので，工法や作業工程・手順などをよく打ち合わせて実施しなければならない。

②解体対象物の部材断面が一般に地上部に比較して大断面が多いので発破工法などのように他の作業主任者や一定の有資格者のもとに行う作業を併用する場合も出てくる。このようなときには作業工程・手順などを関係者とよく打ち合わせて危険作業のないように十分注意しなければならない。

③建築物の外壁や底盤など片側が直接土に接する部材があるので，解体作業

の方法もある程度制約される。また，直接土に接する部材は，地上の部材に比べて振動が伝搬しやすいので公害防止の面からも注意が必要である。周辺地盤の沈下や変形の防止も併せて重要な注意点となる。

地下構造物解体時の一般的な作業手順は以下の通り（**図 35. 1** 参照）。

なお，桟橋とは地山の掘削作業や既存躯体の解体のために重機を設置したり地下に降ろしたりする作業構台として利用され，地上部に設けられる。図では桟橋が省略されている。

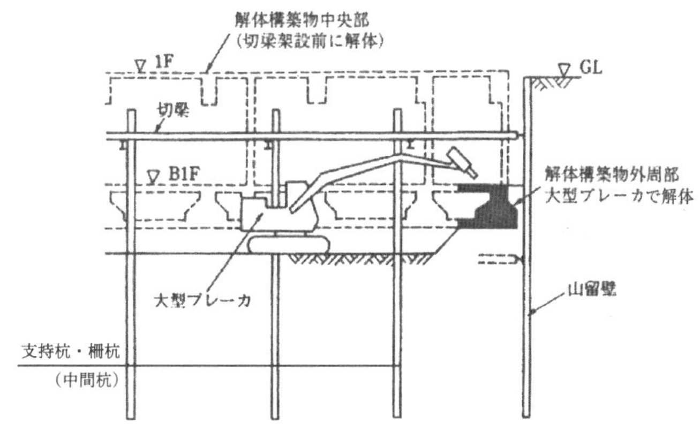

図 35. 1　大型ブレーカ工法による地下室の解体作業の例

山留壁，桟橋の支持杭・棚杭（切梁支持杭）等を打ち込む②　→　1階床スラブ・梁及び地下1階外壁・立ち上がり部分の解体④　→　中央部の基礎の解体③　→　一段切梁までの地下1階外壁の解体⑥　→　作業用桟橋及び一段切梁の架設①　→残った地下1階外壁と外周基礎の解体⑤

したがって，適当な選択肢は (1) である。

正解 (1)

問題36 解体工事における仮設に関する次の記述のうち，**最も不適当なものはどれか。**

(1) 枠組足場に防音シートを取り付けると，作用する風荷重が大きくなるので，通常よりも密に壁つなぎや控えを設置した。

(2) 枠組足場の組立て・解体作業における墜落災害を防止するために，手すり先行工法を採用した。

(3) コンクリート塊等が，外部足場の作業床と外壁の隙間から下階に一気に落下すると危険なので，外部足場の途中階に2層おきに安全ネットを設置した。

(4) コンクリート塊の落下物を防止するために，養生シートとして建築工事用シート（JIS A 8952）の1類を選定した。

● 解答と解説 ●

(3) コンクリート塊等が足場の隙間から落下することを防ぐためには，足場板等を用いた水平養生棚の設置が有効である。安全ネットは落下するコンクリート塊が突き破ってしまう。したがって，本肢の記述は不適当である。

正解 (3)

(1) 防音シートや防音パネルを取り付けると風荷重が大きくなるため，パネルの落下や足場の崩壊，崩落を防ぐため壁つなぎや控えを多くとらなければならない。したがって，本肢の記述は適当である。

(2) 手すり先行工法は足場よりもさきに手すりを設置することにより，足場の組立て・解体作業者の安全を確保する工法である。したがって，本肢の記述は適当である。

(4) 工事用シートは，2類より1類の方が強度が強く養生シートに適している。2類は落下防止の目的で使用する場合は，金網と併用しなければならない。したがって，本肢の記述は適当である。

問題37 解体作業に関する次の記述のうち，**最も不適当なものはどれか。**

(1) 石こうボードにはヒ素が混入しているものがあるため，作業前に品番等の確認を行う。

(2) 屋上防水層は，分別のため，躯体解体の前に撤去を行う。

(3) 窓等に使用されているシーリング材には，PCBが含まれているものがあるため，事前に調査を行う。

(4) 埋設浄化槽の蓋が開かない場合，ガス溶断器を用いて開口し，内部残留物の確認を行う。

● 解答と解説 ●

(4) 浄化槽内部には汚物等より発生したメタンガスが充満している可能性があるため，火気を用いて解体するのは非常に危険であり，避けなければならない。したがって，本肢の記述は不適当である。

正解 (4)

(1) 石こうボードには製造年代，製造工場によってはヒ素やカドミウム等の有害物が混入しているものがある。品番で確認ができるため，事前に確認が必要である。したがって，本肢の記述は適当である。

(2) 屋上防水層は事前に手作業にて撤去・分別しておくことで効率的に分別解体を進められる。したがって，本肢の記述は適当である。

(3) シーリング材の中にはPCB（ポリ塩化ビニフェル）が含まれているものがあるため，事前に調査が必要である。したがって，本肢の記述は適当である。

問題38 解体工事現場から発生する産業廃棄物を，排出事業者が処理する場合に関する次の記述のうち，**最も不適当なものはどれか。**

(1) 産業廃棄物を収集運搬業者に処理を委託するに際し，産業廃棄物を収集運搬業者に引き渡すと同時に，産業廃棄物管理票を交付した。

(2) 産業廃棄物管理票を収集運搬業者に交付する場合，同じ種類の産業廃棄物であったが，運搬先が2箇所であったので，運搬先ごとに交付した。

(3) 産業廃棄物を収集運搬業者に処理を委託するに際し，当該産業廃棄物処理が収集運搬業者の事業の範囲に含まれている業者と書面で委託契約を締結した。

(4) 産業廃棄物の処理委託契約をした収集運搬業者が当該産業廃棄物の処理を完了したので，委託契約書と添付書面を委託契約締結の日から5年間保存した。

● 解答と解説 ●

(4) 廃棄物処理法施行令第6条の2第5号に「委託契約書及び書面をその契約の終了の日から環境省令で定める期間（5年間）保存すること。」と定められている。本設問の「委託契約締結の日から5年間保存した。」との記述は不適当である。

正解 (4)

(1) 廃棄物処理法第12条の3第1項に「産業廃棄物を生ずる事業者は，その産業廃棄物の運搬又は処分を他人に委託する場合は当該委託に係る産業廃棄物の引渡しと同時に当該産業廃棄物の運搬を受託した者に産業廃棄物管理票を交付しなければならない。」と定めがある。したがって，本設問は適当である。

(2) 廃棄物処理法施行規則第8条の20第2号に「引渡しに係る当該産業廃棄

物の運搬先が二以上である場合にあっては，運搬先ごとに交付する。」と定めがある。したがって，本設問は適当である。

(3) 廃棄物処理法施行令第 6 条の 2 に運搬を委託する場合の基準が定められている。それによると，廃棄物処理法施行令第 6 条の 2 第 1 号に「委託しようとする産業廃棄物の運搬がその事業の範囲に含まれているものに委託する。」と定められている。また，廃棄物処理法施行令第 6 条の 2 第 4 号に委託契約は書面で行うと定められている。したがって，本設問は適当である。

問題39 建設廃棄物の再資源化等に関する次の記述のうち，**最も不適当なものはどれか。**

(1) 排出される廃木材は，指定建設資材廃棄物として定められた要件を満足する場合に限り，縮減（焼却）ができる。

(2) 排出される廃プラスチック類の再資源化の方法には，再製品化のほか，セメント原料，固形燃料（RPF），油化，ガス化など，様々な形態がある。

(3) 排出された大量のコンクリート塊を再資源化するために，下請業者が排出事業者から委託を受けて中間処理施設に運搬する場合は，産業廃棄物収集運搬業の許可は不要である。

(4) 排出された特定建設資材廃棄物については，最終処分を行うほうが経済的に有利であっても，再資源化等を行う。

● 解答と解説 ●

(3) 廃棄物処理法の第14条では「産業廃棄物の収集又は運搬を業として行おうとする者は，当該業を行おうとする区域（運搬のみを業として行う場合にあつては，産業廃棄物の積卸しを行う区域に限る。）を管轄する都道府県知事の許可を受けなければならない。」とある。したがって，本設問の記述は不適当である。

正解 (3)

(1) 建設リサイクル法第16条に「特定建設資材廃棄物でその再資源化について一定の施設を必要とするもののうち政令で定めるもの（以下この条において「指定建設資材廃棄物」という。）に該当する特定建設資材廃棄物については，主務省令で定める距離に関する基準の範囲内に当該指定建設資材廃棄物の再資源化をするための施設が存しない場所で工事を施工する場合，その他地理的条件，交通事情その他の事情により再資源化をすることには相当程度に経済性の面での制約があるものとして主務省令で定める場合には，再資源化に代えて縮減をすれば足りる。」と定めがある。この場合，「再資源化をすることに経済性の面で制約がある」ことが定められた要件と考えられ，これを満足すれば縮減（焼却）ができることになる。したがって，本設問の記述は適当である。

(2) 廃プラスチック類の再資源化の方法には，マテリアルリサイクル（再生利用の原料化・製品化），ケミカルリサイクル（高炉還元剤コークス炉化学原料化等），サーマルリサイクル（ゴミ発電燃料，RPF，RDF 等）と三つの方法がある。したがって，本設問の記述は適当である。

(4) 建設リサイクル法第 16 条に「対象建設工事受注者は，分別解体等に伴って生じた特定建設資材廃棄物について，再資源化をしなければならない」とある。ただし，(1) で記述したように指定建材資材廃棄物については，定められた要件を満たせば縮減（焼却）を行うことができる。一般的には経済性のみを判断して最終処分をしてはならない。したがって，本設問の記述は適当である。

問題40　石綿処理の実務に関する次の記述のうち，**最も不適当なものはどれか。**

(1) 配管等の接続部に使用された，石綿を含有したパッキン等のシール材の取り外し作業に，グローブバッグを使用した。

(2) 撤去した石綿含有建材を運搬車両へ積み込むために，やむを得ず破砕・切断する場合は，十分湿潤化した上で行い，破砕・切断は最小限とした。

(3) 石綿含有吹付け材の除去作業を行う場合には，作業場を隔離シートで密閉し，作業場を正圧に保った。

(4) 解体作業の進行にともない，新たに石綿含有建材の使用箇所が確認されたので，速やかに調査して作業計画を変更した。

● **解答と解説** ●

(3) 石綿障害予防規則第6条第2項第4号に「石綿等の除去等を行う作業場所及び前室を負圧に保つこと。」と定めがある。したがって，本設問の「作業場を正圧に保った。」は不適当である。

正解 (3)

(1) グローブバッグ(Glove Bags）とは，袋と腕を入れるグローブとが一体となった作業袋のことである（**図40. 1**参照)。グローブバッグ（部分隔離）は，機械室の配管エルボなどに使用されている石綿保温材等を除去する際に用いる。除去する石綿保温材周辺を部分的にグローブバッグを使用し密閉して，グローブバッグ内で保温材の剥離作業を行う。石綿障害予防規則第6条第1項のただし書きの隔離と同等以上の効果を有する措置として認められている。したがって，本設問は適当である。

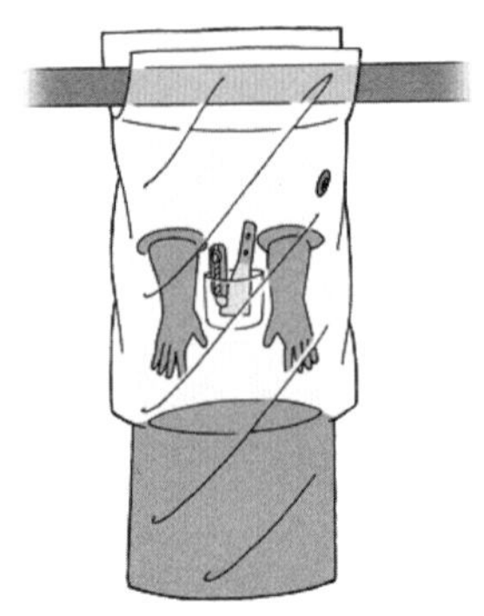

図40. 1 グローブバッグの例

(2) 廃棄物処理法施行令第3条2号ト(2)に「石綿含有一般廃棄物を収集運搬する場合，必要な破砕切断は環境大臣が定める方法であれば行える。」と定めがある。その方法は散水等による湿潤化とある。したがって，本設問の記述は適当である。

(4) 新たに石綿含有建材の使用箇所が確認された場合は，石綿障害予防規則に則って適切な対応をすることが必要で，使用箇所や使用状況などを速やかに調査して作業計画を変更することが不可欠である。したがって，本設問の記述は適当である。

問題41　建設業法に関する次の記述のうち，**最も適当なものはどれか。**

(1) 解体工事に際し，以前の建物の基礎が埋め残っていることが工事着手後に判明したが，工期が迫っていたため，発注者の承諾なく撤去の後，工事代金を請求した。

(2) 解体工事業者が，請け負った解体工事に附帯する舗装工事を請け負った。

(3) 解体工事業者が，発注者からの要請で，その発注者から他の建設業者が請け負った解体工事を一括して請け負った。

(4) 解体工事業者が，その請け負った解体工事に際して，人繰りがつかなかったので，主任技術者を置かなかった。

● 解答と解説 ●

(2) 建設業法第 4 条（附帯工事）において，「建設業者は許可を受けた建設業に係る建設工事を請け負う場合においては，当該建設工事に附帯する他の建設業に係る建設工事を請け負うことができる」となっている。したがって，本肢の記述は適当である。

正解 (2)

(1) 建設業法第 19 条（建設工事の請負契約の内容）五で「当事者の一方から設計変更又は工事着手の延長若しくは工事の全部若しくは一部の中止の申し出があった場合における工期の変更，請負代金の額の変更又は損害の負担及びそれらの額の算定方法に関する定め」を書面で定めることになっており，この書面で定めた手続きにしたがって運用することが必要である。発注者の承諾を得ずに工事や工期を変更したり，工事代金を変更したり，変更内容を書面で確認せずに工事を進めてはならない。したがって，本肢の記述は不適当である。

(3) 建設業法第 22 条（一括下請負の禁止）において，「建設業者は，その請け負った建設工事を，いかなる方法をもってするかを問わず，一括して他人に請け負わせてはならない」と定めている。また第2項では，一括して請け負ってはならないとも定めている。ただし，一定の条件を満足し元請負人があらかじめ発注者の書面による承諾を得た場合は，これらの規定は適用されない（同第3項）。なお，公共発注工事については，このような例外は認められない。したがって，本肢の記述は不適当である。

(4) 建設業法第26条第1項で，「建設業者は，その請け負った建設工事を施工するときは，一定の資格を有する者で，その工事現場における建設工事の施工技術上の管理をつかさどる主任技術者を置かなければならない」と定めている。したがって，本肢の記述は不適当である。

問題42 解体工事業における監理技術者として，令和３年４月以降，**認められる者は，次のうちどれか。**

(1) 平成27年度以前に１級土木施工管理技術検定試験に合格し，登録解体工事講習（建設業施行規則に基づく国土交通大臣登録講習）を受講した者

(2) 平成27年度以前に１級建築施工管理技術検定試験に合格し，（公社）全国解体工事事業団体連合会が実施する解体工事施工技士試験に合格した者

(3) 平成28年度以降に技術士（建設部門又は総合技術監理部門「建設」）の２次試験に合格した者

(4) 令和元年度以降に一級建築士または１級建設機械施工技士技術検定の試験に合格した者

● 解答と解説 ●

平成26年（2014年）の建設業法改正による「解体工事業」の新設を受けて，既に「とび・土工工事業」の許可を受けている業者については，引き続き解体工事業の許可を受けずに解体工事を施工することが可能とされた（法律上の経過措置は，令和元年５月31日をもって終了している）。

その一方で，解体工事業の技術者については，改正省令第７条の３により，**表42．1**のように定められたが，令和３年３月31日までの間は，既存のとび・土工工事業の技術者に限り，法律上の経過措置が認められている。

あと一年を切った令和３年４月１日以降は，**表42．1**に示された要件を満たすことが必須であるが，それも**表42．1**中の**※1**の資格の平成27年度までの合格者については，解体が試験範囲にされていないことから，解体工事に関する実務経験１年以上又は登録解体工事講習の受講が必要である。また，**表42．1**中**※2**技術士（建設部門又は総合技術監理部門（建設））合格者については，

当面の間合格年度に限らず，解体工事に関する実務経験1年以上又は登録解体工事講習の受講が必要である。

(1) 平成27年度以前に1級土木施工管理技術検定試験に合格し，登録解体工事講習（建設業施工規則に基づく国土交通大臣登録講習）受講している者は，監理技術者要件を満たす。したがって，本肢の者は該当する。

正解 (1)

(2) 平成27年度以前に1級建築施工管理技術検定試験に合格し，（公社）全国解体工事業団体連合会が実施する解体工事施工技士試験に合格しても，監理技術者の要件を満たさない。解体工事に関する実務経験1年以上又は登録解体工事講習の受講が必要である。なお，（公社）全国解体工事業団体連合会が実施する解体工事施工技士試験は，主任技術者要件の「登録技術試験（種目：解体工事）」に該当する。一定の実務経験を積めば，監理技術者要件に該当することも可能である。したがって，本肢の者はこれだけでは該当しない。

(3) 平成28年度以降に合格したとしても，技術士（建設部門又は総合技術監理部門「建設」）の2次試験合格者はそのままでは監理技術者要件を満たさない。解体工事に関する実務経験1年以上又は登録解体工事講習の受講が必要である。したがって，本肢の者は該当しない。

(4) 一級建築士又は1級建設機械施工技士試験の合格者は，合格年度に限らず監理技術者要件に該当しない。したがって，本肢の者は該当しない。

表 42. 1　解体工事業の技術者要件（改正省令第 7 条の 3）

●監理技術者要件

次のいずれかの資格等を有する者
- 1 級土木施工管理技士※1
- 1 級建築施工管理技士※1
- 技術士（建設部門又は総合技術監理部門（建設））※2
- 主任技術者としての要件を満たす者のうち、元請として 4,500 万円以上の解体工事に関し 2 年以上の指導監督的な実務経験を有する者

●主任技術者要件

次のいずれかの資格等を有する者
- 監理技術者の資格のいずれか
- 2 級土木施工管理技士（土木）※1
- 2 級建築施工管理技士（建築又は躯体）※1
- とび技能士（1 級）
- とび技能士（2 級）合格後，解体工事に関し 3 年以上の実務経験を有する者
- 登録技術試験（種目：解体工事）
- 大卒（指定学科※3）3 年以上，高卒（指定学科※3）5 年以上，その他 10 年以上の実務経験
- 土木工事業及び解体工事業に係る建設工事に関し 12 年以上の実務の経験を有する者のうち，解体工事業に係る建設工事に関し 8 年を超える実務の経験を有する者
- 建築工事業及び解体工事業に係る建設工事に関し 12 年以上の実務の経験を有する者のうち，解体工事業に係る建設工事に関し 8 年を超える実務の経験を有する者
- とび・土工工事業及び解体工事業に係る建設工事に関し 12 年以上の実務の経験を有する者のうち，解体工事業に係る建設工事に関し 8 年を超える実務の経験を有する者

※1 平成 27 年度までの合格者に対しては，解体工事に関する実務経験 1 年以上又は登録解体工事講習の受講が必要。
※2 当面の間，解体工事に関する実務経験 1 年以上又は登録解体工事講習の受講が必要。
※3 解体工事業の指定学科は，土木工学又は建築学に関する学科。

問題43 「墜落制止用器具」に関する次の記述のうち，労働安全衛生法令等に照らして**誤っているものはどれか。**

(1) 平成30年6月の法改正により「墜落制止用器具」は，胴ベルト型（一本つり）とフルハーネス型（一本つり）の2種類の安全帯を指すことになった。

(2) フルハーネス型の着用者が墜落時に地面に到達するおそれのある場合（高さが6.75m以下）は，「胴ベルト型（一本つり）安全帯」を使用できる。

(3) 高さが2m以上の箇所であって作業床を設けることが困難なところにおいて，フルハーネス型安全帯を用いて行う作業には，特別教育を修了した者をあてなければならない。

(4)「墜落制止用器具」を安全に取り付けるための設備等を設けなればならないのは，高さが5m以上の箇所での作業である。

● 解答と解説 ●

(4) 労働安全衛生規則521条第1項で「高さ2メートル以上の箇所で作業を行う場合において，労働者に要求性能墜落制止用器具等を使用させるときは，要求性能墜落制止用器具等を安全に取り付けるための設備等を設けなければならない。」と規定している。したがって，本肢の「5m以上」は誤りである。

正解 (4)

(1) 従来「安全帯」は，①胴ベルト型（一本吊り），②胴ベルト型（U字吊り），③ハーネス型の3種類であったが，平成30年6月の労働安全衛生法改正で，「墜落制止用器具」として墜落を制止する機能がないU字吊り用胴ベルト型（②）を含めず（①）と（③）のみが認められることとなった。なお，厚生労働省の質疑応答集で，建設現場等において従来の呼称である「安全帯」といった用語を使用することは差し支えないと回答している。したがって，本肢の記述は正しい。

(2)「墜落制止用器具の規格」（平成31年厚生労働省告示第11号）と「墜落制止用器具の安全な使用に関するガイドライン」（平成30年6月22日基発0622第2号第4.1（1））によると「2メートル以上の作業床がない箇所又は作業床の端，開口部等で囲い手すり等の設置が困難な箇所での墜落制止用器具は，フルハーネス型を使用することが原則である。ただし，フルハーネス型の着用者が地面に到達するおそれのある場合（高さが6.75メートル以下）は，胴ベルト型（一本吊り）を使用することができる」と規定されている。したがって，本肢の記述は正しい。

(3) 労働安全衛生規則第36条41号では「高さが2メートル以上の箇所であって作業床を設けることが困難なところにおいて，墜落制止用器具（労働安全衛生法施行令第13条第3項第28号の墜落制止用器具をいう。第130条の5第1項において同じ）のうちフルハーネス型のものを用いて行う作業に係る業務」を行う場合は，特別教育を必要とする危険または有害業務となる。したがって，本肢の記述は正しい。

問題44 労働安全衛生関係法令に関する次の記述のうち，**誤っているものはどれか。**

(1) 機械等の安全を確保するために，使用段階において一定の期間ごとに，事業者が自主的にその機械の機能をチェックする定期自主検査を行う。

(2) 車両系建設機械（パワーショベル等）は，特に危険な作業を必要とする「特定機械等」とされており，その安全性を確保するために，製造許可・製造時検査，設置時検査などを行う。

(3) 防じんマスク（ろ過材および面体を有するものに限る）を製造する者は，登録型式検定機関による防じんマスクの型式検定を受ける。

(4) フォークリフトや不整地運搬車は，資格を有する者又は登録検査業者による検査（特定自主検査）を行い，標章を貼付する。

● 解答と解説 ●

(2) 労働安全衛生法では，機械等について①とくに危険な作業を必要とする機械，②危険もしくは有害な作業を必要とする機械（解体用機械4種が含まれる），③その他の一般機械，の3つに分けて規制している。このうち①とくに危険な作業を必要とする機械については，「特定機械」として，その安全性を確保するため製造許可，製造時検査，設置時検査，検査証交付，性能検査等の制度が設けられている。これらの特定機械等のうち解体工事に関係あるものとして，クレーン（吊荷荷重3トン以上），移動式クレーン（同），建設用リフト（高さ18m以上）などがあるが，車両系建設機械（パワーショベル等）は該当しない。したがって，本肢の記述は誤っている。

正解 (2)

(1) 労働安全衛生法第45条1項では，機械等の安全を確保するためには製造段階での構造用件の確保だけでなく，使用過程において一定の期間（1カ月以内ごとに定期に 1 回）ごとに自主的にその機能をチェックする定期自主検査の制度があり，その結果については記録し 3 年間保存しておくことが定められている。したがって，本肢の記述は正しい。

(3) 労働安全衛生法第 44 条の 2 と労働安全衛生法施行令第 14 条の 2 により「型式検定を受けるべき機械等」が定められている。それによると「プレス機械又はシャー（金属の切断工具）の安全装置，防爆構造電気機械器具（船舶安全法の適用を受ける船舶に用いられるものを除く），クレーン又は移動式クレーンの過負荷防止装置などとともに防じんマスク（ろ過材及び面体を有していないものを除く）」が対象となっている。したがって，本肢の記述は正しい。

(4) 定期自主検査のうち，とくに検査が技術的に難しく，また大きな災害をもたらすおそれのある機械等について資格を有する者または検査業者による「特定自主検査」（労働安全衛生法第 45 条 2 項）を実施することが規定されている。フォークリフトや不整地運搬車は特定自主検査の対象機械となっている（**表 44. 1** 参照）。なお，この特定自主検査を実施した機械には，機体に標章（ステッカー）を貼り付けなければならない。したがって，本肢の記述は正しい。

表 44. 1　特定自主検査の対象機械

特定自主検査対象機械等	政　　令
フォークリフト	安衛法施行令第 13 条 3 項 8 号
不整地運搬車	安衛法施行令第 13 条 3 項 33 号
車両系建設機械	安衛法施行令第 13 条 3 項 9 号
高所作業車	安衛法施行令第 13 条 3 項 34 号

問題45 廃棄物処理法における産業廃棄物に関する次の記述のうち，**最も不適当なものはどれか。**

(1) 産業廃棄物のうち特別管理産業廃棄物として定められている廃酸は，水素イオン濃度指数（pH）2.0以下の酸性廃液である。

(2) 安定型最終処分場に埋立処分ができる産業廃棄物は，「廃プラスチック類」，「ゴムくず」，「金属くず」，「ガラスくず，コンクリートくず及び陶磁器くず」，「がれき類」である。

(3) 産業廃棄物のうち特別管理産業廃棄物として定められている廃アルカリは，水素イオン濃度指数（pH）10.0以上のアルカリ性廃液である。

(4) 畜産農業に係る事業活動にともなって生じた動物の死体は，産業廃棄物である。

● 解答と解説 ●

(3) 特別管理産業廃棄物として定められている廃アルカリは，廃棄物処理法施行令第2条4第3号に定められている。また，水素イオン濃度指数は廃棄物処理法施行規則第1条の2第3項に12.5以上であることと定められている。したがって，本設問の「水素イオン濃度指数10.0以上である。」との記述は不適当である。

正解 (3)

(1) 特別管理産業廃棄物として定められている廃酸は，廃棄物処理法施行令第2条4第2号に定められている。また，水素イオン濃度指数は廃棄物処理法施行規則第1条の2第2項に2.0以下であることと定められている。したがって，本設問の記述は適当である。

(2) 廃棄物処理法施行令第6条第1項イに安定型処分場に埋立処分ができるものの定めがあり，埋立処分ができるものとして，「廃プラスチック類」「ゴムくず」「金属くず」「ガラスくず，コンクリートくず及び陶磁器くず」「がれき類」が定められている。したがって，本設問の記述は適当である。

(4) 廃棄物処理法施行令第２条第１号に産業廃棄物として動物の死体（畜産農業に係るものに限る）と定められている。したがって，本設問の記述は適当である。

問題46 廃棄物処理法に関する次の記述のうち，**最も不適当なものはどれか。**

(1) 港湾，河川等のしゅんせつに伴って生じる土砂は，廃棄物処理法の対象となる「廃棄物」である。

(2)「がれき類」は，工作物の新築，改築又は除去に伴って生じたコンクリートの破片その他これに類する不要物をいう。

(3)「排出事業者」は，廃棄物を排出する者であり，建設工事においては発注者から直接建設工事を請け負った者が該当する。

(4)「処理業者」は，産業廃棄物又は特別管理産業廃棄物の収集運搬又は処分の許可を取得している事業者をいう。

● 解答と解説 ●

(1) 建設廃棄物処理指針（平成22年度版）では，廃棄物とは「占有者が自ら利用し，又は他人に有償で譲渡することができないために不要となったものをいう。ただし，土砂及びもっぱら土地造成の目的となる土砂に準ずるもの，港湾，河川等のしゅんせつに伴って生ずる土砂その他これに類するものは廃棄物処理法の対象となる廃棄物から除外されている。」とある。したがって，本設問の廃棄物処理法の対象となる「廃棄物」であるとの記述は不適当である。

正解 (1)

(2) 廃棄物処理法では，がれき類として「コンクリート破片，レンガ破片，ブロック破片，瓦破片，アスファルトがら，廃スレート等」が挙げられている。建築や解体等の作業によって発生したこれらの破片や廃材はがれき類として扱われる。したがって，本設問の記述は適当である。

(3) 建設廃棄物処理指針では，排出事業者とは「廃棄物を排出する者であり，建設工事においては，発注者（建設工事（他の者から請け負ったものを除く。）の注文者をいう）から直接建設工事を請け負った者」とある。したがって，本設問の記述は適当である。

(4) 建設廃棄物処理指針では，処理業者とは「産業廃棄物又は特別管理産業廃棄物の収集運搬業又は処分業の許可を取得している事業者をいう」としている。産業廃棄物又は特別管理産業廃棄物の収集運搬又は処分のそれぞれの業を行う場合は，廃棄物処理法に業を行う地域を管轄する都道府県知事の許可を受けなければならないと定めがある。それぞれの業の許可に関する規定は次のとおりである。

産業廃棄物収集運搬業の許可	廃棄物処理法第 14 条第 1 項
産業廃棄物処分業の許可	廃棄物処理法第 14 条第 6 項
特別管理産業廃棄物収集運搬業の許可	廃棄物処理法第 14 条の 4 第 1 項
特別管理産業廃棄物処分業の許可	廃棄物処理法第 14 条の 4 第 6 項

以上のとおり，産業廃棄物処理業者は収集運搬又は処分許可が必要である。したがって，本設問は適当である。

問題47 建設リサイクル法に関する次の記述のうち，**誤っているものはどれか。**

(1) 解体工事に着手する前に，当該建築物内に残存する家電製品・家具等，付着物の有無やその他の有害物等についての調査の実施が義務付けられている。

(2) 元請業者は，解体工事を行うに当たり，発注者に対して契約前に分別解体等の計画等の必要事項を口頭にて詳細に説明し，了承を得ることが義務付けられている。

(3) 解体工事の発注者は，工事に着手する7日前までに，分別解体等の計画等を都道府県知事に届け出なければならない。

(4) 解体工事業者は，その営業所および解体工事の現場ごとに，公衆の見やすい場所に，商号，名称又は氏名，登録番号などの事項を記載した標識を掲げなければならない。

● 解答と解説 ●

(2) 元請業者は，解体工事を請け負うにあたり，発注しようとする者に対して契約前に分別解体等の計画等の必要事項を「書面」を交付して説明する必要があり，詳細な説明であっても「口頭」では不可である。したがって，本肢の記述は誤っている。

正解 (2)

(1) 建設リサイクル法の施行規則として，分別解体等の施工方法に関する基準が定められており，解体工事着手前に建物や現場の周辺状況ならびに残存物品，付着物や有害物の有無などを調査する必要がある。したがって，本肢の記述は正しい。

(3) 解体工事の発注者及び自主施工者は，工事に着手する日の7日前までに分別解体等の計画等を都道府県知事に届けなければならない。したがって，本肢の記述は正しい。

(4) 解体工事業者の登録制度において，解体工事業者は登録にあたって解体工事の施工の技術上の管理をつかさどる技術管理者を選任することや，営業所及び解体工事の現場ごとに標識を掲げなければならないことなどを定めている。したがって，本肢の記述は正しい。

問題48 建設リサイクル法に関する次の記述のうち，**最も適当なものはどれか。**

(1) 木造倉庫の解体工事で，木製コンクリート型枠が残置されていたので，建物と一体で廃棄物として処理した。

(2) コンクリート造建築物の解体工事で，現場で分別せずに解体したのち他の場所で分別した。

(3) 建築物の地上部は数年前に解体されており，基礎・基礎ぐいだけを解体する工事で，請負金額が400万円であったため，分別解体を行わなかった。

(4) 建設業法の解体工事業許可を取得している業者が，他県での解体工事を請け負うためには，建設リサイクル法による当該県知事の登録を受けなければならない。

● 解答と解説 ●

(3) 規模の小さい建築物等に対する分別解体等及び再資源化等の義務付けは，義務を履行するうえで必要な費用等に対して得られる効果が小さいことから，建設リサイクル法ではこれらの義務付けを一定規模以上の工事（対象建設工事）についてのみ行うこととしている（**表48. 1**）。

表48. 1　対象建設工事の規模基準

工事の種類	規模の基準	
建築物の解体	延べ床面積	80 ㎡以上
建築物の新築・増築	延べ床面積	500 ㎡以上
建築物の修繕・模様替え（リフォーム等）	請負代金の額	1億円以上
その他の工作物に関する工事（土木工事等）	請負代金の額	500万円以上

表48. 1にある通り，建築物以外の工作物に関する工事（土木工事等）については，その請負代金の額が500万円以上とされている。本問では，

建築物の地上部が数年前に解体されており，基礎・基礎杭だけを解体する工事なので土木工事等と判断され，請負金額が400万円であれば対象建設工事に該当しない。したがって，本肢の記述は適当である。

正解 (3)

(1) 建物と一体でない残置物は，事前措置として搬出しなければならず，建物と一体で廃棄物として処理してはならない。本肢の記述は不適当である。

(2) 分別解体とは，建築物に用いられた建設資材に係る建設資材廃棄物をその種類ごとに分別しつつ計画的に施工する行為であり，他の場所で分別するとしても，いわゆるミンチ解体は許されない。本肢の記述は不適当である。

(4) 解体工事を請け負う場合には，建設業法における建設業許可か，建設リサイクル法における解体工事業登録のどちらかが必要となる。このうち解体工事業登録は，建設業許可がなくても工事を行うことができるが，都道府県知事の登録が必要となる。

本問では，すでに建設業法の解体工事業許可を取得していることが前提となっており，建設リサイクル法による他の県知事の登録を受ける必要はない。したがって，本肢の記述は不適当である。

※なお，建設リサイクル法における対象建設工事か否かにかかわらず，分別解体を行うことは望ましい行為である。よって，(3) の分別解体を行わなかったことは望ましい行為ではないが，建設リサイクル法等に違反する行為ではない。

問題49 建設リサイクル法に関する次の記述のうち，**誤っているものはどれか。**

(1) 建設業を営む者は，廃棄物の再資源化により得られた建設資材を使用するよう努めなければならない。

(2) 発注者は，分別解体及び廃棄物の再資源化等に要する費用について，適正な負担をしなければならない。

(3) 建設リサイクル法対象工事では，解体した特定建設資材廃棄物を当該現場内で分別することが義務付けられている。

(4) 再資源化等をしなければならない特定建設資材は，コンクリート，せっこうボード，木材，プラスティックの4品目である。

● 解答と解説 ●

(4) 建設リサイクル法施行令で定めている特定建設資材は，コンクリート，コンクリート及び鉄から成る建設資材（プレキャストコンクリート版など），木材，アスファルト・コンクリートの4種類である。せっこうボードやプラスティックは該当しない。したがって，本肢の記述は誤っている。

正解 (4)

(1) 建設リサイクル法第五条において，建設業を営む者の責務として定められている。したがって，本肢の記述は正しい。

(2) 建設リサイクル法第六条において，発注者の責務として定められている。したがって，本肢の記述は正しい。

(3) 建設リサイクル法第九条において，分別解体等の実施義務が定められている。第二条3において「分別解体等」とは，建設資材廃棄物をその種類ごとに分別しつつ当該工事を計画的に施工する行為と定義している。したがって，本肢の記述は正しい。

問題50 大気汚染防止法に関する次の記述のうち，**最も不適当なものはどれか。**

(1) 解体工事において問題となるのは，解体，積込み，運搬等の作業により発生する粉じんである。

(2) 粉じんは，「降下粉じん」と「浮遊粉じん」に分類され，「浮遊粉じん」を原因として重篤な疾病が発生することはほとんどない。

(3) 石綿粉じんは，吸引・体内での沈着がなされやすく，また沈着すると石綿肺や中皮腫などの疾病を引き起こす原因となる。

(4) 粉じん防止対策の基本のひとつである散水は，粉じん飛散抑制の効果が大きく，最も一般的な対策である。

● 解答と解説 ●

(2) 浮遊粉じんは極めて微細な粒子で，短時間では降下しないで大気中に浮遊し，吸引すれば人体の肺や気管などに沈着して呼吸器に影響を及ぼす。浮遊粉じんのうち粒径が10 μm以下のものを浮遊粒子状物質といい，発がん性やアレルギー疾患を引き起こすことなどが指摘されている。一方，粒径が10 μm超の降下粉じんは比較的粒径が大きく短時間で沈降しやすいものを指す。したがって，本肢の記述は不適当である。

正解 (2)

(1) 解体工事では，騒音，振動，粉じんが発生しやすい。それぞれについて規制法がある。関係法令の規制基準に適合させるように計画を策定するとともに作業時間や解体工法，作業手順，解体機器の整備・取り扱い等に配慮しなければならない。このうち大気汚染防止法に関係があるのは粉じんである。粉じんは，解体や積込み，運搬等の作業により発生する。大気汚染防止法では，とくに石綿粉じんが問題となる。したがって，本肢の記述は適当である。

(3) 石綿は自然の状態では鉱物塊だが，解きほぐすと髪の毛の 5,000 分の 1 程度の細さの繊維となる。この微細な石綿繊維が大気中に飛散すると浮遊粉じんとなり長時間にわたって空気中に漂うことになる。石綿粉じんを吸い込むと石綿繊維の一部は肺の深部にまで達し，長期間にわたって肺の細胞を刺激し続けて石綿肺（じん肺の一種）や肺がん，胸膜や腹膜等の中皮種（がんの一種）を引き起こすと言われている。したがって，本肢の記述は適当である。

(4) 粉じんの飛散を防止するには，①十分な水圧が得られる散水機を設置して的確な散水を行う，②現場周囲を養生シートあるいはパネルで養生して外部への飛散を防止する，ことが基本である。したがって，本肢の記述は適当である。

［記述式問題］

［問題１］　下記の建築物の解体工事を発注者から直接請け負った。あなたが責任者として，工事着工から完了まで現場を管理するとして，次の問１－１から問１－５までの質問に答えなさい。

【解体する建物の概要】

(1) 敷地面積　：142.7㎡
(2) 建築面積　：75.3㎡
(3) 延べ床面積　：139.4㎡（１階　64.1㎡，２階　75.3㎡）
(4) 構　　造　：木造２階建て（在来軸組構法）
基礎はコンクリート造・布基礎
(5) 用　　途　：住宅（1975年竣工）
(6) 外部仕上げ　：外壁　ラスモルタル塗り・リシン吹付
屋根　金属屋根（瓦棒葺き）屋根葺き面積は90㎡
石綿含有建材は，軒天井材にだけ使用されている。
(7) 内部仕上げ　：天井・壁　石膏ボード・クロス（壁紙）仕上げ

【立地・作業条件】

(1) 建物は密集した住居地域内にある。
(2) 駐車禁止地区であるため，車両は道路に駐車できない。
(3) 作業時間は，午前８時より午後５時までとする。

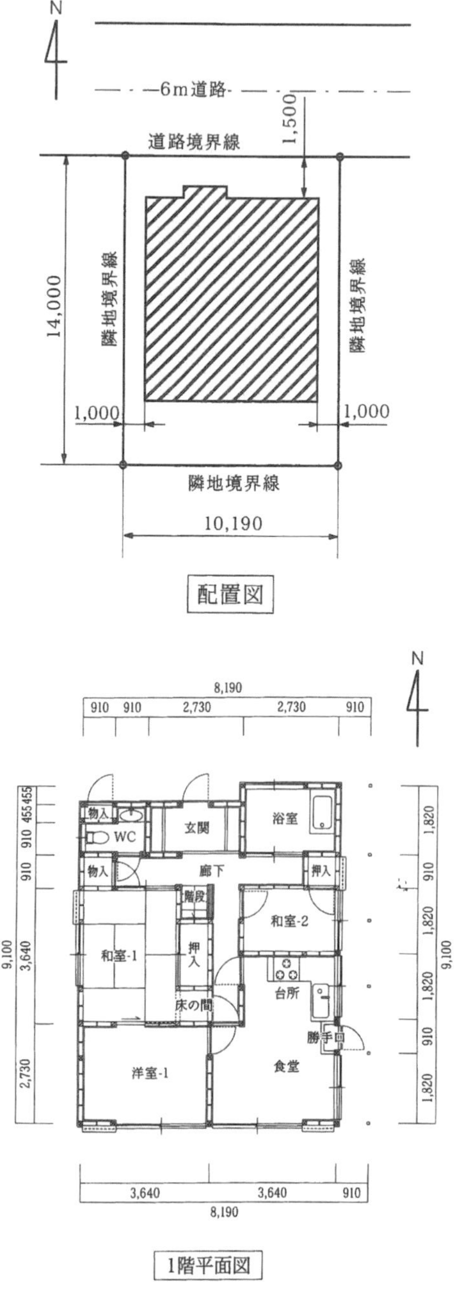
N
6m道路
1,500
道路境界線
14,000
隣地境界線
隣地境界線
1,000
1,000
隣地境界線
10,190
配置図
N
8,190
910
910
2,730
2,730
910
物入
WC
玄関
浴室
物入
廊下
押入
階段
和室-2
和室-1
押入
台所
床の間
勝手口
洋室-1
食堂
3,640
3,640
910
8,190
1階平面図

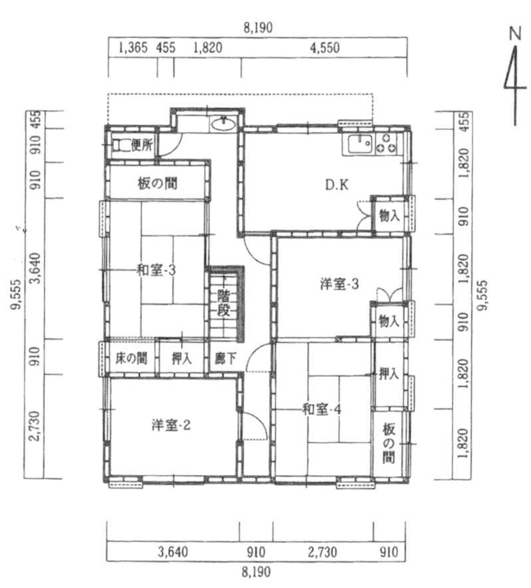

2階平面図

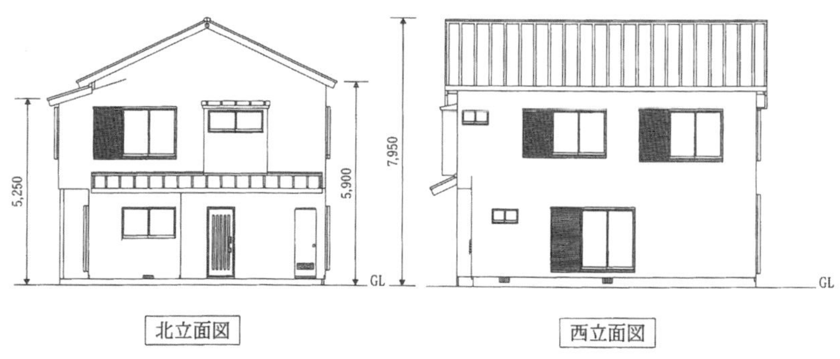

北立面図　　西立面図

問1－1　当該解体工事の事前調査を行うとき，特に必要と思われる留意事項を次の欄に3つ記述しなさい。

(1)

(2)

(3)

問１－2　屋根葺き材，軒天井材及び外壁材の撤去に必要な足場は，どのような構造（種類）及び規模（高さ×延べ長さ）とするか記述しなさい。

(1) 足場の構造（種類）：

(2) 足場の規模（高さ×延べ長さ）：

問１－3　外部仕上げ（屋根・外壁・軒天井）の解体作業について，必要な留意事項を具体的に3つ記述しなさい。

(1)

(2)

(3)

問１－4　石綿含有建材である軒天井材の現場保管方法，運搬方法，処分方法の要点を記述しなさい。

(1) 保管方法：

(2) 運搬方法：

(3) 処分方法：

問１－5　当該建築物を分別解体して発生する「木くず」及び「屋根葺き材」のおよその発生量を(イ)～(ハ)より選んで(　)内に記入しなさい。

(1) 木くず　（　　）トン

（イ）6～9　（ロ）12～15　（ハ）18～21

(1) 屋根葺き材（　　）トン

（イ）0.4～0.7　（ロ）1.6～2.0　（ハ）4.0～5.0

● 解答と解説 ●

問1－1の解答例（以下のいずれかを3つ回答する）

・用途，履歴，老朽度や構造形式・規模あるいは設備などの当該建物に関する情報の確認

・有害物・危険物，地中埋設物等の建物に付属するものの確認

・隣地建物や近隣施設の状況（病院，学校等），周辺道路の状況などの敷地周囲に関する情報の確認

・資機材や廃材などを運搬する重機・車両等の搬出入経路の確認

・副産物の種類と量，廃棄物処理施設の所在地・能力などの副産物の処理に関する情報の確認

問1－2の解答例

(1) 足場の構造（種類）：

・作業床を有する枠組み足場や単管一側足場など。

・筋かい，壁つなぎ，控え，火打ち等で補強し，風雨等に耐える十分な強度を確保する。

(2) 足場の規模（高さ×延べ長さ）：

次の条件を満たすように高さ×延べ長さとする。

・高さは建物より少し（1.5～2m程度）高くする。とくに石綿含有建材の軒天井材位置よりも低いもの（軒高　東面5.25m，西面5.9m）は不可。

・壁つなぎ，控え等を適切にとれるような長さとする。

・建物自体が4.5×5軒なので，延べ長さが19軒（34.58m）を超えていないと

不可。

・敷地の大きさを超えているものは不可。

以上の条件を考慮して足場の規模は，高さ7.5～8m×延べ長さ35～36mが適当と考えられる。

問1－3の解答例（以下のいずれかを3つ回答する）

・屋根葺き材の解体作業には安全のため，親綱，安全帯，保護帽を使用する。

・金属屋根の撤去で，ガス溶断器を用いる場合は，火花による火災や火傷対策を講じる。

・金属類は，有価物として再生利用する。

・屋根葺き材を地上に降ろす作業では，直接投下しない。やむを得ず投下する場合は，シュート等の投下設備を設置し，監視人を置く。

・外壁材は，手作業または手作業・機械作業併用で解体する。

・機械作業では，フォークグラブ（つかみ機）を使用し，部材を剥がすように解体する。

・モルタル塗り外壁は，バールやハンマー等を使用して下地の木材と分別して解体する。

・軒天井の石綿含有建材は，石綿作業主任者を選任し，石綿作業従事者特別教育修了者に作業させる。

・レベル3対応の適切な呼吸用保護具（マスク），ヤッケなどの石綿粉じんの付着しにくい作業服などを使用する。

・軒井天材の撤去時は，こまめに湿潤化するとともに，できるだけ原形のまま取り外し，袋詰め等を行う。

問1－4の解答例

(1) 保管方法：

・可能な限り二重梱包するなどの飛散防止対策を講じる。

・産業廃棄物保管基準に従い保管する。

・一定の保管場所を定め，他の建材と混ざらないように保管する。

・アスベスト等の保管場所であることを掲示する。

(2) 運搬方法：

・運搬中に落下しないよう措置する。

・運搬車および運搬容器は，飛散および流出の恐れのないものとする。

・運搬車両の荷台に覆いを掛けるなど，飛散防止措置を行う。

(3) 処分方法：

・運搬または処分を委託する場合は，委託契約書およびマニフェストに，石綿含有産業廃棄物が含まれていることを記載する。

・石綿含有産業廃棄物として，安定型最終処分場の一定の場所で埋め立て処分する。

・中間処理の場合は，溶融施設において溶融または無害化処理施設において無害化処理を行う。

問1－5の解答例

(1) 木くず

木くずの排出量原単位（延べ床面積あたり）は，全解工連調査：約87kg/㎡（延べ床面積139.4㎡×0.087ｔ/㎡≒12ｔ），国交省H12センサス：約98kg/㎡（同×0.098ｔ/㎡≒13ｔ）とされており，12～15トンの(ロ)が正解。

正解(ロ)

(2) 屋根葺き材

一般的な金属屋根（瓦棒葺き）では，板厚0.4～0.6㎜で単位質量が5～7kg/㎡であり，0.4～0.7トンの(イ)が正解（屋根葺き面積90㎡×0.005～0.007ｔ/㎡)。

なお，(ロ)の選択肢は化粧スレート（排出量原単位：約20kg/㎡，90㎡×0.02ｔ/㎡＝1.8ｔ)，(ハ)の選択肢は瓦（排出量原単位：約50kg/㎡，90㎡×0.05ｔ/㎡＝4.5ｔ）の場合である。

正解(イ)

令和元年度

［問題２］ 下記の鉄筋コンクリート造建築物の解体工事を発注者から直接請け負った。地上解体工法により解体工事を行うとした場合，あなたが責任者になって工事着工から完了まで現場を管理するとして，次の問２－１から問２－５までの問題に答えなさい。

【解体する建築物の概要】

(1) 敷地面積　　：382.5㎡（15ｍ×25.5ｍ）高低差無し
(2) 構　　造　　：鉄筋コンクリート造（ラーメン構造）
　　　　　　　　　基礎は杭基礎
(3) 建築規模　　：地上４階建て＋塔屋
　　　　　　　　　建築面積　130㎡（10ｍ×13ｍ）
　　　　　　　　　軒高　13ｍ＋塔屋３ｍ
(4) 延床面積　　：529㎡（塔屋面積９㎡を含む）
(5) 用　　途　　：事務所
(6) 石綿含有建材は使用されていない。

【立地・作業条件】

(1) 当該敷地は角地にあり，敷地東側・南側にはRC造の集合住宅が隣接している。
(2) 敷地西側道路は県道で幅員12ｍ，北側道路は市道で幅員６ｍである。
(3) 当該敷地の南側は駐車場となっている。
(4) 西側の車道及び，歩道の交通量は多い。
(5) 作業時間は，午前８時から午後５時までとする。
(6) 敷地境界には高さ３ｍの万能鋼板を設置し，解体建物外周３面には枠組足場と防音パネルを軒高より1.5ｍ上まで設置する。
(7) 基礎はフーチングまでを撤去し，杭は存置とする。

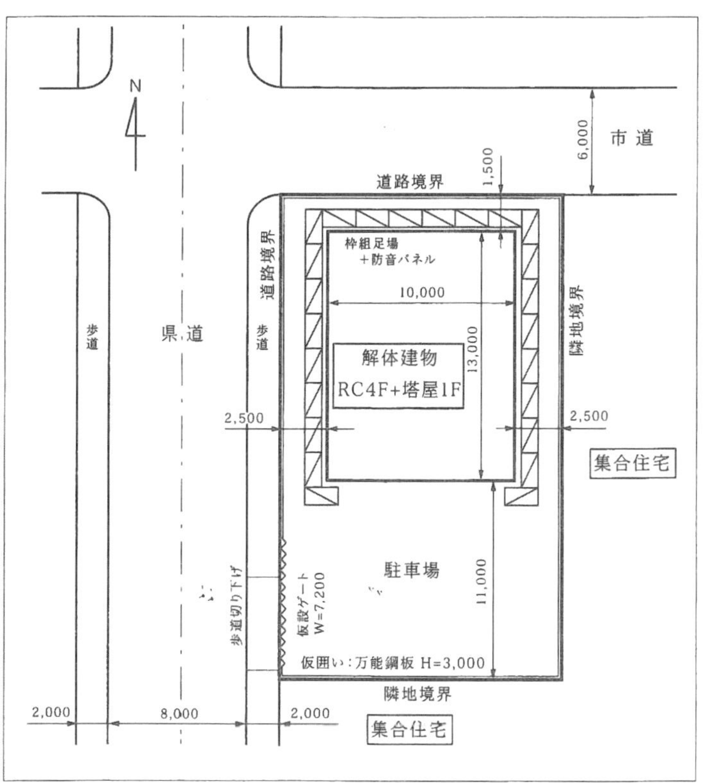

問2－1　必要と思われる仮設物・仮設設備等を4つ記入しなさい。ただし，図示してあるものは除く。

①

②

③

④

問2－2　着工前に必要な許可申請・届出の名称と，選任が必要な作業主任者の名称を，それぞれ2つ記入しなさい。

(1) 許可申請・届出の名称

①＿＿＿＿＿＿＿＿＿＿＿＿＿＿＿＿＿＿＿＿

②＿＿＿＿＿＿＿＿＿＿＿＿＿＿＿＿＿＿＿＿

(2) 選任が必要な作業主任者の名称

①＿＿＿＿＿＿＿＿＿＿＿＿＿＿＿＿＿＿＿＿

②＿＿＿＿＿＿＿＿＿＿＿＿＿＿＿＿＿＿＿＿

問2－3　当該工事は隣接建物が近く，騒音・振動・粉じんに特に配慮しなければならない。近隣への環境保全対策を3つ記述しなさい。

①＿＿＿＿＿＿＿＿＿＿＿＿＿＿＿＿＿＿＿＿

②＿＿＿＿＿＿＿＿＿＿＿＿＿＿＿＿＿＿＿＿

③＿＿＿＿＿＿＿＿＿＿＿＿＿＿＿＿＿＿＿＿

問2－4　当該工事により発生するコンクリート及び鉄筋のおよその量を記入しなさい。

コンクリートの発生量：約（　　）トン

鉄筋の発生量　　　　：約（　　）トン

問2－5　主として「圧砕工法」で施工し，着工から完了までの実稼働日数を40日として，下記のバーチャート工程表を作成しなさい。

【条件】

(1) 解体範囲：　建物は基礎のフーチングまで解体し，杭は存置とする。

(2) 使用重機　：0.7m^{3}クラス・ロングブーム　1台

0.7m^{3}クラス・標準ブーム　2台

(3) 運搬車両　：内装材・混合廃棄物等には4トン車を使用する。

コンクリート塊・鉄くずには10トン車を使用する。

(4) 気象条件　：悪天候その他のトラブルはないものとする。

(5) 事前措置等：近隣挨拶，各種許可等の手続，既存設備の休廃止等は完了している。

【工　程　表】

日数	1	2	3	4	5	6	7	8	9	10	11	12	13	14	15	16	17	18	19	20	21	22	23	24	25	26	27	28	29	30	31	32	33	34	35	36	37	38	39	40
仮　囲																																								
内装解体																																								
足場・養生																																								
塔屋解体																																								
上屋解体																																								
土間基礎解体																																								
発生材処理																																								
整地・片付																																								

● 解答と解説 ●

問2－1

現場作業に必要な仮設物・仮設設備を下記例から4つ記入する。

例）仮設水道，敷き鉄板，仮設トイレ，仮設事務所，搬出入口安全ミラー，散水機等

問2－2

(1) 必要な許可申請・届出を下記例から2つ記入する。

例）リサイクル法に関する届出，特定建設作業（騒音・振動）の届出，特殊車両通行許可申請，等

(2) 選任が必要な作業主任者を記入する。

例）コンクリート工作物の解体等作業主任者，足場の組立等作業主任者

問2－3

騒音・振動防止のため，現場でできる対策を記入する。解体工事と騒音・振動は切り離せないため，振動・騒音防止対策は解体工事にとって非常に重要である。

解答例）敷き鉄板上で作業する，散水を行う，振動騒音計を設置する，ブレーカ作業を避ける，等

問2－4

コンクリートの発生量：約（ 1,005 ）トン

鉄筋の発生量　　　　：約（ 43 ）トン

一般的なコンクリート造建築物（事務所）の場合，単位床面積当たりの資材投入量は，コンクリートが約0.841㎥／㎡，鉄筋が約0.0829 t／㎡とされる（『構造種別・用途別の単位床面積当たりの資材投入量』より）。

延べ床面積を520㎡（建築面積130㎡×4階）とすると，コンクリートの発生量は520㎡×0.841㎥／㎡＝437㎥となる。コンクリートの比重2.3（トン／㎥）とすると，437㎥×2.3＝1005.1トンとなる。

鉄筋の発生量は520㎡×0.0829 t／㎡＝43.1 t となる。

問2－5

＊仮囲いを全ての作業に先んじて行う。

＊指定された日数（40日）に合わせた工程とする。

＊各工事のバランス等を考慮して工程とする。

以上を考慮してバーチャート工程表を作成する。

工　程　表

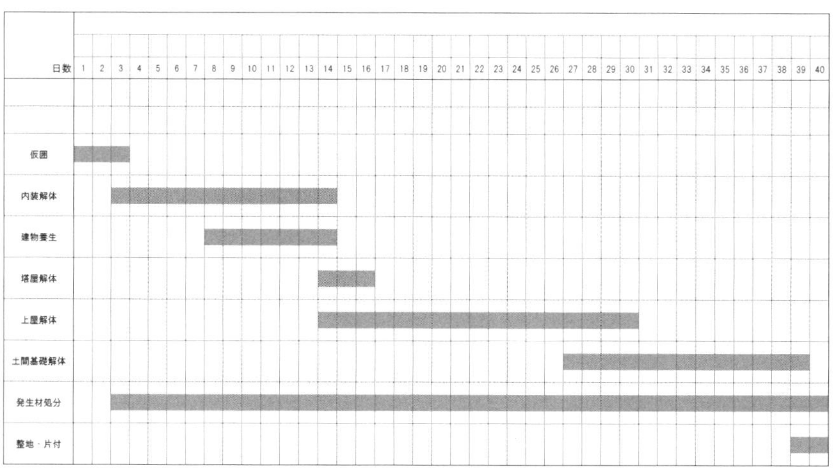
日数
1 2 3 4 5 6 7 8 9 10 11 12 13 14 15 16 17 18 19 20 21 22 23 24 25 26 27 28 29 30 31 32 33 34 35 36 37 38 39 40
仮囲
内装解体
建物養生
塔屋解体
上屋解体
土間基礎解体
発生材処分
整地・片付

［**問題３**］　下記の［建物概要］に示したＡ［主屋］とＢ［増築部］からなる木造建築（水産加工場）のうち，［増築部］の屋根及び外壁は［主屋］からの落雪により，写真のように著しい損傷を受けた。

加工場の機能を回復するために，［増築部］だけを解体して再建することとした。［増築部］の解体作業に当たって配慮すべき点を，次の２つの観点から解答欄に具体的に記述しなさい。

①［主屋］の機能に影響を与えない解体工法の選択と手順

②発生した廃材の現場における分別作業

【建物概要】東北地方沿岸部の水産加工場

Ａ．主　　屋　　：築45年木造２階建て（延べ床面積211.12㎡）

屋根・外壁：トタン（亜鉛メッキ鋼板）葺き・ペイント仕上げ

外部建具　：アルミサッシ

内部建具　：無し

現在も水産加工場として使用中

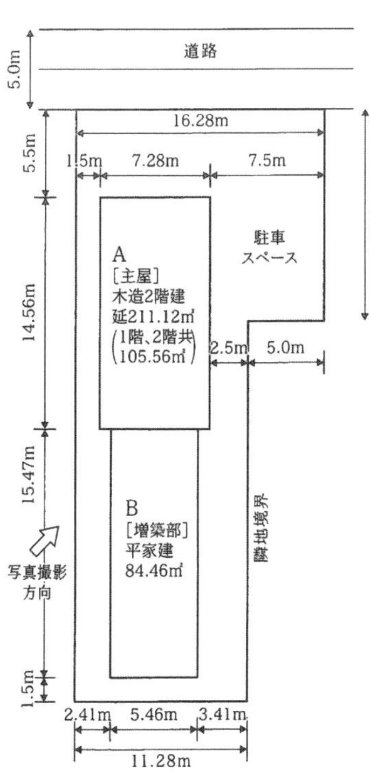

B. 増築部：築30年木造平屋建て（延べ床面積84.46㎡）

屋根・外壁：主屋と同様　トタン（亜鉛メッキ鋼板）葺き・ペイント仕上げ

外部建具　：アルミサッシ

内部建具　：無し

いずれの建物にも，石綿含有建材は使用されていない

①［主屋］の機能に影響を与えない解体工法の選択と手順

②発生した廃材の現場における分別作業

● 解答と解説 ●

解答例

①［主屋］の機能に影響を与えない解体工法の選択と手順

・主屋の機能には，建物としての構造安全性確保と水産加工品の品質確保がある。建物の構造安全性については，増築部の解体撤去に伴い構造安全性に問題が発生しないか検討し，問題がある場合には一時的な補強を行う。また，増築部解体工事により主屋に損傷を与えないようにするため，構造部分解体前に主屋と増築部の切り離しを行う。

・水産加工品の品質確保については，解体工事に伴い発生する粉じんなどが水産加工品に混入しないよう養生シートを二重にするなどの対応を行う。

・以上のことを配慮した上で，隣地境界との間が2.5mあり小型重機の搬入に必要な道幅（2.0m）が確保できるので，「手作業・機械作業併用による分別解体工法」を選択する。

②発生した廃材の現場における分別作業

・解体する増築部の延べ床面積が80㎡を超えているので，建設リサイクル法により分別解体等と再資源化等の義務が発生する。

・発生する廃材は，屋根・外壁及び外部建具から発生する金属，柱・梁・屋根及び外壁等から発生する木材，基礎解体に伴い発生するコンクリート塊である。

・それぞれの廃材について種類ごとに分別し保管するが，木材については，柱及び梁材とその他の木材に分別して保管する。

［問題4］ 躯体の解体工事着手後に暴風雨が予想される場合，予想される危険を3つ挙げ，それぞれに対して主任技術者として前日までに講じるべき安全対策を記述しなさい。

予想される危険	安　全　対　策
①	
②	
③	

● 解答と解説 ●

解体工事に着手した後の施工中に暴風雨が到来すると予想される場合には，その期間の施工を延期する判断が基本である。そのためには，事前に気象情報を十分に確認するとともに，あらかじめ安全対策を講じる必要がある。安全対策を講じないと，現場内のみならず周辺地にも大きな被害をもたらすことがあるので慎重に計画されるべきである。

なお，昨今では，局地的に気象環境が急変する場合があり，対策が難しい側面もあるが，高精度な気象情報を提供する民間のサービスなどを活用するとともに，気象環境の急変を踏まえた安全対策を事前に立案しておき，即実行できる体制の構築が望まれる。

問4－1の解答例

予想される危険の例	安全対策の例
仮設足場の倒壊	・仮設足場に設置した養生シートに風の通り道を設けるために部分的（例えば，出隅部）に撤去する ・仮設足場を躯体に強固に固定する
解体物・資機材などの飛散	・解体中の躯体を不安定な状態にしない ・飛散物防止のために養生シートや養生パネルなどにより養生する ・現場内に解体材を仮置きする場合は，飛散しないように強固に結束又は袋詰めする。水に濡れると再資源化できなくなる解体材は，水に濡れないようにカバーで覆う
作業員への人的被害	・作業床からの滑落を防止する措置を講じる ・万が一に備えて，作業員の避難経路・避難場所をあらかじめ確保する ・雨水の排水路を設置する

［**問題 5**］ あなたが解体工事の作業グループのリーダーに指名された。解体工事の経験が少ない未熟練者に対する教育・指導を行うに当たって留意すべき事項について，あなたの考えを300字以内で記述しなさい。

横書きしてください →

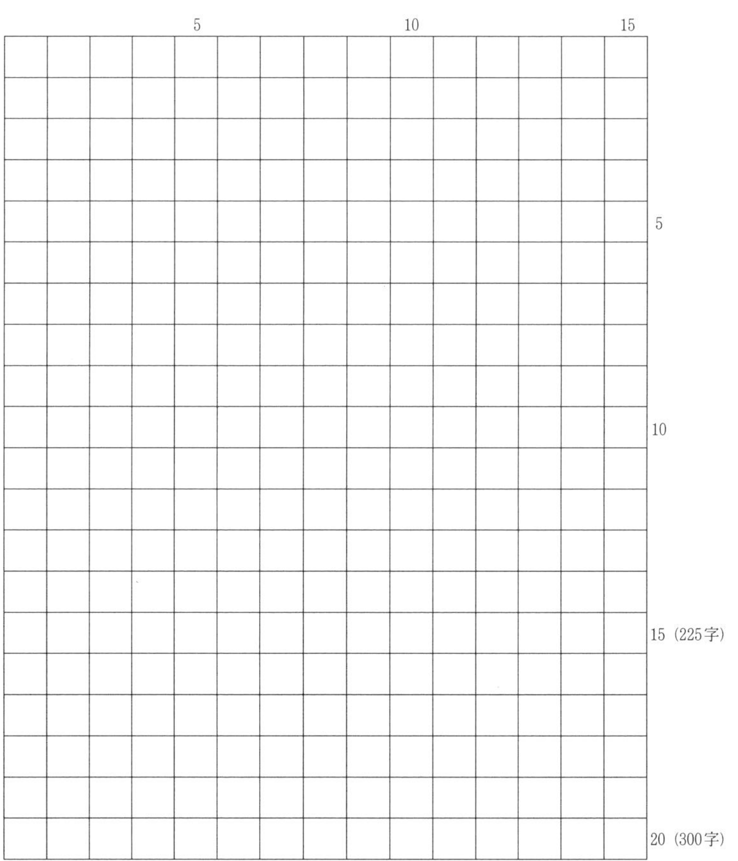

● 解答と解説 ●

小論文の出題では，解体工事施工技士として解体に関して最新の話題・情報を常に理解し自分なりの見解が日頃の業務を踏まえて整理されているか，またそれを文章でまとめ他人に伝える能力があるかが試されているといえる。出題テーマや内容から外れる記述をしても得点できないと理解しておく必要がある。

その上で，この手の小論文問題のポイントは以下の通りである。

①大きな観点での問題が出題される場合，自分なりに具体的なテーマを設定する。

その際，問題の範囲内であることを前提に，解体工事を取り巻く話題に対し自分の経験や日頃強く思っていることをテーマとして取り上げるとよい。なお，あらかじめ勉強して用意してきたからといって問題とは外れるテーマでどんなにすばらしい文章を構築しても得点できない。

②指定された字数に見合った内容として，小論文の構成を考える。

指定された字数の範囲は守るべきである。そしてその字数であれば，何をどこまで触れ，自分の意見や考えをまとめるべきかを考える。その構成は，いわゆる「起承転結」の4部構成で考えるとよいだろう。

③取り上げたテーマの単純な説明ではだめ。自分の手に負える範囲で，自分の経験などからの意見や考えを自分の言葉で展開させる。

小論文では，自らの意見や考え方を展開する必要がある。取り上げたテーマについて一般的なおざなりの説明では出題に答えているとはいえない。なお，本書等における解説文などを暗記し記述するのは全く意味がなく，得点できない。

④一般的に「漢字」を使うべきところは「ひらがな」ではだめ。

現代ではあえて難しい漢字を使わない文化，むしろ「ひらがな」で表現する文化が定着しているといえるが，一般的に「漢字」とするべき語句は漢字にすべきである。「一般的に」の基準は新聞における漢字の使い方と考えるとよい。

⑤新聞，テレビのニュースで時事問題に触れ，日頃から自分の意見を持つ。

小論文問題では，大きな観点でのテーマ設定が多いので，日頃の時事問題に触れ意見をもっていれば，素直に対応が可能であると思える。解体工事に直接関係があることはもちろんのこと，災害におけるニュースや社会情勢なども自分がかかわる解体工事業のあり方とともに考える姿勢が大切である。

令和元年度は，近年の解体現場の実情，外国人雇用に関する国会審議等を鑑み，未熟練者や外国人雇用者の教育・指導者となったときに想定される教育・指導事項をまとめ，留意する点や心構えを問われた。責任のある解体工事を施工する場合に解決を求められる問題について，解体作業の中や日頃のニュースなどに接する中で問題意識を高め，自らの意見・疑問を持ち，作業仲間と議論しておきたいところである。出題意図を察すると，下記が採点のポイントとなろう。

①テーマ設定

- 話題とするテーマ設定がよいか悪いか。
- あくまで「経験が少ない未熟練者に対する教育・指導を行うに当たって留意すべき事項」について展開されているか。無関係のことを論じてごまかしてはいないか。

②情報収集度

- 日頃の関心度が文章からうかがえるか。問題文から入手できる情報以上のこと（日頃入手した情報）が触れられていることはポイントである。

③内容の程度・正確さ・意識の高さ

- 内容の程度設定が適切か。
- 情報が正確か。
- 経験談などを取り込むなどして，自分の意見・見識が表現されているか。

④文章構成能力・国語力

- 適度に文章が分かれ，起承転結の構成を取るなどして，メリハリのある構成か。

- 文章量が適切か
- 漢字の誤りがないか。また一般的に漢字とすべきところをひらがなで済ませていないか。

⑤全体を通しての印象

- 採点者がとにかくインパクト受けたと思えたらプラス評価。
- 採点者が，受験者から現場の生の良い情報をもらったと思えたらプラス評価。
- 採点者が，受験者がその場で考えただけの意見，自身の言葉がないと思ったらマイナス評価。
- 採点者が内容をつまらない，たいしたことない，あっさり，パンチがないと思ったらマイナス評価。
- 採点者が，受験者の解答態度がいいかげん，読みにくい，文字及びその配列が汚いと思ったらマイナス評価。

付・過去の問題と解答例

平成30年度四肢択一問題
平成29年度四肢択一問題

平成30年度問題

問題1　鉄骨造と鉄筋コンクリート造に関する次の記述のうち，**最も不適当なものはどれか。**

(1) 鉄骨造は，耐震性に優れ，超高層の建築物を造ることができる。

(2) 鉄骨造は，一般に火災等により高温になると耐力が低下するため，耐火被覆が必要である。

(3) 鉄筋コンクリート造は，圧縮に強く引張に弱い鉄筋の性質を，引張に強い性質のコンクリートが補うことで，構成されている。

(4) 鉄筋コンクリート造は，コンクリートが耐熱・耐火性に優れているため，耐火建築物を造ることができる。

問題2　図のような荷重を受ける鉄筋コンクリート造の梁に発生するひび割れとして，**不適当なものはどれか。**

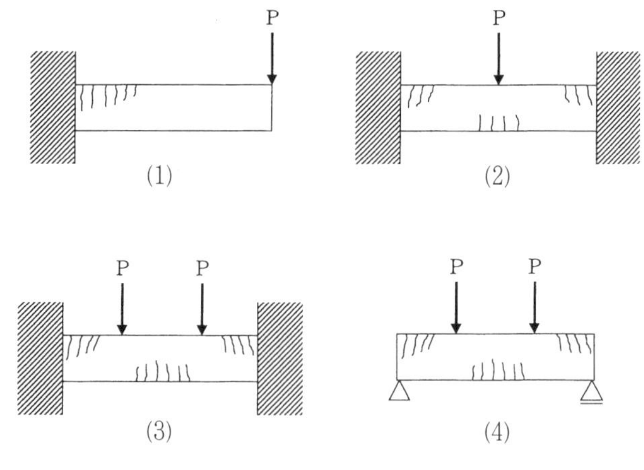

問題3　建築材料に関する次の記述のうち，**最も不適当なものはどれか。**

(1) スレートボードは，細かく切削した木材の小片に合成樹脂接着剤を加えて，高温高圧で成形したもので，耐火性に優れ，内装材として用いられる。

(2) 繊維強化プラスチック（FRP）は，ガラス繊維で補強されたプラスチック複合材料で，軽量，高強度で耐熱性・耐候性に優れ，浴槽，浄化槽，バルコニーの防水材として用いられる。

(3) 合わせガラスは，2枚のガラスの間に特殊樹脂フィルムを加熱圧着して張り合わせたガラスで，地震や衝撃で破損しても破片が飛散さず，安全性能が高いため防犯や防災を目的に用いられる。

(4) 単層積層材（LVL）とは，木材を薄くむいた単板（ベニヤ）を繊維方向に平行して積層接着したもので，建具，構造材などに用いられる。

問題4　次の用語の説明で，**最も不適当なものはどれか。**

(1) ハンチとは，梁せいまたは梁幅を梁の端部で柱に向けて直線的に大きくした部分のことである。

(2) あばら筋とは，鉄筋コンクリート梁の材軸に直行して主筋の周囲に配置する鉄筋のことである。

(3) 筋かいとは，柱や梁などで作った4辺形の構面に入れる斜材のことである。

(4) 控え壁とは，長く連続した壁に並行して作る壁体のことである。

問題5　木材の腐朽に関する次の記述のうち，**最も不適当なものはどれか。**

(1) 木材の腐朽には，木材腐朽菌が関与している。

(2) 周囲の温度が極端に低かったり高かったりすると，腐朽は停滞する。

(3) 常時，地下水位以下にある木材は，腐朽しやすい。

(4) 木材の腐朽は樹種によって異なり，ヒノキは耐朽性が高い。

問題6　解体工事用機器に関する次の記述のうち，**最も不適当なものはどれか。**

(1) フォークグラブは，木材をつかむためのアタッチメントで，主に木造建築物の解体作業に使用する。

(2) ワイヤソーのビーズは，研削熱に強く消耗時間も長いので，鉄筋コンクリート部材の切断に適している。

(3) 大割用圧砕具は，鉄筋コンクリート造建築物の壁，柱，梁，床などを破砕する場合に使用する。

(4) ガス溶断器は，アセチレンガスと酸素を混合燃焼させて鉄筋や鉄骨を溶断する装置である。

問題7 解体用アタッチメントの装着・取外しに関する次の記述のうち，**最も不適当なものはどれか。**

(1) アームとアタッチメントを連結する取付けピンは，2本用いる。

(2) 取り外した油圧ホースとストップバルブには，それぞれにダストキャップを付ける。

(3) アタッチメントは，ベースマシン本体質量の約20%くらいまでの重さのものを使用する。

(4) 移動式クレーンによりアタッチメントを装着する場合には，作業指揮者を配置する。

問題8 圧砕機による解体工法に関する次の記述のうち，**最も不適当なものはどれか。**

(1) 地上解体工法において外壁を残す場合に，3層分の外壁を控え壁無しに自立させた。

(2) 地上4階建ての建築物に，地上解体工法を採用した。

(3) 敷地に余裕がないので，階上解体工法を採用した。

(4) 階上解体工法において，中央部の天井スラブ・梁・壁などを解体してから外周壁を解体した。

問題9 下図に示す解体工事における仮設の種類について，A～Cに該当する用語の組み合わせとして，**適当なものはどれか。**

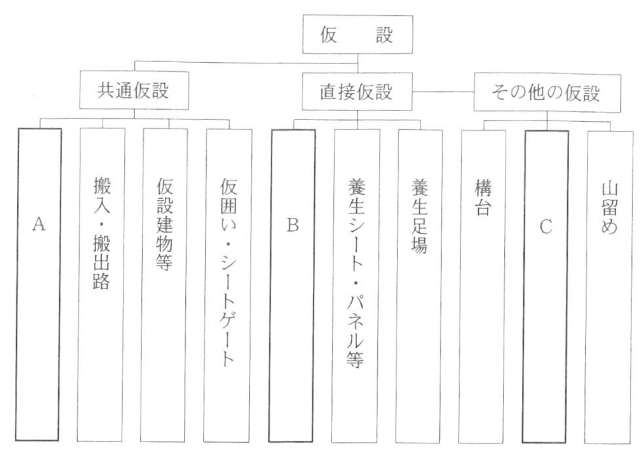

	(A)	(B)	(C)
(1)	仮設設備（電気・水道等）	架空線養生	排水
(2)	仮設設備（電気・水道等）	排水	架空線養生
(3)	架空線養生	仮設設備（電気・水道等）	排水
(4)	排水	仮設設備（電気・水道等）	架空線養生

問題10　養生設備に関する次の記述のうち，**最も不適当なものはどれか。**

(1) 防音パネルに隙間があると防音効果が低下するため，粘着テープなどで隙間をなくす対策が必要である。

(2)「しのびがえし」とは上部から落下するガラ等を途中で受け，建物内部に落とし込む防護棚である。

(3) 安全ネットは墜落により作業員に危害を及ぼす箇所に水平に張るもので，網目の１辺の長さは10㎝以下にする。

(4) 親綱を支柱に張る場合は，緩みを持たせるように張り，支柱を取り付けてある作業床より0.9m以上となる高さの位置とする。

問題11　解体工事における事前調査に関する次の記述のうち，**最も不適当なものはどれか。**

(1) 建設機器から発生する振動は，反射・伝播あるいは地質・地層の特異性などの影響を受けるため，隣接建物だけでなく，数十メートル離れた構造物についても工事開始前の状況を調査し記録した。

(2) 近隣住民とのトラブルを防止するため，住宅地域・商業地域・工業地域等の行政的区分だけでなく，一軒ごとに住民の実態を調査した。

(3) 円滑に工事を進めるため，廃棄物処理施設までの往路・復路の時間帯ごとの渋滞度，交通規制，道路工事の有無などについて，実際に車を走らせて調査した。

(4) ガス漏れや漏水事故を防止するため，敷地内のガス，上下水道，電話等の配管・配線について，新築時の設計図書により確認した。

問題12 解体工事における事前調査に関する次の記述のうち，**最も不適当なものはどれか。**

(1) 建築物等の使用期間，用途，老朽度および被災歴等について調査を行う。

(2) トランス（変圧器）やコンデンサ（蓄電器）などPCB含有の可能性のある廃棄物は，銘板を調査すれば分析調査は不要である。

(3) 部材・内外装の種類によっては，作業方法・作業手順・廃棄物の処理方法等が異なるので注意が必要である。

(4) 付着物・有害物については，特に石綿含有建材についての調査が必要である。

問題13 現場管理費に関する次の記述のうち，**最も不適当なものはどれか。**

(1) 人件費とは，現場の専任職員と作業員の給与等である。

(2) 法定福利費とは，健康診断に必要な費用等である。

(3) 労務安全管理費とは，作業用具，作業服等の安全衛生管理に必要な費用である。

(4) 保険料とは，損害保険・賠償保険等の保険料である。

問題14 解体工事の見積に関する次の記述のうち，**正しいものはどれか。**

(1) 建築物の解体工事の見積を依頼されたが，契約段階で廃棄物の発生量が判らないので,「再資源化の費用」を見積らなかった。

(2) 解体工事の請負に際し，受注者は，注文者から請求があったので，請負契約が成立した直後に見積書を手渡した。

(3) 古い家屋の解体工事に関して，表紙，内訳書及び明細書の3つの書類で構成される見積書を作成した。

(4) 河川に架かる橋梁の解体工事で，現場から発生するコンクリート塊の処理費用を，現場管理費として見積った。

問題15 解体工事の請負契約に関する次の記述のうち，**正しいものはどれか。**

(1) 大規模な解体工事に際し，発注者は，工事に使用する特定の建設機械を受注者に指定できる。

(2) 解体工事の請負に際し，受注者は，発注者の同意を得て，セキュリティ対策を施した電子契約を行うことができる。

(3) 建築物の解体工事を受注する場合，この解体工事契約は契約金額にかかわらず建設業法の適用を受けない。

(4) 解体工事業者は，現場状況が流動的で工事着手時期の見通しが立たない場合,「工事着手の時期」を明記しない解体工事請負契約を結ぶことができる。

問題16 解体工事における許可申請・届出に関する次の記述のうち，**不適当なものはどれか。**

(1) 解体用の足場を60日以上設置する必要があるため，機械等設置届を所轄の労働基準監督署へ提出した。

(2) 道路上でレッカー作業をする必要があるため，道路使用許可申請書を所轄の警察署へ提出した。

(3) 道路際で地下躯体の解体を行うため，沿道掘削申請書を所轄の警察署へ提出した。

(4) 高さが35 mある建築物を解体するため，建設工事計画届を所轄の労働基準監督署へ提出した。

問題17 建設リサイクル法による解体工事において，着工までの流れとして**最も適当なものはどれか。**

A：契約　B：発注者による分別解体等の計画作成　C：事前調査の実施

D：発注者への書面による説明　E：都道府県知事への届出

(1) A ⇒ B ⇒ C ⇒ D ⇒ E

(2) D ⇒ A ⇒ B ⇒ C ⇒ E

(3) C ⇒ A ⇒ B ⇒ D ⇒ E

(4) C ⇒ D ⇒ B ⇒ A ⇒ E

問題18 解体工事の施工計画に関する次の記述のうち，**最も不適当なものはどれか。**

(1) 発注者は，工事着手の7日前までに，分別解体等の計画等について，都道府県知事又は建設リサイクル法施行令で定められた市区町村長に届け出る。

(2) 施工計画の良否によって企業の収益にも大きな影響を与えるので，施工計画は現場責任者のみならず企業の総力を結集して行うべきである。

(3) バーチャート式工程表は，表の作成が簡単で，作業の日数・日程がわかりやすいが，各作業の関連性（順序）が把握しにくい。

(4) 廃棄物の焼却施設に設置された廃棄物焼却炉の設備を解体する場合は，7日前までに計画を都道府県知事に提出する。

問題19 解体工事における施工管理に関する次の記述のうち，**最も不適当なものはどれか。**

(1) 施工管理は，作業管理，工程管理，原価管理，安全衛生管理の 4 管理の観点から行う。

(2) 工程管理は，単なる時間的な管理ではなく，最小限の労働力・資材・機械で最大限の効果が得られるように努めなければならない。

(3) 作業管理には，労働力の確保・管理，建設機械や資材の管理などがある。

(4) 安全衛生管理は，店社及び現場の安全衛生計画に基づいて管理する。

問題20 解体工事の施工管理に関する次の記述のうち，**最も不適当なものはどれか。**

(1) 現場にかかる経費と実行予算とに差異が生じた場合には，原因分析と改善対策を行う。

(2) 施工管理者は，作業工程の管理だけでなく，現場環境の整備，教育・指導の徹底，労働意欲高揚のための施策などを適切に行い，労働者の定着・確保を図る。

(3) 建設機械の管理においては，原価縮減を最優先し，機械の機種・台数をできる限り少なく配置する。

(4) 足場等の資材は使用前に，損傷の有無を検査し，使用中も常に点検し不適格なものは迅速に交換するなどの管理を行う。

問題21 安全ミーティング（ツールボックス・ミーティング）に関する次の記述のうち，**最も不適当なものはどれか。**

(1) 安全ミーティングは，元請企業の技術者が中心となって作業者と相談しながら行う活動である。

(2) 安全ミーティングは，作業開始前の時間を使って行うものである。

(3) 安全ミーティングは，その日の工程を念頭に置き，安全に作業を進める方法を工夫し，それを作業者に理解させるものである。

(4) 安全ミーティングで話題として取り上げる項目には，作業者の健康状態,服装，保護具等も含まれる。

問題22 安全衛生管理に関する次の記述のうち，労働安全衛生法令に照らして，**不適当なものはどれか。**

(1) 高さ 6 mの鉄骨造の建築物の解体工事においては,「建築物等の鉄骨の組立て等作業主任者」を選任しなければならない。

(2) アスベスト含有建材の除去作業を行う際には,「石綿作業主任者」を選任しなければならない。

(3) 高さ 3 mのコンクリート造の工作物を解体する際には,「コンクリート造の工作物の解体等作業主任者」を選任しなければならない。

(4) 高さ 6 mの足場を解体する際には,「足場の組立て等作業主任者」を選任しなければならない。

問題23 工事現場の安全衛生管理に関する次の記述のうち，**最も不適当なものはどれか。**

(1) 安全衛生管理計画は，安全第一を根幹にすえて策定した。

(2) 脚立足場の脚と水平との角度を，80度にして作業を進めた。

(3) 枠組足場からの墜落防止策として，交さ筋かいと高さ20㎝の幅木を設置した。

(4) 高さ 3 mの位置から物体を投下する際に，投下設備を設け，監視人を置いた。

問題24 解体工事における環境保全対策に関する次の記述のうち，**最も不適当なものはどれか。**

(1) 騒音計には普通騒音計と精密騒音計があるが，建設工事現場では，一般的に普通騒音計が使用される。

(2) 建設機械の騒音を測定する場合は，機械から 7，15，30mの距離で測定する。

(3) 特定建設作業の振動の規制値は85デシベルである。

(4) 低騒音型建設機械は，通常の作業において当該機械から10m離れた地点の騒音が80デシベルを超えないとみなされるものである。

問題25 環境保全に関する次の記述のうち，**最も不適当なものはどれか。**

(1) 石綿粉じんは，中皮腫などの重篤な疾病を引き起こす。

(2) 降下粉じんは，浮遊粉じんに比べてじん肺や重金属による肺炎などを発症させる可能性が高い。

(3) 粉じんの飛散抑制には，粉じん発生個所への散水が効果的である。

(4) 粒径が10μm（マイクロメートル）より大きい粉じんは，吸引してもほとんどが鼻腔部に付着して容易に体外に排出できる。

問題26 木造建築物の解体作業に関する次の記述のうち，**最も不適当なものはどれか。**

(1) 手作業による解体では，柱を残し，貫・筋かいをすべて撤去した後に外装材を撤去する。

(2) 接合金物の取外しは，上部から順次下部に向かって行う。

(3) ガラス付きの建具類は下階から撤去し，ガラスは搬出用車両の荷台や専用容器の中で割る。

(4) 平屋住宅を総2階建に増築した建物は，2階部分をすべて撤去した後に1階部分を解体する。

問題27 木造建築物の解体に関する次の記述のうち，**最も不適当なものはどれか。**

(1) 木造建築物の屋根葺材としては，瓦類，屋根用化粧スレート類，金属類等がある。

(2) 部材の接合金物は建築年代によって仕様が異なり，年代が新しいものほど種類や使用量が少なくなる。

(3) 土台，大引き等にCCA処理木材が使用されている場合は，当該建材のみを分別し，焼却施設または管理型最終処分場へ運搬する。

(4) 発生部位によって木材の品質は異なり，柱や梁などの大断面部材は有価で取引されることもある。

問題28 木造建物の解体作業に関する次の記述のうち，**最も不適当なものはどれか。**

(1) 解体作業にともなう振動等により倒壊の危険性があったので，事前に補強を行った。

(2) 老朽化の進行が著しく，踏み抜きのおそれのある屋根を，機械作業で解体した。

(3) 床柱（とこばしら）等の銘木は，再利用の目的で内装材の撤去の前に取り外すことが多い。

(4) 解体工事により発生する木材は，柱や梁などの断面の大きな材だけを分別し，根太，野地板などは分別しなかった。

問題29 鉄骨造建築物の解体作業に関する次の記述のうち，**最も不適当なものはどれか。**

(1) 外壁ALC版を鉄骨躯体と一体的に転倒させた。

(2) ボルトを外して部材を解体する場合に，解体箇所のボルトのみを緩め，他のボルトは本締めのままにした。

(3) ガス溶断器を用いて，妻側から1スパンごとに母屋材，胴縁，小屋組を溶断した。

(4) 屋根葺き材の取り外しに際し，フックボルトはカッターで切断した。

問題30 鉄骨造建築物の解体作業に関する次の記述のうち，**最も不適当なものは**

どれか。

(1) 外壁躯体の解体時は，不意の転倒を防ぐため，転倒方向の側から順に柱の溶断を行う。

(2) ウレタン吹付等の可燃物は，火災防止の観点からも躯体解体前に内装材等と共に除去する。

(3) 鉄骨梁を溶断する場合は，原則として上から下の順序で行い，継手部分は避ける。

(4) 外壁は1枚壁にならないようL字またはコの字型に残して倒壊を防止する。

問題31 鉄筋コンクリート造の解体に関する次の記述のうち，**最も不適当なものはどれか。**

(1) ベランダのある外壁を引き倒す場合は，転倒させる外壁の重心が常に転倒側になるよう計画し，作業を行う。

(2) 外壁の転倒作業は，1フロアごとに，1～3スパン程度（柱2～3本を含む）ごとに行う。

(3) 転倒作業では，転倒部材の飛散防止の観点から，一体性を確保しつつ急速に転倒させる。

(4) 転倒作業において，圧砕機が1台しか使用できない場合，圧砕機で外壁を支え，ハンドブレーカおよびガス溶断器を用いて縁切りする。

問題32 鉄筋コンクリート造の解体作業に関する次の記述のうち，**最も適当なものはどれか。**

(1) 階上解体に際して，床のサポートの本数は経験に基づき決定する。

(2) 転倒工法における引きワイヤの切断荷重に対する安全係数は，3以上のものを使用する。

(3) 圧砕作業に際し，外部養生足場と外壁との距離は300～500㎜を確保する。

(4) ハンドブレーカによる解体作業は，上階の床スラブ ⇒ 梁 ⇒ 内柱 ⇒

内壁 ⇒ 外柱 ⇒ 外壁の順序で作業する。

問題33 鉄筋コンクリート造建築物の解体作業に関する次の記述のうち，**最も不適当なものはどれか。**

(1) 解体作業を行う場合の散水作業は，粉じん防止効果を高めるために，重機オペレータと連絡を密にして，重機の稼働範囲内で行う。

(2) 重機を，積み上げたコンクリート塊の上に載せる場合は，積み上げたコンクリート塊の勾配や締まり具合に十分注意する。

(3) 階上解体では，解体で発生するコンクリート塊は，スラブに穴などをあけ，取り除きながら作業する。

(4) ロングブームは低所の解体に不向きなので，低所では標準ブームを併用する。

問題34 鉄筋コンクリート造の煙突とPC（プレストレスト・コンクリート）パイル基礎杭の解体に関する次の記述のうち，**最も不適当なものはどれか。**

(1) 煙突の解体工法には，敷地内の安全が十分確保できる場合，地上からロングブームに圧砕用アタッチメントを装着して解体する工法のほか，転倒させてから小割にする工法がある。

(2) 煙突の解体において，敷地に余裕がない場合は，一般に事前に足場を設置して上部からハンドブレーカで解体し，発生した解体ガラは煙突の外側に落下させて作業を進める。

(3) 基礎杭をスパイラルケーシング工法で引き抜く工法は，低騒音・低振動の工法のひとつである。

(4) 引き抜いた基礎杭は，現場内でコンクリート圧砕機，大型ブレーカ等を用いて小割にする。

問題35 地下構造物の解体作業に関する次の記述のうち，**最も不適当なものはどれか。**

(1) 直接土に接している部分の解体作業では，地上部分を解体する場合より，振動の発生に注意して行った。

(2) 構造物の解体作業を，地山の掘削作業と土留支保工の組立作業より，先に行った。

(3) 一階の床スラブを局地的に解体して穴を開け，その穴に切梁支持杭を打ち込んだ。

(4) 基礎杭を引き抜いた後の孔は，改良土で埋め戻した。

問題36 解体作業に関する次の記述のうち，**最も不適当なものはどれか。**

(1) 断熱材として使用されているグラスウールは，空隙率が大きいので細かく裁断して容積を小さくする。

(2) 石こうボードの下地にクロス仕上げされている壁は，石こうボードを撤去する前にクロスをはがす。

(3) 鉛等の重金属が使用されている場合は，注意して撤去し，適正に処理できる業者に引き渡す。

(4) 浄化槽を撤去するときは，事前に内部の残留物の除去及び清掃を行う。

問題37 解体作業に関する次の記述の正誤の組み合わせで，**最も適当なものはどれか。**

(A) 建築設備は，解体工法に関わらず手作業で撤去し，木質系，金属系及びプラスチック系の材料などに分別して搬出する。

(B) 廃棄物の運搬車両には品目別で単品ごとに積載するが，やむを得ず1台に複数品目を混載する場合は品目別に仕切る。

(C) ガラス付きの建具は手作業で撤去する。

(D) 解体工事現場が狭い場合は，工事現場での分別作業は行わず，自社のストックヤードに運搬して分別作業を行ってよい。

	(A)	(B)	(C)	(D)
(1)	○	×	×	×
(2)	○	○	○	×
(3)	×	○	○	×
(4)	×	×	○	○

問題38 委託を受けて産業廃棄物の収集・運搬を行う場合に関する次の記述のうち，**最も不適当なものはどれか。**

(1) 産業廃棄物の保管は原則禁止であるが，積替え保管の許可を有していれば，基準にしたがい保管することができる。

(2) 産業廃棄物の収集運搬車両である旨，氏名または名称及び許可番号（下6けたに限る）を車体の両側面に鮮明に表示しなければならない。

(3) 運搬車両は，当該産業廃棄物の産業廃棄物管理票(マニフェスト)及び委託契約書の写しを備え付けておかなければならない。

(4) 産業廃棄物が飛散・流出したり，悪臭が漏れたりするおそれのないようにしなければならない。

問題39 建物内の家具類や電気器具類等の残置物を処理するに際し，解体業者の行動に関する次の記述のうち，**最も適当なものはどれか。**

(1) 残置物を整理のうえ，一般廃棄物処理業者に処理を委託した。

(2) 残置物を整理のうえ，産業廃棄物処理業者に処理を委託した。

(3) 残置物を解体し，木くずや金属類など数種類の廃棄物に分別して，産業廃棄物処理業者に処理を委託した。

(4) 残置物のリストをつくり，建物の所有者に一般廃棄物として処理するように依頼した。

問題40 建設産業廃棄物の再資源化等に関する次の記述のうち，**最も不適当なも**

のはどれか。

(1) 熱回収を前提とした廃木材チップ化は，再資源化に含まれる。

(2) 元請業者は，家庭の屋根に設置された太陽光発電設備の太陽電池モジュールを取り外し，産業廃棄物として中間処理業者にその処理を委託できる。

(3) 元請業者は，当該工事の特定建設資材廃棄物の再資源化が完了した報告を，書面で都道府県知事に行なわなければならない。

(4) 元請業者は，分別解体に伴って生じた特定建設資材廃棄物について，再資源化等を行なわなければならない。

問題41 石綿処理の実務に関する次の記述のうち，**最も不適当なものはどれか。**

(1) 石綿等が使用されている建築物の解体作業を行なうとき，事業者は作業に従事する労働者が見やすい箇所に，注意事項等を掲示しなければならない。

(2) 吹付け石綿の除去作業の作業場所の内部は，常に負圧の状態に保ち，除じんのフィルターを適宜交換しなければならない。

(3) 石綿含有産業廃棄物の収集運搬に際しては，その他の廃棄物と混合しないように区分し，破砕・飛散することがないようにしなければならない。

(4) 石綿等が使用されている建築物の解体作業を行なった事業者は，作業環境測定の結果およびその評価の記録を5年間保存しなければならない。

問題42 建設業法に関する次の記述のうち，**最も不適当なものはどれか。**

(1) 令和3年（2021年）3月31日までは，従来のとび・土工工事業許可でも解体工事の営業ができる。

(2) 解体工事業者が2つの県に営業所を設けて営業する場合，国土交通大臣の許可を受ける。

(3) 発注者から直接建設工事を請け負った特定建設業者が，そのうち4,000万円以上（建築一式工事は6,000万円）を下請施工させる場合は，監理技術者を置かなければならない。

(4) 解体工事業者の経営管理者には，経験豊かな業務を執行する社員が在職すれば，大学を卒業したばかりの人材でも就任できる。

問題43 解体工事における作業主任者に関する次の記述のうち，労働安全衛生法令に照らして**不適切なものはどれか。**

(1) 事業者は，作業主任者として，都道府県労働局長の免許を受けた者または登録教習機関の実施する技能講習を修了した者から選任しなければならない。

(2) 事業者は，選任した作業主任者の氏名およびその者に行わせる事項を作業所の見やすい箇所に提示する等により，労働者に周知させなければならない。

(3) 作業主任者は，技能講習修了証を常時，事務所または自宅に保管しておかなければならない。

(4) 作業主任者は，安全衛生責任者や職長の職務にある者が兼任することができる。

問題44 解体工事に用いる機械に関する次の記述のうち，労働安全衛生規則上の正誤の組み合わせで，**正しいものはどれか。**

(A) 車両系建設機械を用いて作業を行うときは，接触するおそれのある箇所に労働者を立ち入らせないか，誘導者を配置しなければならない。

(B) 作業床の高さが2m以上の高所作業車は，特定自主検査が必要である。

(C) 特定自主検査を実施したブレーカは，見やすい箇所に，検査を行った年月を明らかにした検査標章（ステッカー）を貼り付けなければならない。

(D) 車両系建設機械の修理作業は，作業指揮者の直接指揮のもとに行わなければならない。

	(A)	(B)	(C)	(D)
(1)	○	○	×	×
(2)	○	×	○	×
(3)	×	○	×	○
(4)	○	○	○	○

問題45 次の産業廃棄物のうち，**特別管理産業廃棄物として処理をしなければならないものはどれか。**

(1) 廃発泡スチロール

(2) 防水アスファルト

(3) ベントナイト汚泥

(4) けいそう土保温材

問題46 大量の蛍光ランプの撤去を元請業者が行う場合，その処理に関する次の文の空欄 ア ， イ に当てはまる記述の組み合わせとして，**適当なものはどれか。**

蛍光ランプを保管容器に ア 詰めて蓋をし，マニフェストに産業廃棄物の「ガラスくず・コンクリートくず及び陶磁器くず，並びに金属くず」，かつ「廃蛍光ランプ イ 」と記載して，許可を受けた収集運搬業者に収運運搬を委託し，水銀回収業者(許可施設)において処理した。

ア A1：細かく破砕して
A2：割れないように

イ B1：(廃水銀等)
B2：(水銀使用製品産業廃棄物)

	ア	イ
(1)	A1	B1
(2)	A1	B2
(3)	A2	B1
(4)	A2	B2

問題47　建設リサイクル法に関する次の記述のうち，**最も不適当なものはどれか。**

(1) 工事の発注者または自主施工者は，工事着手日の7日前までに分別解体計画等を定められた様式により，都道府県知事に届け出なければならない。

(2) 元請業者は，対象建設工事を請け負うにあたり，発注者に対して分別解体等の必要事項を口頭にて詳細説明し，了承を得ることが義務付けられている。

(3) 建設リサイクル法の3本柱は，「建設工事における分別解体等と再資源化等の義務付け」・「届出・契約等の手続きの整備」・「解体工事業者の登録制度の創設」である。

(4) 縮減とは，建設廃棄物について焼却，脱水，圧縮その他の方法により，建設資材廃棄物の大きさを減ずる行為である。

問題48　建設リサイクル法対象工事に関する次の記述のうち，**最も不適当なものはどれか。**

(1) 分別解体及び廃棄物の再資源化に要する費用については，排出事業者の負担とした。

(2) 内装に使用されていた石こうボードは，特定建設資材であるので，分別解体した。

(3) 廃木材は，当該解体工事現場から50km以内に再資源化施設がなかったので，焼却施設で縮減した。

(4) 解体工事の元請業者が，廃棄物の再資源化の実施状況に関する記録を作成し，保管した。

問題49　建設リサイクル法対象工事の規模基準に関する下表のうち，A～Dに該当する値の組み合わせで，**正しいものはどれか。**

工事の種類	規模の基準
建築物の解体	延べ床面積 [A] 以上
建築物の新築・増築	延べ床面積 [B] 以上
建築物の修繕・模様替え等（リフォーム等）	工事金額 [C] 以上
その他の工作物に関する工事（土木工事等）	工事金額 [D] 以上

	A	B	C	D
(1)	100 ㎡	500 ㎡	5,000万円	1,000万円
(2)	80 ㎡	1,000 ㎡	5,000万円	500万円
(3)	80 ㎡	500 ㎡	1 億円	500万円
(4)	100 ㎡	1,000 ㎡	1 億円	1,000万円

問題50　次の石綿含有建材のうち，大気汚染防止法における**特定建築材料に該当しないものはどれか。**

(1) 石綿含有ロックウール天井板

(2) 石綿含有パーライト保温材

(3) 石綿含有吹付けロックウール

(4) 石綿含有けい酸カルシウム板第二種

［平成30年度問題の解答例］

問題 1	(3)	問題 11	(4)	問題 21	(1)	問題 31	(3)	問題 41	(4)
問題 2	(4)	問題 12	(2)	問題 22	(3)	問題 32	(3)	問題 42	(1)
問題 3	(1)	問題 13	(2)	問題 23	(2)	問題 33	(1)	問題 43	(3)
問題 4	(4)	問題 14	(3)	問題 24	(3)	問題 34	(2)	問題 44	(4)
問題 5	(3)	問題 15	(2)	問題 25	(2)	問題 35	(2)	問題 45	(4)
問題 6	(2)	問題 16	(3)	問題 26	(1)	問題 36	(1)	問題 46	(4)
問題 7	(3)	問題 17	(4)	問題 27	(2)	問題 37	(2)	問題 47	(2)
問題 8	(1)	問題 18	(4)	問題 28	(4)	問題 38	(3)	問題 48	(2)
問題 9	(1)	問題 19	(1)	問題 29	(1)	問題 39	(4)	問題 49	(3)
問題 10	(4)	問題 20	(3)	問題 30	(3)	問題 40	(3)	問題 50	(1)

平成29年度問題

問題1　構造形式の名称と説明文の組合せのうち，**正しいものはどれか。**

(ア) 部材を曲線状に曲げて，曲げモーメントの影響をより小さくした構造形式である。

(イ) 軸組の各節点を剛結合した構造形式であり，各部材には曲げモーメント，せん断力，圧縮力，引張力が生じる。

(ウ) 三次元的な力のつり合いとともに，全体の剛性を得て外力に対処する構造形式である。

(エ) 骨組の各節点をピン接合して組み合わせた構造形式であり，各部材には圧縮力と引張力が生じる。

	(ア)	(イ)	(ウ)	(エ)
(1)	アーチ構造	トラス構造	立体構造	ラーメン構造
(2)	アーチ構造	ラーメン構造	立体構造	トラス構造
(3)	立体構造	ラーメン構造	アーチ構造	トラス構造
(4)	立体構造	トラス構造	アーチ構造	ラーメン構造

問題2　下図は，中央部に集中荷重を受ける鉄筋コンクリート造の単純梁の配筋方法を模式的に示している。集中荷重Pによって生じる曲げモーメントに対する配筋として，**適当なものはどれか。**

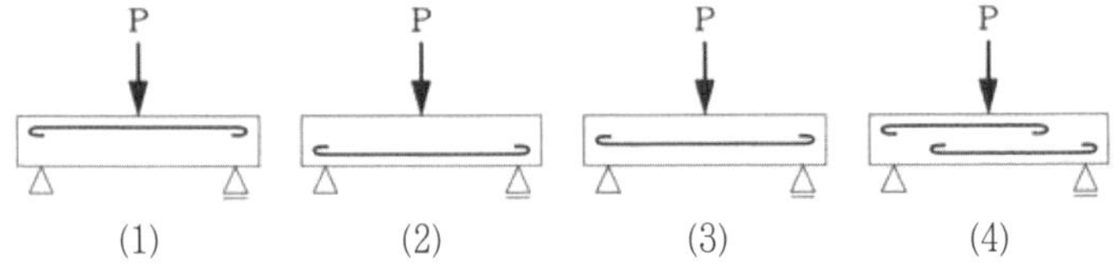

問題3　建築材料に関する次の記述のうち，**不適当なものはどれか。**

(1) ロックウール：玄武岩・蛇紋岩などを溶融し，それを繊維状にしたもので，断熱材，吸音材や耐火被覆材などに用いられる。

(2) サイディング：材質により窯業系，金属系，木質系およびプラスチック系のものがあり，表面のデザインが多様で低層住宅・アパートの外壁などに用いられる。

(3) 型板ガラス：複数の板ガラスの間に乾燥空気を入れて密封したもので，断熱性や遮音性を高めるために用いられる。

(4) 合　　　板：木材を薄くむいた単板（ベニヤ）を，繊維方向に互いに直交して積層接着したもので，壁面材やコンクリート型枠材として用いられる。

問題 4　建築用語に関する次の記述のうち，**最も不適当なものはどれか。**

(1) 鉄骨部材におけるハイテンションボルト接合とは，高力鋼製ボルトを用いて締め付けた板材間の摩擦力で力を伝達する接合方法のことである。

(2) カーテンウォールとは，コンクリート，金属，ガラスなどを用いたパネル状の非耐力壁の外壁のことである。

(3) 木造建築物における大壁造とは，柱を外面に現して，壁を柱と柱の間に納める形式のことである。

(4) 切梁とは，山留め工事において腹起しを支えるための横架材のことである。

問題 5　解体工事用機器に関する次の記述のうち，**最も不適当なものはどれか。**

(1) 小割用圧砕機は，鉄筋を団子状にまとめたり，運搬車への積込みに使用することもできる。

(2) ウォールソーマシンは，フラットソーイングマシンが入れない狭い床版部分も切断できる。

(3) 鉄筋コンクリートをコアドリルで穿孔する際，鉄筋に当たった場合は送り速度を速くしてビットの負荷を小さくする。

(4) ハンドブレーカは，狭い場所で作業ができ，振動も少なく丁寧な解体作業ができるが，騒音・粉じんがかなり発生する。

問題6　解体工法の特徴に関する記述の正誤の組み合わせのうち，**正しいものはどれか**。ただし，正しい記述を○，誤りの記述を×とする。

(a) 圧砕工法は，大型部材（大断面の部材）の解体に適している。

(b) 大型ブレーカ工法は，作業者が白蝋（はくろう）病になりやすいことに注意が必要である。

(c) ワイヤーソーイング工法は，SRC部材（鉄骨鉄筋コンクリート造部材）を切断することができる。

(d) ミニ（マイクロ）ブラスティング工法は，リニューアル工事，小規模な基礎や地中梁等の解体に用いられる。

	(a)	(b)	(c)	(d)
(1)	×	×	○	○
(2)	○	○	×	×
(3)	×	○	×	○
(4)	○	×	○	×

問題7　解体工法についての以下の記述のうち，**最も不適当なものはどれか**。

(1) 圧砕工法は，粉じんが発生しやすいので，多量の水が必要である。

(2) カッタ工法は，振動・騒音・粉じんともに他の工法に比べ少なく，コスト的にも有利なため都市部での解体作業に適している。

(3) アブレシブウォータージェット工法は，振動・粉じんが発生せずに切断作業を行うことができるが，作業能率等の問題により一般の解体工事には使用困難である。

(4) 静的破砕剤工法は，火薬やコンクリート破砕器を用いた工法に比べ安全性の点で優れている。

問題8　移動式足場（ローリングタワー）に関する次の記述のうち，**最も不適当なものはどれか**。

(1) 作業床には3人以上載せない。

(2) 積載荷重は，作業床の面積が2㎡以上の場合は400kg以下とする。

(3) 床板は，隙間が3㎝以下となるように全面に敷き並べる。

(4) 移動式足場を移動させるときは，すべての作業員を降ろしてから行う。

問題9 解体工事の仮設に関する次の記述のうち，**不適当なものはどれか。**

(1) のり切りオープンカット工法は，支保工の架設解体の手間が省け，掘削に大型機械が使用できるが，掘削や埋戻しの土量が多くなる。

(2) 山留め壁自立オープンカット工法は，地下構造物の解体によく利用され，支保工がないので掘削等の作業性がよいが，掘削深度と地盤条件に適応した山留め壁が必要である。

(3) 鋼矢板工法は，止水性のある山留め壁を設置できるが，地中障害物がある箇所については，連続して鋼矢板が打ち込めないため，土留め，止水対策などが必要となる。

(4) 親杭横矢板工法は，一般的な山留め工法で，工期・工費ともに経済的であり，地下水の豊富な地盤，軟弱でヒービングの発生する恐れのある地盤に適している。

問題10 解体工事業者が行う事前調査及び措置に関する次の記述のうち，**不適切なものはどれか。**

(1) 設計図書，竣工図，増改築記録が保存されていない場合や，設計図書等と現場調査に差異がある場合は，特に入念な調査が必要である。

(2) 用途・模様替えや増改築が行われた建築物等は，外装が同じあるいは類似していても構造が異なる場合があり，増改築部分および接合部の調査が重要である。

(3) 部材・内外装材の種類によっては，作業方法・作業手順・廃棄物の処理方法が異なるので注意が必要である。

(4) 家具や家電等の残置物品がある場合には，事前に種類，形状，量等を入念に調査し，処理を行う必要がある。

問題11　解体工事における事前調査に関する次の記述のうち，**最も不適当なものはどれか。**

(1) 設計図書を参考にしながら，敷地内の地中障害物等の現場調査を行った。

(2) 作業範囲内に水道管があったため，水道事業者と打合わせをして水道管の切り回しを行った。

(3) 増改築が行われた建築物の増改築部分，接合部の調査を行った。

(4) 「進入禁止」の交通標識が工事車両の通行障害となるため，道路管理者に許可を受け移設作業を行った。

問題12　解体工事の見積りに関する次の記述のうち，**最も不適当なものはどれか。**

(1) 法定福利費は，発注者及び元請業者が適正に負担し，工事費とは別枠で表示する必要がある。

(2) 直接解体費は，労務費，機械器具費及び副産物処理費から構成される。

(3) 一般管理費は，本社経費と利益を合計したもので，工事原価以外の費用である。

(4) 諸経費は，現場管理費と一般管理費を合わせたものである。

問題13　構造物の解体・改築工事の見積りに関する次の記述のうち，**最も不適当なものはどれか。**

(1) 建築物の改築工事の見積りを依頼されたが，端材の発生量がわからないので，「再資源化の費用」をゼロと見積もった。

(2) 解体工事に関して，表紙，内訳書及び明細書の 3 つの書類で構成される見積書を作成した。

(3) 個人発注者から大規模な解体工事の見積り依頼があったが，事前調査が十分行えなかったので類似工事に準拠して見積書を作成した。

(4) 橋梁の解体工事で，現場から発生するコンクリート塊の処理費用を，工事原価の内訳として直接工事費で見積もった。

問題14 工事請負契約に関する次の記述のうち，**最も不適当なものはどれか。**

(1) 工事請負契約を締結するときは，工事請負契約書を2通作成し，発注者と請負人が各々署名捺印し，互いに1通ずつ保有する。

(2) 工事の請負契約関係を規定したり，発注者と請負者との基本的な関係を明確にしたものが工事請負契約約款である。

(3) 共通仕様書は，各工事を標準化するために共通項目を記載した仕様書であり，品質，精度，施工方法等が記載されている。

(4) 工事請負契約書は，「契約書」「工事請負契約約款」「共通仕様書」「特記仕様書」「設計図」「現場説明書」「質疑応答書（必要に応じて添付）」で構成される。

問題15 解体工事における許可申請・届出に関する次の記述のうち，**不適切なものはどれか。**

(1) 大型重機をトレーラで搬入する必要があるため，特殊車両通行許可申請書を道路管理者に提出した。

(2) 道路上に足場を設置する必要があるため，道路占用許可申請書を警察署に提出した。

(3) 大型ブレーカを規制地域で連続使用する必要があるため，特定建設作業実施届を市役所へ提出した。

(4) 通行規制時間帯を変更する必要があるため，通行禁止道路通行許可申請書を警察署へ提出した。

問題16 労働基準監督署長への解体に伴う計画の届出に関する次の記述のうち，**不適切なものはどれか。**

(1) 高さ31mを超える建築物の解体をする場合は，作業開始日の14日前までに計画を届け出る。

(2) 足場の高さが10m以上の構造かつ設置期間が60日以上となる場合は，設置日の14日前までに計画を届け出る。

(3) 耐火建築物で吹き付けられている石綿等の除去作業をする場合は，作業開始日の14日前までに計画を届け出る。

(4) 廃棄物の焼却施設に設置された廃棄物焼却炉の設備を解体する場合は，作業開始日の14日前までに計画を届け出る。

問題17　解体工事に先立つ各種届出に関する次の記述のうち，**適当なものはどれか。**

(1) 建築物除却届は，解体後に都道府県に提出する。

(2) ガイドレールの高さが18m以上の建設用リフトを使用する場合は，設置日の30日前までに警察署に届け出る。

(3) 道路際を３m掘削する場合，沿道掘削願を作業開始日の14日前までに警察署に提出する。

(4) 道路自費工事許可に関する申請は，工事開始日の25日～40日前までに道路管理者に申請する。

問題18　解体工事の施工管理に関する次の記述のうち，**最も不適当なものはどれか。**

(1) 解体工事には，施主・設計者・元請業者・下請業者・廃棄物処理業者等の関係が一定でない，工期（納期）が短いなどの特殊性がある。

(2) 建設機械は，無理・無駄なく稼働させるため，工程に合わせて，適切な機種・台数を配置することが必要である。

(3) 実際原価が実行予算を上回った場合は，原因分析，改善対策及び施工計画の再検討を行い，原価低減等の措置を講ずる。

(4) 排出事業者は，建設副産物の処理を他人に委託する場合，処理後すみやかに受託者と書面で委託契約を締結しなければならない。

問題19　解体工事の施工管理に関する次の記述のうち，**最も不適当なものはどれか。**

(1) 管理サイクルは，P(計画)→D(実施)→C(点検・検討)→A(処置）の手順で行う。

(2) 工期を当初よりも延長しなければならない場合，一般に直接費は増加し，間接費は減少する。

(3) 工事の進捗状況を検討しながら，労働力，資材・機械等の効果的な運用を図る。

(4) バーチャート式工程表は，各作業の関連性を把握しにくいが，解体工事には適している。

問題20　ガス溶接器を使用した溶断作業手順（本作業）を示した下図において，①～④の作業の組み合わせのうち，**最も適当なものはどれか。**

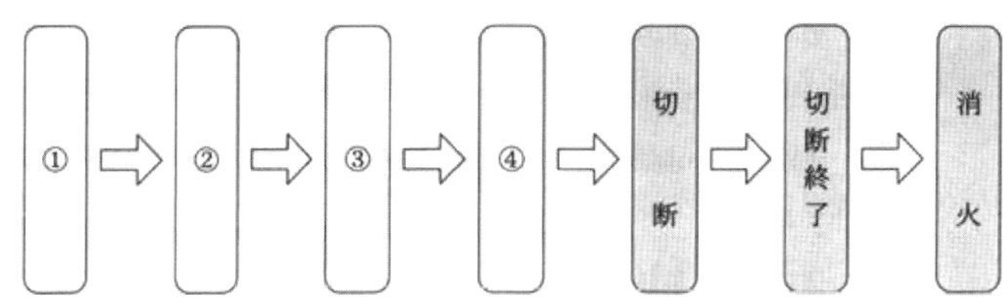

(1) ①吹管に点火　②ガス圧力の調整　③加熱炎をつくる　④鋼材を加熱

(2) ①吹管に点火　②加熱炎をつくる　③ガス圧力の調整　④鋼材を加熱

(3) ①ガス圧力の調整　②吹管に点火　③鋼材を加熱　④加熱炎をつくる

(4) ①ガス圧力の調整　②吹管に点火　③加熱炎をつくる　④鋼材を加熱

問題21　足場に関する次の記述のうち，**最も不適当なものはどれか。**

(1) 高さが5m以上となる移動式足場（ローリングタワー）を組み立てるときは，足場の組立て等作業主任者の選任が必要である。

(2) 2台以上の可搬式作業台（立ちうま）を連結式で組み立てる場合，組立て作業には特別教育修了者を就かせなければならない。

平成29年度

(3) 建地の高さが15mを超えるブラケット一側足場は，最上部から15mより下の建地を２本組とする。

(4) 丸太足場の建地の間隔は，桁行方向2.0m以下，梁間方向1.8m以下とする。

問題22 労働者を保護する保険制度に関する次の記述のうち，**最も不適当なものはどれか。**

(1) 労働者を保護するための労働保険には，労働災害補償保険（労災保険）と雇用保険とがある。

(2) 事業主は，労働者が労働保険への加入を希望しない場合，加入させなくてもよい。

(3) 中小企業の事業主，法人役員，家族従業者等は，労災保険の対象とはならない。

(4) 雇用保険は，労働者が失業した場合の雇用の安定を図ることなどを目的とした保険制度である。

問題23 解体工事の環境保全に関する次の記述のうち，**最も不適当なものはどれか。**

(1) 振動規制法に基づいて，解体工事現場の敷地境界線上で振動を測定した。

(2) 解体工事による振動対策として，伝播経路の途中に空溝を設けた。

(3) 騒音規制法では，騒音の規制基準値は75デシベルである。

(4) 散水は，粉じん飛散抑制に大きな効果があり，最も一般的な対策である。

問題24 解体工事現場周辺の環境に影響を及ぼす騒音，振動，粉じんに関する次の記述のうち，**最も不適当なものはどれか。**

(1) 特定建設作業の同一場所における連続作業期間は，第１号地域と第２号地域ともに最大６日間である。

(2) 低騒音型建設機械の指定を受けている機械を使用する作業については，原則として特定建設作業実施届出の必要はない。

(3) 騒音，振動，粉じんの発生を最小限に抑えることが可能であれば，工事着手前に地域住民に環境保全対策について説明を行う必要はない。

(4) 粉じんの飛散防止対策の基本は，現場周囲をシートまたはパネルで養生して，外部への飛散を防止することである。

問題25 木造建築物の解体作業に関する次の記述のうち，**最も不適当なものはどれか。**

(1) 外装材をつかみ具（フォーククラブ）を使用して剥がすように解体したが，解体後の分別は手作業で行った。

(2) 変色した木材を試薬によりCCA処理材かどうかを確認し，CCA処理材であったので，他の木材と分別して集積し，専用の車両で処分施設に搬出した。

(3) ガラス付きの建具類は破損しないように撤去し，ガラスは搬出用車両の荷台の中で破砕した。

(4) 2階のたたみについては，建具類を撤去した後に，監視人を置いてトラックの荷台に直接投下した。

問題26 木造建築物の解体作業に関する次の記述のうち，**最も不適当なものはどれか。**

(1) アスベスト含有建材は，屋根材，外壁材，断熱材，仕上材等様々な場所に使用されている可能性があるので，事前調査をしっかり行う。

(2) せっこうボード等の内装材については，分別するために手作業で解体する。

(3) 金属製のベランダは，ほかの金属部材の撤去時期に合わせて手作業で撤去する。

(4) 軸組の接合金物の取外しは，ガス溶断器を用いて，原則上から下の順序で行う。

問題27 木造建築物における分別解体の作業順序を示した下図において，①～④の作業の組み合わせのうち，**最も適当なものはどれか。**

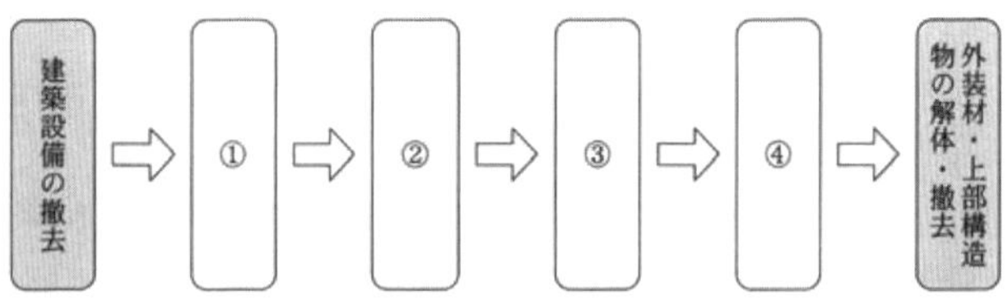

(1) ①屋上設置物の撤去　②内・外部建具の撤去　③内装材の撤去　④屋根葺材の撤去

(2) ①内装材の撤去　②内・外部建具の撤去　③屋上設置物の撤去　④屋根葺材の撤去

(3) ①屋根葺材の撤去　②内装材の撤去　③屋上設置物の撤去　④内・外部建具の撤去

(4) ①屋上設置物の撤去　②屋根葺材の撤去　③内装材の撤去　④内・外部建具の撤去

問題28　鉄骨造建築物の解体作業に関する次の記述のうち，**最も不適当なものはどれか。**

(1) 油圧式鉄骨切断具（鉄骨カッタ）を使用する場合，超ロングブームに装着すれば，高さ40m程度の建築物でも地上からの解体が可能である。

(2) 梁・桁などの横架材の溶断は，継手部分を上から下の順序で行う。

(3) 柱のアンカーボルトの溶断は，柱を移動式クレーンで仮吊りした状態，または転倒防止ワイヤを設置した状態で行う。

(4) 鉄骨切断具には，切断部分をプレスしてから切断するプレス・アンド・カット方式と，切断部分をそのまま切断するノープレス・カット方式とがある。

問題29　鉄骨造建築物の解体作業に関する次の記述のうち，**最も不適当なものはどれか。**

(1) 鉄骨部材を再使用する場合は，梁・柱などをガス溶断機で溶断する。

(2) 手作業分別解体工法で解体する順序は，建設時とほぼ逆の順序である。

(3) デッキプレートにコンクリートが打設してある場合は，先行してコンクリートを斫（はつ）り取る。

(4) ボルトを外して解体する場合は，解体箇所のボルトだけを緩め，ほかのボルトは本締めのままにしておく。

問題30 鉄筋コンクリート造建築物の転倒工法における柱の根回し方法として，**最も適当なものは次のうちどれか。**

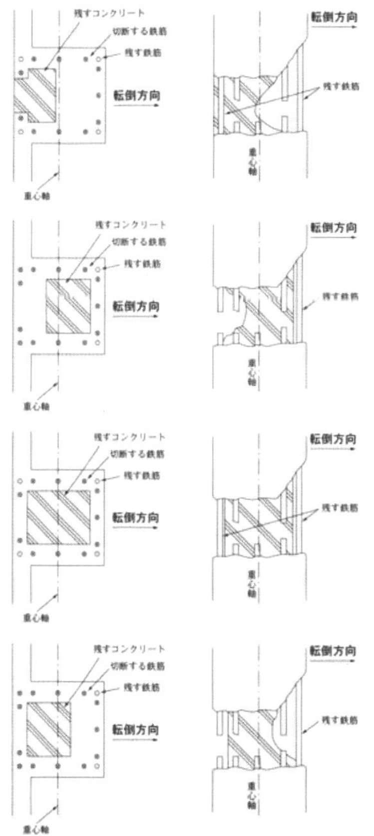

(1) 壁側のコンクリートを残し，⊗印の鉄筋を切断する。

(2) 転倒方向の側のコンクリートを残し，⊗印の鉄筋を切断する。

(3) 中央部のコンクリートを残し，⊗印の鉄筋を切断する。

(4) 壁側のコンクリートを残し，⊗印の鉄筋を切断する。

問題31 鉄筋コンクリート造建築物の圧砕機による階上解体作業に関する次の記述のうち，**最も不適当なものはどれか。**

(1) オペレータには，車両系建設機械運転技能講習（解体用）を修了した者から選任する。

(2) 圧砕機の作業半径内は立入禁止とし，バリケードやカラーコーンなどで明示する。

(3) 外壁，外柱は原則として1階分ずつ解体し，解体した階の足場は速やかに撤去する。

(4) 解体建築物の外壁と外部養生足場との距離は，150㎜程度とする。

問題32 鉄筋コンクリート造建築物の圧砕機による地上解体作業に関する次の記述のうち，**最も不適当なものはどれか。**

(1) 散水作業員とオペレータとは，常に相手を確認できる位置関係を保つ。

(2) オペレータは，最初に作業開始面の外壁を解体し，各部材を見通せる視界を確保する。

(3) 圧砕作業は，水平養生棚やしのびがえし等が，下階に設置してあることを確認して行う。

(4) 低層階の解体作業には，ロングブームを使用することが適している。

問題33 「2径間・RC床版・鋼版桁橋」の解体の作業手順を示した下図において，①～④の作業の組合せのうち，**最も適当なものはどれか。**

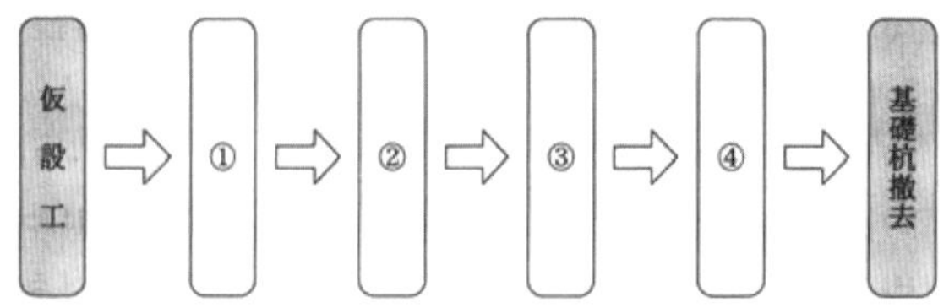

(1) ①橋面撤去　②橋体分割・床版等部材撤去　③主桁撤去　④橋台・橋脚撤去
(2) ①橋面撤去　②主桁撤去　③橋体分割・床版等部材撤去　④橋台・橋脚撤去
(3) ①橋体分割・床版等部材撤去　②橋面撤去　③主桁撤去　④橋台・橋脚撤去
(4) ①橋体分割・床版等部材撤去　②橋面撤去　③橋台・橋脚撤去　④主桁撤去

問題34　地下構造物の解体作業に関する次の記述のうち，**最も不適当なものはどれか。**

(1) 基礎や地中梁の断面が大きい場合，圧砕工法と静的破砕剤工法を併用することがある。
(2) 山留め壁を設置して解体作業を行う場合，周辺地盤の沈下や変形の防止が重要な注意点となる。
(3) 地山の掘削作業，土留め支保工の組立作業及び地下構造物の解体作業は，部分的に並行作業となる場合がある。
(4) 地下外壁や底版などを解体する場合，山留め壁を設置する目的は，地盤振動による公害を防止することである。

問題35　解体作業一般に関する次の記述のうち，**最も不適当なものはどれか。**

(1) 木材をしっかり分別し，有価材として売却した。
(2) せっこうボードを再資源化するために，水に濡れないように取り扱った。
(3) 什器・備品類が残存していたので，所有者に処理してもらった。
(4) 蛍光管・水銀灯は，周りに飛び散らないように細かく割って専門処理業者に引き渡した。

問題36　電力架空線の措置に関する次の記述のうち，**最も不適当なものはどれか。**

(1) 電力架空線を直接防護する防護管などの装着は，所管する市町村に依頼する。
(2) 解体作業の支障となる電力架空線の経路変更は，電力会社等に依頼する。

平成29年度

(3) 高圧線は，直接接触しなくても放電により電流が流れることがあるので，適切な離隔距離をとる。

(4) やむを得ず電力架空線近くで作業をする場合は，危険表示板等を設置する。

問題37 安定型最終処分場に**埋立処分ができない産業廃棄物は，次のうちのどれか。**

(1) プラスチック建材の廃材

(2) 建設混合廃棄物の選別で生じたふるい下の残渣（ざんさ）

(3) 石綿含有成形板の廃材

(4) 足場に使用した鉄パイプやアルミ合金板

問題38 建築物の解体時における次の処理のうち，**最も不適切なものはどれか。**

(1) 外壁内部に使用された発泡プラスチック系断熱材（フロンガス使用）を，大きな塊として剥離し，分別梱包して焼却処分した。

(2) 解体工事業者が，住宅の解体に際し，家庭用エアコンを見つけたので，家電リサイクル法に基づき発注者に処理を依頼した。

(3) 元請業者が，事前調査によりターボ冷凍機にフロンの存在を確認したので，フロン回収工程管理票を発行し，フロン回収業者に回収を委託した。

(4) 元請業者が，事前調査により冷凍倉庫のチラー（チリングユニット）にフロンの存在を確認したので，発注者に書面で通知し説明した。

問題39 せっこうボードの分別解体に関する次の記述のうち，**最も不適切なものはどれか。**

(1) バール等により，ボードが細かな破片にならないように壁下地から引き剥がした。

(2) せっこうボードに砒素やカドミウムが含有していることが判明したので，管理型最終処分場で埋立処分した。

(3) 石綿含有のせっこうボードは，湿潤した上で分別解体しバラ積みして搬出し，安定型最終処分場で埋立処分した。

(4) 廃せっこうボードを解体工事現場に保管する際に，飛散，流出，地下浸透，悪臭発散が生じないように囲いを設けた。

問題40 建設副産物の再資源化に関する次の記述のうち，**最も不適当なものはどれか。**

(1) 排出事業者が，工事現場内で生じたコンクリート塊を，現場に設置した移動式がれき類等破砕施設で再生砕石にして自ら利用する場合にも，産業廃棄物処理施設の設置許可が必要である。

(2) 産業廃棄物処理業者が設置許可を受けた移動式がれき類等破砕施設は，同一県内であれば現場ごとの設置許可は不要である。

(3) コンクリート塊は「資源有効利用促進法」で指定副産物に指定されており，一定規模以上の現場では，再生資源利用促進計画書を作成の上，再資源化施設に搬入しなければならない。

(4) コンクリート塊の収集運搬及び再資源化を他人に委託する場合は，産業廃棄物収集運搬業の許可を有し，がれき類が許可品目に含まれる業者に委託しなければならない。

問題41 建設業法に関する次の記述のうち，**正しいものはどれか。**

(1) 解体工事業者が2つの県に営業所を設けて営業する場合，営業所の所在する県の知事の許可をそれぞれ受ければよい。

(2) 解体工事業者は，現場状況が流動的で工事完了時期の見通しが立たない場合には，「工事完成時期」を明記しない解体工事請負契約を結べばよい。

(3) 建築物の解体工事を受注したが，施主の申し出で解体業務委託契約を結んだので，この解体工事は建設業法の適用を受けない。

(4) 解体工事業者は，請け負った解体工事に附帯する舗装工事を請け負うことができる。

問題42 建設業法上，「解体工事業」における監理技術者として，平成34年（令和4年）1月1日時点において，**資格要件を満たさないものは次のうちどれか。**

(1) 1級建築施工管理技士（平成29年度取得）

(2) 1級土木施工管理技士（平成10年度取得）で登録解体工事講習修了者

(3) 1級建設機械施工技士（平成20年度取得）で登録解体工事講習修了者

(4) 技術士（建設部門）（平成28年度取得）

問題43 脚立足場に関する次の記述のうち，労働安全衛生法令等に照らして**不適当なものはどれか。**

(1) 脚立足場の組立て等の作業を進めるために行う，地上又は堅固な床上における補助作業は足場の組立て等の特別の教育の対象業務から除かれている。

(2) 脚立の高さに関係なく脚立足場を組み立てる場合は，足場の組立て等の特別の教育を修了したものに従事させなければならない。

(3) 満18歳未満の作業員であっても，足場の組立て等の特別の教育を受講させれば，脚立足場の組立ての業務に従事させることができる。

(4) 脚立足場とは，脚立を利用して踏み桟等の上に足場板を載せ，足場として使用するものをいう。

問題44 労働安全衛生関係法令に関する次の記述のうち，**最も不適切なものはどれか。**

(1) 高さ10mの構造の足場の組み立て作業を行うため，作業主任者を選任し，関係労働者に周知した。

(2) クレーンの安全を確保するため，1年に一回の定期自主検査を行い，その結果を記録し3年間保存した。

(3) 石綿を含む建築物の解体に常時従事する労働者に対し，雇入れの際および6カ月以内ごとに1回，定期的に特殊健康診断を受けさせた。

(4) 石綿等が使用されている建築物の解体作業を行うため，労働者が当該作業場で喫煙または飲食することを禁止し，その旨を作業場の見やすい場所に表示した。

問題45 特別管理産業廃棄物として処理をしなければならないものは，**次のうちどれか。**

(1) せっこうボード

(2) ロックウールくず

(3) 石綿保温材

(4) 石綿含有パーライト板

問題46 建設廃棄物について，排出事業者による次の行為のうち，**最も不適切なものはどれか。**

(1) 木くずが混在したがれき類を中間処理施設で分別・破砕し，熱しゃく減量を5%以下にし，安定型産業廃棄物として処理した。

(2) コンクリート部材をカッタ工法により解体して生じた汚泥をコンクリートくずとして処理した。

(3) 樹木の抜根や伐採した木を細かく破砕して，木くずとして中間処理施設で処理した。

(4) 廃棄物処理法上の廃棄物の区分だけでなく，ダンボール，ALC板，せっこうボード等を優先して20以上の種類に分別した。

問題47 次の建築材料について，建設リサイクル法上の特定建設資材指定の有無の組合せのうち，**正しいものはどれか。**ただし，指定の有るものを○，指定の無いものを×とする。

(A) 板ガラス

(B) せっこうボード

(C) 合板

(D) 塩化ビニル管

	(A) 板ガラス	(B) せっこうボード	(C) 合板	(D) 塩化ビニル管
(1)	○	×	○	×
(2)	×	○	×	×
(3)	×	×	○	×
(4)	×	○	×	○

問題48 建設リサイクル法令等に関する次の記述のうち，**不適当なものはどれか。**

(1) 発注者と元請業者の契約に際しては，契約書の中に，解体工事に要する費用，再資源化等に要する費用を明記することが義務付けられている。

(2) 対象建設工事の発注者は，工事に着手する日の5日前までに分別解体等の計画等を都道府県知事に届け出なければならない。

(3) 都道府県知事は，対象建設工事受注者が正当な理由なく適切な分別解体を行わない場合には，分別解体等の方法の変更，その他必要な措置を命ずることができる。

(4) 建設廃棄物全体の再資源化・縮減率は，平成30年度までに96%以上とする目標が示されている。

問題49 建設リサイクル法令に関する次の記述のうち，**不適切なものはどれか。**

(1) 2つの県で解体工事業を営もうとする者が，事業を行おうとするそれぞれの県で知事の登録を受けた。

(2) 木造建築物の一部を解体する工事を請け負ったが，対象合計床面積が75㎡と小規模であったため，分別解体を行わなかった。

(3) 木材の再資源化施設までの距離が40kmで，縮減施設までの距離が30kmであったので，発生した木材を廃棄物の縮減施設に運搬した。

(4) 解体工事を施工する際に，技術管理者にその工事の施工に従事する作業員の監督をさせた。

問題50 大気汚染防止法に関する次の記述のうち，**最も不適当なものはどれか。**

(1) 特定粉じん排出等作業実施届出書は，特定粉じん排出等作業の開始日の14日前までに，都道府県知事に提出しなければならない。

(2) 特定建築材料が使用されている解体作業の実施の届出義務者は，発注者または自主施工者である。

(3) 解体工事の自主施工者は，石綿使用の有無について，事前に調査し，その結果等を解体工事の場所に掲示しなければならない。

(4) 都道府県知事は，その職員に特定粉じん排出等の作業に限り，解体現場に立入らせ，検査させることができる。

[平成29年度問題の解答例]

問題 1	(2)	問題11	(4)	問題21	(4)	問題31	(4)	問題41	(4)
問題 2	(2)	問題12	(2)	問題22	(2)	問題32	(4)	問題42	(3)
問題 3	(3)	問題13	(3)	問題23	(3)	問題33	(1)	問題43	(3)
問題 4	(3)	問題14	(4)	問題24	(3)	問題34	(4)	問題44	(2)
問題 5	(3)	問題15	(2)	問題25	(4)	問題35	(4)	問題45	(3)
問題 6	(1)	問題16	(2)	問題26	(4)	問題36	(1)	問題46	(2)
問題 7	(2)	問題17	(4)	問題27	(2)	問題37	(2)	問題47	(3)
問題 8	(2)	問題18	(4)	問題28	(2)	問題38	(3)	問題48	(2)
問題 9	(4)	問題19	(2)	問題29	(1)	問題39	(3)	問題49	(3)
問題10	(4)	問題20	(4)	問題30	(4)	問題40	(1)	問題50	(4)

〔令和４年版〕解体工事施工技士試験問題集

〈不許複製〉　令和４年９月２日　第１刷発行

編者■解体工事施工技士試験問題研究会

発行社■㈱セメント新聞社

〒104－0031 東京都中央区京橋３－12－７
TEL 03－3535－0625
FAX 03－3535－5632

印刷／㈱シナノ

乱丁・落丁本はお取替えいたします。
定価は表紙に表示してあります。

ISBN978－4－906886－52－4 C3050 ￥3300E